海図の世界史

「海上の道」が歴史を変えた

宮崎正勝

新潮選書

まえがき――ラス・パルマスでの着想

世界史のなかで、「海図」は大きな位置を占めてきた。

そのように言うと、少し大げさに聞こえるかもしれない。しかし考えていただきたい、羊皮紙、紙切れに描かれた海図は、陸地を互いに結び付け、視点を俯瞰に転じ、地球規模でのマクロな観点を人に気づかせる特殊な地図なのである。

そもそも大乾燥地帯から始まった文明が、地球規模に拡がっていく際に大きな障害になったのが、地表の七割を占める海だった。海上に道路が拓かれなければ、遠く離れた陸地は互いに結び付くことができない。世界地図を見ると分かるが、ユーラシアとアフリカは陸続きであるが、ユーラシアと南・北アメリカ、オーストラリアの間には大きな海が横たわっている。当たり前といえば当たり前の話だが。

しかし、「海上の道路」を拡充するのは、そんなに簡単なことではない。航路を敢えて「海上の道路」と呼ばせていただくとよりはっきりするのではないかと思うが、「海上の道路」は陸上の道路とは違い、航海の度ごとに蜃気楼のように消え失せてしまうのである。そこで、「海上の道路」を復元するための海図が航海には欠かせない存在になった。海図の集積により、海のネットワークが維持されたのである。いわば海図の作成が、陸上の道路、道路網の建設と同様の機能を果たしたと言える。

私がそうした当たり前の事実に改めて気づいたのは、ラス・パルマスの「コロンの家」での、色鮮やかな海図、世界図との出会いからであった。

モロッコの沖合に、七つの島々からなるカナリア諸島が横たわっている。その主島、グラン・カナリア島のラス・パルマスに、「コロンの家」というコロンブス(スペイン語で、クリストーバル・コロン)にゆかりの小さな博物館がある。

博物館の建物はパティオ(中庭)のある二階建で、もともとは政庁として使われていたとされる。コロンブスは、一四九二年にスペインのパロス港を出港し、カナリア諸島に約一カ月間滞在し、その後、大西洋の横断に乗り出した。その際に、コロンブスはこの政庁に滞在したとも言われている。

「コロンの家」には、複数のコロンブスの肖像画、航路マップ、コロンブスとかかわる文書類、カナリア諸島とコロンブスとの関わりを示す書類、書籍、船具、第一回の探検に参加した三隻の帆船の模型、復元されたニーニャ号の船室、航海前後の様々な地図・海図、マルティン・ベハイムの世界初の地球儀のレプリカ、カナリア諸島に関する資料など、コロンブスの航海と関わりのある品々が展示されていた。もっとも、博物館の展示品の大部分はレプリカである。しかし、場が醸し出す雰囲気のせいなのだろうか、奇妙なリアリティが感じられた。心の有り様で物は違って見えるものである。

展示品のなかでとくに私の目を引いたのが、大航海時代と関わる一連の地図・海図、地球儀だった。普段、歴史書などで見慣れているはずの地図群なのだが、狭い部屋の展示ケースのなかの彩色地図は全く違って見えた。

そして、この地図や海図を眺めていた時に、ふと私の脳裏に浮かんできた言葉があった。「リスク」である。

「リスク」は、現在、「危険」、「予想通りに行かない可能性」の意味で使われているが、そもそもはアラビア語に由来する航海用語で、「海図のない航海」を意味していた。陸上で言えば、道なき道を歩むようなものである。たしかに、頼るに足る海図がなかったコロンブスの時代、大洋の航海は手探りで闇の中を進むような頼りないものであったに違いない。しかし、たとえ最初は心もとない航海であろうと、一度海図が描かれれば、未知の海域が通常の航海の場へと姿を変えることになる。海図は、真底、興味深い存在だと思ったのである。

本書は、まさにリスクを顧みず、「海図」を手掛かりに「世界図」の変遷、「海上の道路」網の形成過程をたどる試みである。「海上の道路」の在りかを示す海図がどのようにして生み出され、世界図の作成、世界の一体化にどのように寄与してきたかが描かれることになる。

海図の世界史　「海上の道」が歴史を変えた――目次

第四章　「第二の世界」の形成

第五章　遅れて登場する「第三の世界」

写真図版提供＝ユニフォトプレス
地図図版製作＝アトリエ・プラン

海図の世界史

「海上の道」が歴史を変えた

第一章　地球を構成する三つの「世界」

一、世界図とチャートとマップ

世界を俯瞰する試み

北アフリカから西アジアへと連なる大乾燥地帯に誕生した諸文明は、やがて地域的な帝国を生み出し、遊牧民との抗争の中で、ユーラシア規模の大帝国が形成されるに至った。しかし、ユーラシアを中心とする歴史の場は、いまだ地表の三分の一以下に過ぎず、地球全体が歴史の場に変わるためには、三つの大洋と五大陸が一つにつながらなければならなかった。海に「海上の道路（海路）」が拓かれることにより、現在のような世界が生み出されたのである。

ところで、船がインド洋、大西洋、太平洋などの未知の大洋（オーシャン）の航海に乗り出すには、誤っているにせよ、正しいにせよ、世界の輪郭の把握が前提になった。俯瞰的な世界図が必要だったのである。しかし、未知の大洋の航海に役立つ世界図の出現は、五〇〇〇年前に文明が誕生してから三〇〇〇年以上の歳月が流れた後のことだった。俯瞰的な世界図が出現するまでには、実に長い歳月がかかったのである。ちなみに世界図とは、地球上の諸事象や諸事物の関係を包括的、客観的にとらえ、俯瞰の視点から、そのイメージを図像化した特殊な地図のことである。

古代の世界図の多くは空想に依存する宗教的世界図であり、陸と海の関係を俯瞰する世界図ではなかった。内陸部で歩行により生活する人々が認識できる空間は、開発された「生活の場」とその周辺に限られており、その外部は空想に頼るしかなかったからである。それにもまして海は視圏の外に置かれることが多かった。歴史書には「世界」という言葉が頻繁に登場するが、「世界」という言葉は、それぞれの地域、時代により、全く異なる内容を持っている。英語では「世界」を"world"と記すが、その原義は、「生活の舞台」である。生活の舞台の拡大が「世界」のイメージを変えていったのである。

しかし、そうした限られた「生活の舞台」が支配的な古代においても、海や砂漠などを利用して広域を結び付ける商人は、複数の"world"を複合的に描き出す可能性を手にしていた。とくに世界最大の内海、地中海は、東部にエジプト、シリア、メソポタミアなどの高度な諸文明があり、独特な気候や地勢により航海しやすかったこともあって、複数の文明、文化を結び付ける可能性に富んでいた。この地中海の要の地に居住した海上交易民のギリシア人には貧しさから抜け出すための「海上の道路」の建設が必要不可欠であり、海図と世界図の作成に積極的に取り組むことになるのはむしろ必然だった。

ギリシア人のそうした世界図の作成を助けたのが、天文学だった。古代ギリシアでは西アジアの文明の影響もあって星に対する関心が強く、それが俯瞰的な地図製作のノウハウを提供したのである。ギリシア人は自分たちの哲学観の根本にカオス（混沌、khaos）とコスモス（秩序、kosmos）を置き、星々により構成される天体にコスモスを求めた。完全数である一〇の天体からなる天空の秩序に調和と理想を見いだした哲学者ピュタゴラス（前五八二頃―前四九七頃）以来、星々が生み出す秩序こそが完璧であると認識されたのである。さらに、前四世紀、数学者であり、天文学者であるエウドクソスにより、「天球は動かない地球を共通の中心とする球体である」とする天動説が説かれると、宇宙の中心としての「地上の世界」に対する関心も強まった。天空の高みから天球の中心となる地球の表面の状況を俯瞰的に把握したいとする知的探求心が育ち、俯瞰的な世界図の成立を助けたのである。

世界図を支えたチャート

さて俯瞰的でマクロな視点に立つ世界図の作成には、その前段階での、より「生活の舞台」に密着したミクロな視点からの地図の存在が前提となった。そうした地図には、二つの系列があるとされる。海上での航海に役立てられるチャート（chart、海図）と、陸上での生活から生み出されたマッパである。だが最初に述べたように、世界図にとってより重要なのは、陸と海の配置を基礎とするチャートの方であった。地図を意味する英語「マップ」の語源が「布地」を意味する中世ラテン語のマッパであるところから、地図同様、世界図も陸上で成長したものではないかと考えられがちだが、地表の七割を占める海が排除されるマッパは俯瞰的な視点に立つ世界図にはつながり得なかったのである。生活空間が限定されていた陸上の生活では、茫漠と続く大地の広がりを俯瞰することが困難だったからである。それと比べると、船が往来する海は陸地を相対化する大空間であり、チャートには「海上の道路」のありかを反復的に想起させるための情報の集積が求められた。「海上の道路」は相対化された陸地をパノラマとして連続的に把握することを可能にしたのである。チャートでは、陸上の“world”が外から客観化、相対化され、俯瞰的な視点を獲得することが比較的容易になった。

しかし、初期のチャートは、安全な航海に必要な諸情報を列挙する、水路誌の単なる付図に過ぎなかった。世界図とは到底結びつかない、素朴な地図にすぎないように見えたのである。ところが、航海が頻繁に行われて交易圏が広がると、複数のチャートを組み合わせることで広大な空間を俯瞰的に描きだせることが明らかになっていった。水路誌は特定の航路と結び付く文字情報だが、地図化されたチャートは変幻自在であり、航路から自立したものとして大空間を表現することもできたのである。チャートが記した、陸地と海の分布、海岸線の形状、都市の分布などは、俯瞰的な世界図の基本的な要件になっている。

ちなみに、チャートの母胎となる水路誌とは、海岸線、港、陸の目標物、距離などの具体的情報を集めた航海案内のことである。古代ギリシアでは、水路誌は、「船で回る」という意味から「ペリプロウス（periplous）」と呼ばれた。現存する最古のペリプロウスは、前四世紀にイオニア地方のミレトス近郊のカリュアンダのスキュラクスという人物が、地中海と黒海について編纂した『周航記』である。同書には、東地中海と黒海の目標物、給水場、港、特産物、暗礁などの危険な場所、海岸線、港から港への距離などが、かなり詳しく記されていたとされる。

ところで帆船の時代に、船の動力源となったのは風だった。チャートを利用して航海する船乗りは、風に対する強い関心を併せ持たざるをえなかったのである。船乗りは、幾つもの海域を吹き抜ける風の共通性を敏感に感じとっており、チャートは、いわば風により繋ぎ合わされるかたちで対象海域を拡大した。ギリシア人は特に風には敏感だった。風を季節と結び付けて、細かく呼び分けていたのである。季節の風が擬人化され、方位を意味する言葉となった。冷たい風が北から吹いたことから北の方位は「北風の神」の名をとってボレアスとされ、暖かい風が吹き出す方位は南風の神ノトス、東は東風の神エウロス、西は西風の神ゼピュロスと呼ばれた。そして、チャートに共通するそれらの方位名は、異なる海域のチャートの複合に便利だった。前二五〇年頃、アレクサンドリアで海軍の操舵長として活躍したアリストテレス・ティモステネスは、一二の方位からなる「風配図」を考案している。

船乗りには、風以外にも岬の先に何があるのか、海岸線がどのような形状になっているのか、潮流がどうなのかというような操船とかかわる情報が必要であり、それらが水路誌、チャートに集約されていた。航海の安全を守るためのチャートは客観性を重んじ、極力空想を排除しなければならなかった。世界図を作る際には、チャートが備える空想の排除という視点が殊の外必要になったのである。

実利と空想が複合されたマッパ

人が二本の足で移動する内陸部では、社会が狭い地域に分断されていたこともあり、俯瞰的視点が得にくかった。そのため、領域図、道路図などの実用的な地図がマッパの主流になった。世界図も描かれたことは描かれたが、そのほとんどが空想を図像化した宗教的世界図であり、俯瞰的な世界図とは全く異なっていたことは既に述べた通りである。

マッパでよく見られる構図は、"world"を巨人、大亀、象などにより支えられる平板、あるいは円盤とし、「開発された空間」の周囲に未知の山や海を配し、その周囲に想像上の生物などを配した架空の空間を描くものであった。古代の世界図の大半は空想の産物だったのである。

ちなみに、現存する世界最古のマッパは、前七〇〇年頃に製作されたと推測されるバビロニアの「粘土板世界図」である。粘土板世界図の中心には、ユーフラテス川が貫流する都市バビロンと周辺の諸都市が配され、それを取り巻くかたちで楔形文字で「にがい川」と説明が付された円環状の大洋、「島」と記された天空を支える三角形の陸地が幾何学的図形で描かれていた。

国家が成立すると自然の中から特定の空間が人工空間として切り取られ、マッパの主たる対象となった。中国に「版図」という言葉があるが、「版」は戸籍、「図」は農村が広がる空間を指す。「版図」は全体で、権力により秩序だてられた土地の意味になり、マッパの主な対象となる人工空間と同じ概念になった。要するに古代のマッパは、国家により人為的に秩序だてられた空間を読み解くための手引書だったといえるだろう。

ローマ帝国のマッパとして有名なのが、初代皇帝アウグストゥス（位前二七―後一四）の命を受けた将軍アグリッパ（前六三—前一二）が、二〇年の歳月をかけて行った測量に基づき五世紀頃につくられた「ポイティンガー図」である。街道に沿って設置された里程標を基準にして描かれた「ポイティンガー図」は、旅行の際にくるくると丸めて持ち歩くように作られた道路図で、長さ約七メートル、幅約三〇センチの羊皮紙に描かれていた。

「ポイティンガー図」には、ローマを基点とする道路に沿って五五五の都市、宿場、軍団、里程、さらには道路周辺の川・山脈・森林などが書き込まれたが、宿場と宿場の間の距離が最も重要視された。商人や役人や軍隊が往来するには、そうした情報が必要になったのである。地図の範囲は、イベリア半島からインドにまで及んでいた。

世界最古のマッパ（前700年頃）、バビロニアの「粘土板世界図」（大英博物館蔵）

他方で宗教的な世界図は聖俗の支配者を権

現存する最大のマッパ・ムンディ、ヘレフォード大聖堂の「ヘレフォード図」。
上部にエデンの園が描かれている。

威づけるために描かれ、時には民衆教化の手段として用いられた。例えば、中世ヨーロッパでは「マッパ・ムンディ（"mundi"は「世界の」の意味）」という宗教的世界図が作られている。「マッパ・ムンディ」は海岸線や山脈などは極めて曖昧に描かれ、世界を宗教的に理解することに力点がおかれた。世界は、アジア、アフリカ、ヨーロッパの三部分に分けられ、世界図の中心には天国への入り口とされた聖都イェルサレムが据えられていた。

現存する最大の「マッパ・ムンディ」は、一三〇〇年頃に作られた、縦一・五メートル、横一・三メートルの、イギリスのヘレフォード大聖堂の「ヘレフォード図」である。世界の簡単な輪郭が記され、一九二の都市、主要な河川、バベルの塔、ノアの箱舟などの聖書の物語が描かれ、周辺には、怪物、怪人などが配されていた。

二、「単一の世界」から「海上の道路」が結ぶ複合的世界へ

地球は三つの「世界」にほぼ等分される

実質的に、初の世界図を完成させたのは、二世紀にエジプトのアレクサンドリアで活躍した地理学者プトレマイオスだった。プトレマイオスは世界を俯瞰し、「エクメーネ」(ギリシア語で「人の住む全ての土地」を意味する)を描いた。つまり、人類の生活圏の主要部分を地図化しようと試みたのである。これはまさに画期的なことだった。少し先に言及すべきことを明かしてしまうようだが、この「プトレマイオスの世界図」は後のヨーロッパにおいて不動のスタンダードとしての地位を確立し、世界各地に「海上の道路」が建設される際の導きの糸として利用されることになる。

プトレマイオスが初の世界図を完成させたといっても、現代的視点からするならば、その対象

はあくまでエジプトの大商業都市アレクサンドリアの商人、船乗り、学者が視野に入れていた大空間に過ぎなかった。プトレマイオスは、単一の“world”の全体を平面上に描きだそうとしたのだが、その“world”は地表全体のわずか二割強にすぎなかったのである。

視点を変えて、地球上の陸と海をセットにして地表を俯瞰すると、次のような（一）から（三）の、ほぼ等しい面積の三つの「世界」に区分できる。プトレマイオスが作図の対象にした世界は、その三割にも満たない小空間に過ぎなかったことが、改めて明らかとなる。

長年、世界史研究、世界史教育にかかわってきて実感していることがある。西洋史の系譜を引く現在の世界史は、未だ「プトレマイオスの世界図」の「小さな世界史」の発想から抜け出せていないと。ユーラシアと北アフリカを核とする世界の膨張の過程が、世界史の主対象になっているように思えるのだ。世界史においても、地球規模のつながりに着目し、道路網と「海上の道路」網の結びつきがどのようにして作られ、世界史の舞台がどのように広げられてきたのかを考える視点が必要になろう。次のように、地表を三つの世界に区分するのも、そのためである（地表の七割を占める海の広さはなかなかイメージしにくいので、日本海との比較でそれぞれの大洋の広さを示すことにする）。

（一）「第一の世界」＝ユーラシア・アフリカとインド洋（日本海の七五・五倍）

（二）「第二の世界」＝コロンブスの探検以降明らかになっていった南・北アメリカと大西洋（日本海の八八・五倍）

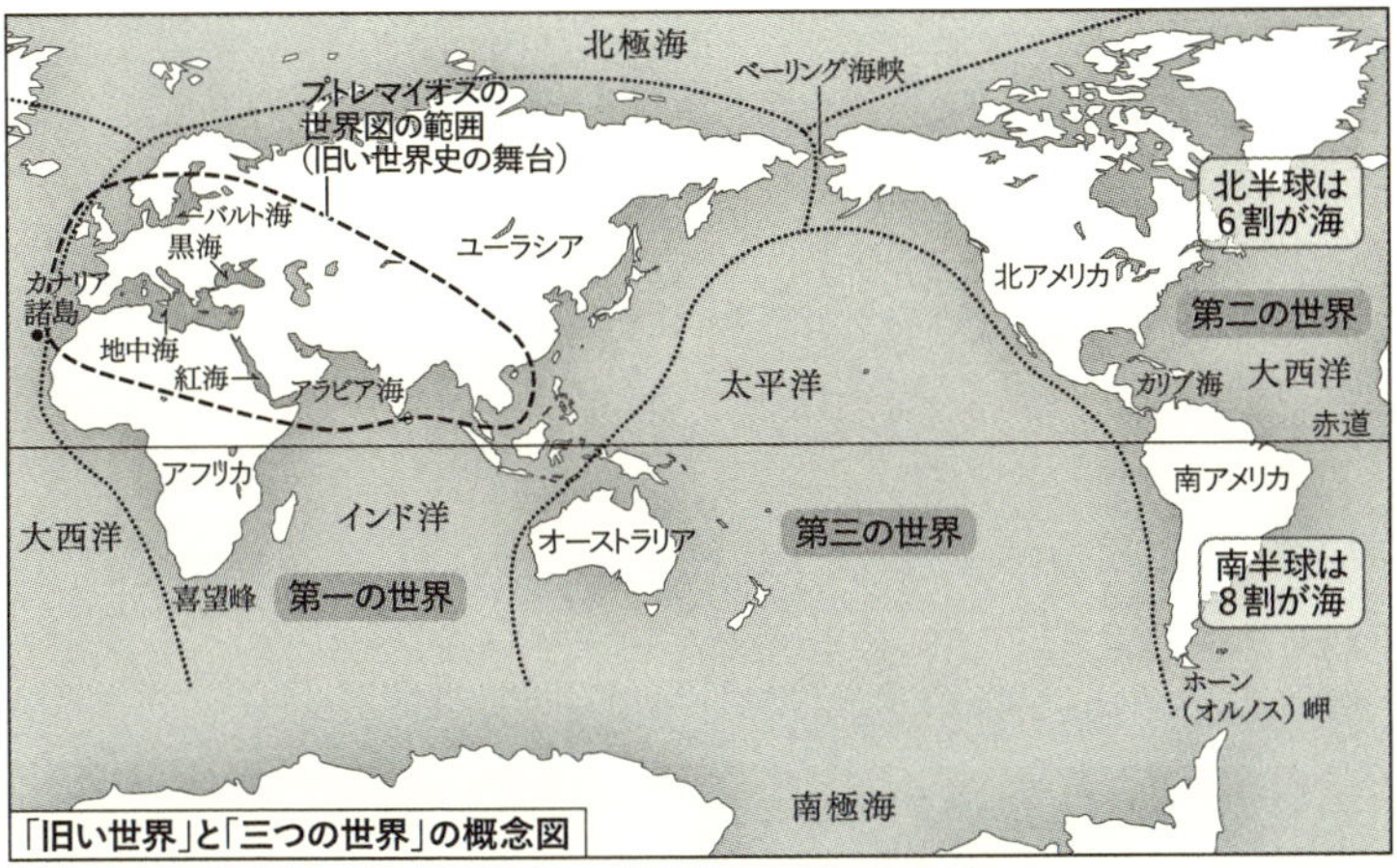

「旧い世界」と「三つの世界」の概念図

（三）「第三の世界」＝マゼランの航海以後、一八世紀にかけて明らかにされたオセアニアと太平洋
（日本海の一五九倍）

三つの世界は、長い歳月のなかで海図が記録する「海上の道路（海路）」により相互の結び付きを獲得し、現在のような人類社会を出現させた。東から西に三つの世界が海による結び付きを獲得していく過程が、世界史の重要な部分として注目される必要がある。

そのように考えると、世界が広域化される過程を解き明かす鍵が、集積された海図にあるのではないかということに思いが及ぶ。海図こそが三つの「世界」を結ぶ「海上の道路」を構築し、現在の世界をつくりあげたのである。

従来の世界史は、一貫して（一）の世界の歴史過程を考察の中心に据え、それに南・北アメリカ、サハラ以南のアフリカ、オセアニアを機械的に付け足す傾向が強かった。“world”の捉え方が（一）の世界に偏向していたのである。

しかし、ヨーロッパが「第二の世界」、「第三の世界」を呑みこんでいったとみなすのか、海図が安定させた「海上の道路」により三つの質的に異なる世界が相互に結び付いていったとみなすかでは、世界史のイメージが全く違ったものになる。前者の視点は、非キリスト教世界を「無主の地」と断じ、ローマ法の先占（オキュパティオ、occupatio）の概念を援用し、キリスト教国家が領有の意志を持ち実効的占有を行えばその地を支配できるとする、ヨーロッパ諸国の得手勝手な勢力圏拡大の肯定につながりかねない。だが、“world”の地球化が進む現在では、そうした見方は説得力を失いつつあるように思われる。海図により「第一の世界」と結び付くことになる「第二の世界」、「第三の世界」は、それぞれ「海上の道路」により結び付けられた独自の世界であり、世界史全体の中でも独自のパートを担っている。

もっといいかえるなら、世界史を従来のように「第一の世界」の同心円的拡大の過程、ヨーロッパの膨張の過程としてとらえると、世界史のダイナミズムが弱められ、本来〝荒々しく動的〟だった世界史が、狭苦しい、静的な歴史に変形されてしまうということである。道路網と「海上の道路」網により「第一の世界」、「第二の世界」、「第三の世界」が結び付く過程を長いスパンでとらえ、三つの世界が長い時間を掛けて独自の世界を形成し、影響を与えあっていると見なすことが、ダイナミックな歴史理解の試金石になるはずである。何よりも、長いスパンで歴史を見ることが肝要である。海図が示す「海上の道路」は時代と共に存在形態を変化させ、それぞれの「世界」は現在も姿を変えているのである。

それは、世界の現状認識にもつながるだろう。陸上と海上、さらには大気圏のネットワークにより結びつく「第一の世界」、「第二の世界」、「第三の世界」は、今も相互のバランスを変化させ、世界全体の有り様を変えている。地球規模のネットワークはダイナミックに形を変え、現在も世界は変容の過程を辿っているのである。

陸の帝国から「海図が結ぶ大世界」へ

帆船の時代には、北緯・南緯三〇度から六五度の偏西風海域は悪天候が周期的に繰り返すことで航海が難しく、世界史の中心海域にはなりえなかった。他方、赤道と、北緯・南緯三〇度の間の周期的に風向きが変わるモンスーン海域は、船の動力になる風が容易に得られたことから、主だった「海上の道路」が行き交う世界史のメイン・ステージであり続けた。モンスーン海域での探検と航海が“world”の拡大をもたらし、その海域の海図の集積が、三つの世界を結びつけたのである。偏西風海域が世界史を主導するようになるのは、一九世紀後半の蒸気船の時代以降ということになる。

ちなみに「第一の世界」を中心とする世界史のイメージが根強いのは、文明と帝国の形成が、アフリカ北部から西アジアに広がる大乾燥地帯に偏っていたためである。サハラ砂漠からアラビア砂漠、シリア砂漠を経てタール砂漠（大インド砂漠）に至る一連の砂漠が、農業の誕生を促し、文明を誕生させた。サハラ砂漠からタール砂漠に至る大乾燥地帯に、エジプト、メソポタミア、インダスの三大文明が誕生している。

先に拙著『風が変えた世界史』で言及したことではあるが、文明の形成は、通年繰り返される赤道と中緯度高圧帯（北・南緯三〇度付近）の間の「地球規模の大気循環」と深くかかわっている。北緯三〇度線に沿う北アフリカから西アジア、インド西部の地域では、赤道海域で上昇した湿った大気が移動過程で水分を失ってカラカラに乾き、通年下降を繰り返した。砂漠を含む大乾燥地帯の形成である。

そうした大乾燥地帯では、狩猟・採集社会が維持できなくなり、乾燥に強いイネ科植物のムギの栽培が始まった。やがて人口が増加すると大河流域での灌漑農業が必要になり、灌漑を支えるインフラ整備の過程で都市と文明が誕生することになる。

前六世紀から前一世紀にかけて出現した、西アジア・北アフリカのアケメネス帝国（前五五〇—前三三〇）、東アジアの秦帝国（前二二一—前二〇六）、地中海のローマ帝国（前二七—後三九五）という古代の諸帝国、七世紀から一四世紀にかけて活躍したアラブ人、トルコ人、モンゴル人により樹立されたイスラーム帝国（六六一—一二五八）、セルジューク帝国（一〇五五—一一五七）、モンゴル帝国（一二〇六—一四世紀後半）などのユーラシア規模の遊牧帝国は、いずれも大乾燥地帯とその周縁に集中している。

それに対し、古代帝国、遊牧帝国の枠をはるかに越える、モンスーンの海を媒介とする大世界の形成の契機になったのが、（一）モンスーンを利用した八世紀中頃以降の帆船ダウによるイスラーム商人のユーラシア規模の交易、（二）宋から元にかけてのジャンクによる中国商人の交易、（三）ポルトガル、スペインを中心とする一五世紀以降の所謂「大航海時代」だった。

三つの動きは、いずれも長大な「海上の道路」の建設を伴う経済活動だが、前二者が「第一の世界」内部の動きだったのに対し、ヨーロッパで起こった大航海時代は、「プトレマイオスの世界図」では空白になっていた海域に西から東へと「海上の道路」を新たに建設する試みだった（後に詳述する）。大西洋に隣接するという地理的優位を生かしたポルトガル人・スペイン人の営みにより、大西洋、太平洋が拓かれ、「第一の世界」、「第二の世界」、「第三の世界」からなる現代世界の土台が生み出されていく。更に、大航海時代以後の数百年間は、「第二の世界」、「第三の世界」がそれぞれ大きく変貌を遂げていく時代になった。「海上の道路」の形成が、それぞれの世界に劇的な変化を引き起こしたのである。近・現代史は、「第二の世界」・「第三の世界」の内実が固有な世界へと成長を遂げ、「第一の世界」にインパクトを与える時代とみなすことができる。そのように考えると、海図が示す「海上の道路」の拡充こそが、プトレマイオスが描いた世界から、現在、私たちが思い浮かべることのできる世界への大転換を媒介していると言えるのである。

では早速、海図を導きの糸としてその道筋を辿ってみることにしよう。

第二章　「第一の世界」を俯瞰したプトレマイオスの世界図

一、世界を描くことに情熱を傾けたギリシア人

世界への好奇心

空想によらず客観的に世界図を描こうとする試みは、ギリシア人の手で始められた。彼らの船を用いる生活範囲の広さが世界を描こうとする意欲を育て、大文明や大帝国の周縁に位置していたことがマクロな視点への関心を強めた。さらに、夏の三カ月間が無風状態となる地中海の特殊性と島と入り江の適度な分布が、広い海域をつなぐ海図、地図の作成を容易にしたのである。

ペルシア戦争期に小アジアのミレトスの富裕な商人だったヘカタイオス（前五五〇頃—前四七六頃）は、豊富な旅行体験を踏まえて、船の航海記録（「ペリプロウス」＝「船で回る」の意味）の形式で、二巻からなる『ゲス・ペリオドス（地球を回る旅）』を刊行した。ヘカタイオスが用いた記述の様式が船の航海記録であったことからも、ギリシア商人にとって安全な航海を保障する水路誌、海図が重要な位置を占めていたことが理解できる。

へカタイオスは船から陸地を眺めるというかたちで、第一巻ではエウロペ（ヨーロッパ）、第二巻ではリビア（アフリカ）・アジア、の地理、生活、文化について記述した。海からパノラマ的に、陸地の諸状況を記述したのである。陸地の相対化は、俯瞰の前提だった。へカタイオスはまた、自然哲学者アナクシマンドロス（前六一〇頃―前五四七）が作成した地図をもとに、リビア、アジア、エウロペの三大陸からなる世界図を描き、リビアとエウロペの間に地中海、リビアとアジアの間にナイル川、アジアとエウロペの間に黒海、ファシス川を描いた。また、陸地の周辺には、円形のオケアノス（大洋、円海）を配置した。しかし、『ゲス・ペリオドス』の付図とされたへカタイオスの世界

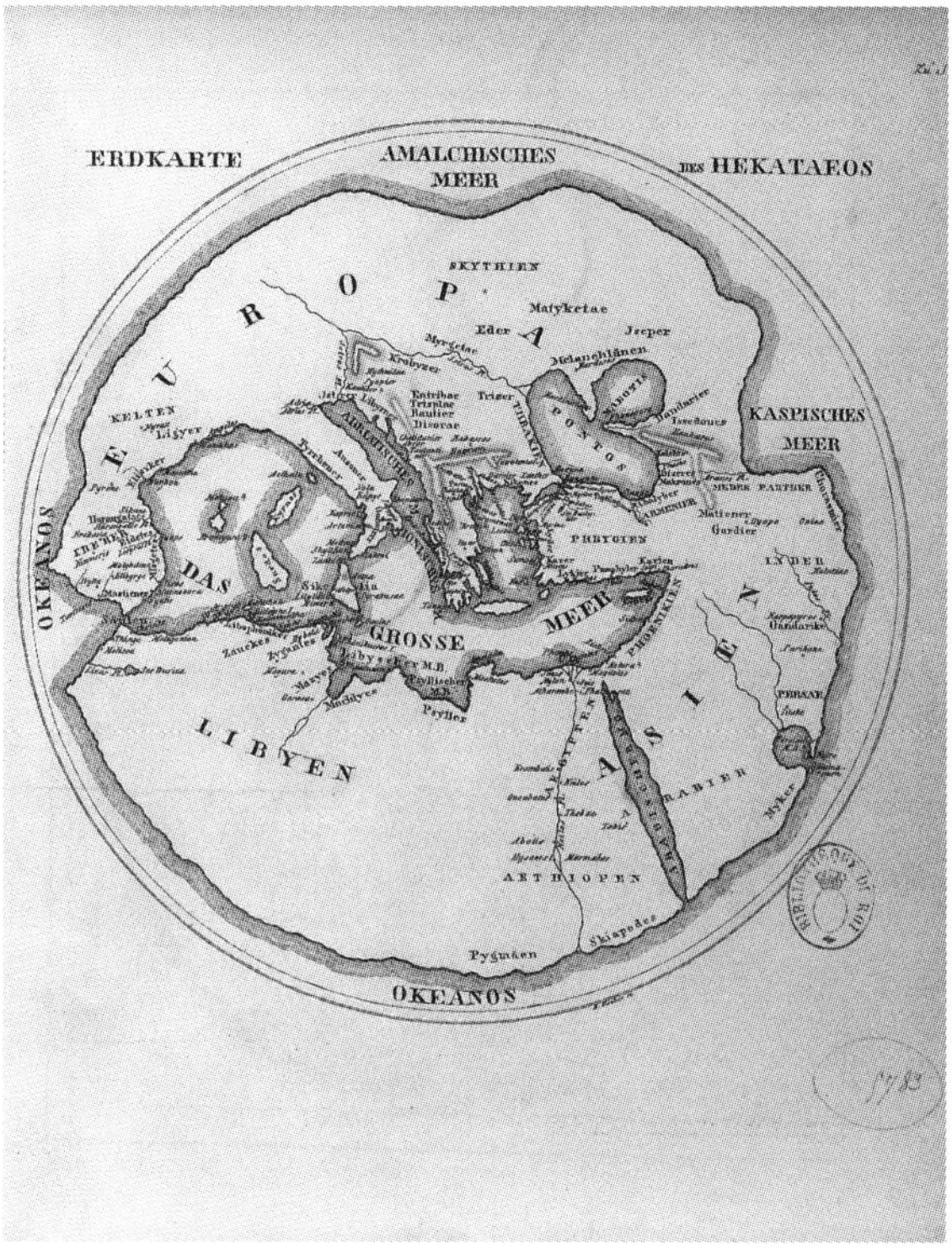

小アジア・ミレトスの商人へカタイオスが著した『ゲス・ペリオドス』の付図

図は断片しか残っていない。現在の「ヘカタイオス地図」は、その断片を集め、後世に再構成されたものである。

その少し後の時期に、商人として、エジプト、バビロニア、ペルシア、スキタイなどの諸地域を旅行した小アジアの都市ハリカルナッソス出身の歴史家ヘロドトス（前四八五頃—前四二〇頃）は、大著『歴史』で知られるが、彼も東はインダス川から西はモロッコに至る世界図を描いたとされる。

ヘロドトスはヘカタイオスと同様に、大陸をリビア、アジア、エウロペの三部分に分けたが、想像の産物であるオケアノスを排除し、陸地を取り巻く海を、西のアトランティス海、南の海、東のエリュトラー海の三つとした。その世界図は、彼自身の旅行による見聞、商業情報に基づく地理的知識、海図などにより支えられていた。

地球は球形に違いない

海図、地図を作る際の最大の問題は、地域と地域、地点と地点の、相対的な位置関係の測定と表記だった。それを解決するための最も手っ取り早い道具になったのが、太陽や北極星（Pole-star）だ。地表のどこからも見える太陽や特定の星が、それぞれの土地の相対的位置を決定する際の共通の基準として用いられたのである。

それぞれの土地の位置関係を決定する作業は、太陽や北極星の高度の観測と、船乗り、商人、旅行者がもたらす地理的情報が結合されることで成し遂げられた。その際に決定的な役割を果たしたのが、太陽や北極星の高度を基準とする緯度と、子午線を基準とする経度だった。ちなみに、子午線の「子（ね）」は北、「午（うま）」は南の意味であり、子午線は地球上の北極と南極を結ぶ線を指している。

もう一つの基本問題は、陸地と海洋の全体的な形状の把握だった。ギリシアでは、前五世紀に「球体こそ完全である」と考えたピュタゴラス教団の人々が地球球体説を唱え、そうした視点が次第に広がっていった。前四世紀になるとピュタゴラス教団の哲学者フィロラオス（前四七〇頃—前三八五）が、宇宙の中心には「見えない炎」があり、その周りを地球、太陽、星が回っていると説くに至る。だが、そうした地動説は、古代ではきわめて例外的な考え方であり、地球を宇宙の中心に据える天動説が圧倒的に優勢だった。太陽や惑星をはじめとして小さく見える無数の星々が球体の地球の周囲を回っているという説の方が説得力をもったのである。

古代ギリシア哲学を集大成したアリストテレス（前三八四—前三二二）も、大地は球体をなし、しかも動かない存在と考えた。彼はその論拠として、次のような事柄を挙げている。

(一) 月食の際に、月に映る大地の影が曲面になる
(二) 南北に移動すると地平線の様子が変わり、見える星の状態が変化する
(三) 船乗りが伝えるところでは、ジブラルタル海峡（ヘラクルスの柱）とインドの東海岸は一つの海で結ばれており、それぞれの地に象がいる
(四) 数学者たちは、地球の周囲を四〇万スタディオン（一スタディオンは約一五一・二メー

トルなので、約六万四八〇キロ）と計算している

前二世紀になると、エラトステネス（前二七五頃―前一九四）がほぼ正確に地球の周長を測定した。北アフリカのギリシア人植民市キレネ出身の天文学者で、アレクサンドリアのムセイオン（総合研究施設、ミュージアムの語源）の図書館長をつとめたエラトステネスは、地球は球体であるという仮説に基づき、夏至の日のアレクサンドリアとシエネ（現在のアスワン）の太陽の南中高度が違うことを利用し、地球の周長を測定した。エラトステネスが測定した地球の周長は四万六二五〇キロであり、実際の値の約四万キロよりも一六パーセント長いだけであった。

そのように地球が球体だとするならば、球面上の大地や海を俯瞰すれば、地図上に表現することが可能になる。エラトステネスは、ジブラルタル海峡とロードス島を結ぶ線を横の基本軸（緯線）、ナイル川中流のシエネとアレクサンドリアを結ぶ線を縦の基本軸（経線）とし、それと平行に恣意的に多くの線を引くことで枠組みを作り、世界図の作成を試みた。

エラトステネスの世界図そのものは不明だが、前五年頃に書かれた、小アジア出身の地理学者、ストラボン（前六四―後二一頃）の『地理書』が同書の一部を引用していることから、その概要を推測することができる。エラトステネスが描いた“world”は、アレクサンドロスの軍隊が進出したインドどまりで、東南アジアには及んでいなかったものの、彼の緯線と経線で地図の枠組みを作る発想は、まさに斬新だった。

だが、球形の地球の大地・海の配置、地域の位置関係が、経線と緯線を使った世界図として本

格的に描かれるには、ある一人の人物を待たねばならなかった。その人物こそ、本書で何度も登場することになる、アレクサンドリアで活躍したクラウディオス・プトレマイオス（八三頃―一六八頃）である。

プトレマイオスは、地球が宇宙の中心にあり、太陽や惑星が地球の周りを回っているとする天動説を説いた天文学者だが、その観測は精度に欠けるところがあった。彼は、地球の周長を実際の七割程の長さとして計算している。エラトステネスの計算の方がずっと精度が高かったのである。

しかし、そんなことはさておいて、彼の評価されるべき偉業は、古代ギリシアの地理学を集大成した『地理学（ゲオグラフィア、Geographia）』を著したことである。同書は、大西洋上の幸福の島（カナリア諸島）上に本初子午線を置き、経線と緯線の枠組みの下で約八〇〇〇の地名を秩序づける、画期的な著作だった。彼は、等間隔の緯線と経線により西のモロッコから東の中国に至る広大な領域を俯瞰的に描き出したのである。古代の天文学・地理学と国際商業都市アレクサンドリアに集積されていた海図、地図が、プトレマイオスによってうまく結びつけられたのである。初の俯瞰的世界図の完成といっていいだろう。

では、一体なぜ、プトレマイオスは世界図を作成することができたのか。その根底には、プトレマイオス個人の資質と、アレクサンドリアの経済的繁栄の幸福な結婚があった。そこでまずは、世界図の製作の基礎となる多くの海図が、どのようにアレクサンドリアに集積して行ったのかを顧みることにしよう。

「世界図」を支えたアレクサンドリアの大商圏

「プトレマイオスの世界図」を誕生させた背景として先ず取り上げなければならないのが、地中海とエリュトラー海の中間に位置する大商業港アレクサンドリアの経済的繁栄である。世界図が描き出した広大な海域は、まさにアレクサンドリアの交易空間に他ならなかった。ちなみに、エリュトラーとはギリシア語で「赤い」を意味する。エリュトラー海は、紅海、アラビア海、ベンガル湾、インド洋の広い海域をひとまとまりの海としてイメージした言葉である。

アレクサンドリアの隆盛を生み出したのは、マケドニアの王・アレクサンドロス（前三五六―前三二三）だった。前四世紀に、アレクサンドロスはペルシア帝国（アケメネス朝）への遠征を行ったが、その途上でそれまで東地中海の交易を牛耳ってきたフェニキア人に対して完膚なきまでの打撃を加え、商業上の主導権をギリシア人の手に奪いとった。

アレクサンドロスは、海岸線から離れた小島に拠点を置くフェニキア人の中心港ティルスを攻撃した際に、七カ月を費やして約一キロの堰堤を作り総攻撃を加え、町を徹底的に破壊した。辛うじて生き残ったティルスの市民三万人は奴隷とされ、中心を失ったフェニキア人の勢力は一挙に弱められた。アレクサンドロスは、破壊したティルスが再起出来ないように市域に塩まで撒いたという。余談だが、そうした徹底的な破壊の手口は、後にローマ軍がカルタゴを破壊した際に模倣された。ポエニ戦争（前二六四―前一四六）でローマに敗北したフェニキア人の都市カルタゴも、生き残った住民は奴隷とされ、市域には塩が撒かれ、地図上から一時抹消されている。

中心都市ティルスを失ったことで、東地中海は「フェニキア人の海」から「ギリシア人の海」に一変した。そうしたなかで、ギリシア商人の新しい拠点としてアレクサンドロスは、ナイル川の三角州に計画都市・アレクサンドリアを建設した。地中海とエリュトラー海、アフリカと小アジアを結ぶ十字路に位置するアレクサンドリアは、世界の七不思議の一つとなった広い海域を照らす高さ約一三四メートルの大灯台をランドマークとする、人口一〇〇万人の大経済都市に成長を遂げた。「海上の道路」の新たな起点となったアレクサンドリアは、「ないものは雪だけ」といわれる程の活況を呈したのである。

時は下りローマ帝国が勃興すると、海上交易はますます盛んになった。ローマの初代皇帝・アウグストゥス（位前二七—後一四）がアラビア半島南部のアデン（エゥダイモーン・アラビア）を征服し、紅海にローマ艦隊が配備されて航海の安全が確保されるようになると、アレクサンドリアの商人のエリュトラー海（紅海・インド洋）への進出が本格化する。

ローマの地理学者ストラボン（前六四—後二一頃）は『地理書』で、「プトレマイオス朝の時代にはわずかに数隻の船がインドに交易に赴くのみだったが、ローマ帝国の初期にはローマ人の奢侈的傾向が強まって紅海西岸のミュオス・ホルモスから年に一二〇隻の大型船がインドに向かうようになった」と記している。誇張もあろうが、年間で一二〇隻の大型船が使われるというと、かなり大規模な交易がなされたことになる。

またほぼ同時期に、博物学者、大プリニウス（二三頃—七九）は「エジプトを出航してインドに行くにはアラビア南岸のオケーリスからの出港が最も便利で、『ヒッパロスの風』を利用すれば四〇日で胡椒の産地の南インドの港ムージリスに到着できる」と記している。「ヒッパロスの風」は、ギリシア人の舵手ヒッパロスにより明らかにされたインド洋のモンスーン（季節風）を指す。こうしたインドとの交易を背景に、アレクサンドリアには地中海の航海情報のみならずエリュトラー海の水路誌、海図、旅行記などが蓄積され、「プトレマイオスの世界図」に豊富な地理的情報を提供することになった。

二つの大海を結ぶ国際港

名前だけは世界中に知れ渡っているが、『地理学』の著者、プトレマイオス（八三頃―一六八頃）の生涯については、実のところほとんど分かっていない。分かっているのは、彼が活躍した時期がローマ帝国の最盛期、五賢帝時代（九六―一八〇）だったということぐらいである。彼の生涯があまり明らかになっていないのは謎だが、この頃の学者の社会的地位を考えると、所詮そんなものだったのかも知れない。

人口一〇〇万人を数えた帝都ローマは、自ら膨大な量の食糧を自給できず地中海沿岸の諸地域に頼らざるを得なかった。ローマに運ばれる食糧のうちの四カ月分は穀倉地帯のエジプトに依存していたとされる。つまり、ローマ帝国の下では、「海上の道路」により結びついた地中海全体が巨大な商業圏として機能しており、それがいびつな軍事帝国を支えていたのである。アレクサンドリアは穀物の積み出し港であるだけではなく、紅海、アデン湾、ペルシア湾、アラビア海とも結び付きを深め、地中海の物産と、インド洋の物産が出会う国際港となった。

前述したように、前一世紀にエジプトの操舵手ヒッパロスが毎年規則的に風向きが変わるインド洋のモンスーン（季節風）の存在を明らかにすると、モンスーンは「ヒッパロスの風」と呼ばれて、地中海世界に知れ渡ることになった。ヒッパロスが実在した人物か否かは定かではないが、この頃には既にインド洋を吹き渡るモンスーンの存在が知られており、エジプトと南インドを結ぶエリュトラー海の貿易が盛んになっていた。世界図を作成するには申し分ない条件がアレクサンドリアに整っていたのである。

ローマ帝国の絶頂期、新奇を好み、物質文明に埋没した多くの若者たちは、ステータス・シンボルとしてインドからもたらされるスパイス、綿布、絹などを追い求めた。その結果、エリュトラー海との貿易量が増大した。インド・ブームが時代の風潮になり、ローマ帝国の金・銀がインドに向けて滔々と流れ出したのである。

ところで、地中海とエリュトラー海は近接しているものの全く異質な海であり、航海の方法に大きな違いがあった。地中海では砂漠の影響で無風状態が続く夏の三カ月間にガレー船などによる沿岸航海がなされたのに対し、エリュトラー海ではモンスーンを利用する沖合航法がとられた。航法の違いによりエリュトラー海の情報は地中海に比べると、どうしても疎らにならざるをえず、量の面でも質の面でも二つの海の情報には大きな隔たりが生じた。

二、知的好奇心が誕生させた世界図

既に存在していた世界図作成の流れ

俯瞰的な視野から作られた世界図の起源を「プトレマイオスの世界図」に求めるのは、恐らく異論のないところであろう。二世紀にアレクサンドリアで活躍したプトレマイオスは、それまでに蓄積されていた海図、地理的知識を正確に平面上に投影しようと試み、俯瞰的な世界図を描いた。

プトレマイオスは、知的好奇心の旺盛な人物であったらしく、天文学、占星術、数学、地理学、音楽というような広い範囲の著作を残している。天文学と地理学を結合させて新たな総合を成し遂げ得たのも、幅広い教養があったからであろう。プトレマイオスの功績は、独創的な発想で新分野を拓いたというよりも、広い視野に基づいて新たな総合を成し遂げた点にあったようである。プトレマイオスはアレクサンドリアに集まる諸情報に遍く目を通し、俯瞰的に世界のイメージを作りあげたのである。

世界図を組み立てる際に用いられた緯線と経線も、実は、プトレマイオスの独創ではなかった。先行者がいたのである。エラトステネスが緯度と経度に着目していたことは既に述べたが、もう一人、言及しておかなければならない人物がいる。プトレマイオスが活躍する少し前の時期のレバノン南西部ティルスの地理学者、マリノスである。マリノスは、本初子午線を大西洋上の幸福の島（カナリア諸島）に置き、経線と緯線の二つの座標軸に基づく世界図を既に作成していた。

プトレマイオス自身が『地理学』の第一巻六章で、マリノスが先人の記録につぶさに当たって優れた世界図を著し、数回の改訂を行っていることに触れ、その記述が必ずしも充分でないために『地理学』を著す旨を記している。マリノスが活躍したティルスは、地中海に横断航路を拓いたフェニキア人の最大の拠点港であり、海図と航海知識の蓄積が豊かだった。マリノスが長期間集積されてきた水路誌、海図を踏まえて、世界図（「ティルスの世界図」）の作成を試みたのは、これまた当然といえば当然だった。

マリノスが作った海図は一〇世紀まで使用されたとされるが、残念ながら現在は失われてしまっている。ちなみにティルスは、先に述べたように、前四世紀にアレクサンドロスの手で徹底的に破壊されたが、マリノスの時代にはアレクサンドロスの許しを得て再建されていた。

緯度と経度の着想

「プトレマイオスの世界図」では、現実の地球の似姿を描き出すために、円錐投影図法が採用された。簡単に言うと、球体の地球の一部分に円錐状の覆いを被せ、それを展開することで地表を平面上に写し取るという技法である。そうした俯瞰的な発想は地球を相対化しようとする視点にもとづいており、天文学の素養がなければ思い浮かばないものだった。

プトレマイオスはマリノスにならって、地中海とエリュトラー海をつなぐアレクサンドリアではなく、世界の西の果てと考えられていた幸福の島（カナリア諸島）に本初子午線を置き、東の果てのセリカ（中国）に至る大空間を、経度一八〇度、緯度七八度に区分して、一枚の地図として描き出した。彼は、地名に西から順に番号をつけ経度を付したが、勿論、その経度はかなりいいかげんだった。経度の正確な測定が可能になったのは、後述するように一八世紀のクロノメーターの出現以後のことである。プトレマイオス自身も述べているように、世界図は大凡の俯瞰された地球のイメージを示すのがせいぜいだったのである。

プトレマイオスは、人間の居住可能な空間は南北に狭く東西に広いと考え、世界図の枠組みをカナリア諸島の上を通る本初子午線を基準にし、平行する三六本の経線により作った。さらに緯度については、「個々の土地の緯度は天球との関係で明らかにされる」と説き、天体観測により確定できるとした。彼は、緯度と経度をツールにして、宇宙の秩序を地表に移し替えようとしたのである。

世界の全体像を描きたい

プトレマイオスの『地理学』は、彼自身が同書の冒頭で述べているように、人間が居住する世界の「全体」を俯瞰することを目的にしていた。プトレマイオスは地理学の対象を「世界を統一体と見なすための全体」とし、地理学の学問としての性格を「既知のものをひとつづきのものとして、その形状と特質とを宇宙の中で位置づける」ことにあるとした。彼は、「世界」を宇宙の一部をなすものとして相対化、統一化しようとしたのである。その結果、細部にはこだわらず、海岸線の主要な出入り、大都市、民族、主要な河川などが考察の対象とされた。

プトレマイオスは、地理学とは対照的な学問として地誌学をあげ、部分を描く地誌学は、全体からそれぞれの空間を切り離し、ひとつひとつを独立空間として描写するもので、港、村、区域、主要な河川の支流などの細部が考察の対象になるとした。水路誌、海図はどちらかと言うと地誌の対象になる細部の情報を提供する材料だったが、諸情報を広い視野にたって捉え直せば、地理学の有力な材料にもなった。プトレマイオスの地理学は、地球（geo）全体と関わる情報を図像（graphia）化する学問だったのである。プトレマイオスは既知の世界を一続きのものとして示そうとするならば、距離の測定、太陽と星の高度の観測による緯度、経度の測定、それらの体系化が必要だと説いている。

しかし、この当時、『地理学』に登場する全ての土地の太陽の高度を測定することなどは到底不可能だった。『地理学』では約八〇〇〇の地名がとりあげられているが、そのうち太陽の高度、緯度などが明示されている地名はわずかに四〇〇ほどに過ぎない。大部分の地名については、水路誌、海図、旅行案内書、商人の情報、軍事情報などにより、大体の位置付けがなされ、「世界図」上に配置されたのである。

ところで、現存する「プトレマイオスの世界図」は、一五世紀のルネサンス期に復元されたもので、現在はナポリの国立図書館に所蔵されている。エクメーネを全体として描いた世界図は、実は地図帳の一部分であり、他にヨーロッパの地図一〇葉、アフリカの地図四葉、アジアの地図一二葉がセットになっていた。

一五世紀に復元された世界図の原図が実在していたのか否か、あるいは実在したとしてプトレマイオスの自筆なのか否かについては、多くの説があって判然としない。現在のところ、プトレマイオスと同時代にアレクサンドリアで活躍したマガソダイモンが作者ではないかとする説が有力である。

三、プトレマイオスが描いた世界

「世界図」の中の地中海

「プトレマイオスの世界図」は、一六世紀にフランドル地方でオルテリウスが編纂した『世界の舞台』が刊行されるまでの実に長い間、標準的世界図として、ヨーロッパはもとよりアジアでも強い影響力を保つことになった。プトレマイオスが描き出した世界の輪郭――実際にはアレクサンドリアの商業圏であるが――は、未知の海の世界を読み解くための手引書として広く利用されたのである。

「世界図」では、地図の周囲に配置した一二人のウインド・ヘッドが地図面に向かって風を吹き付けており、風を帆に受けた帆船が結びつける地中海とエリュトラー海（インド洋・南シナ海）の二つの大海を中心とする構図で描かれている。本書では、世界の見取り図として、「プトレマイオスの世界図」がしばしば登場することになるので、世界図上で地中海、エリュトラー海、大西洋がどのように描かれているのかを、ここで簡単に見ておくことにしたい（左図参照）。

まずは地中海の部分である。ローマ帝国では、帝都ローマの外港のオスティアを中心に地中

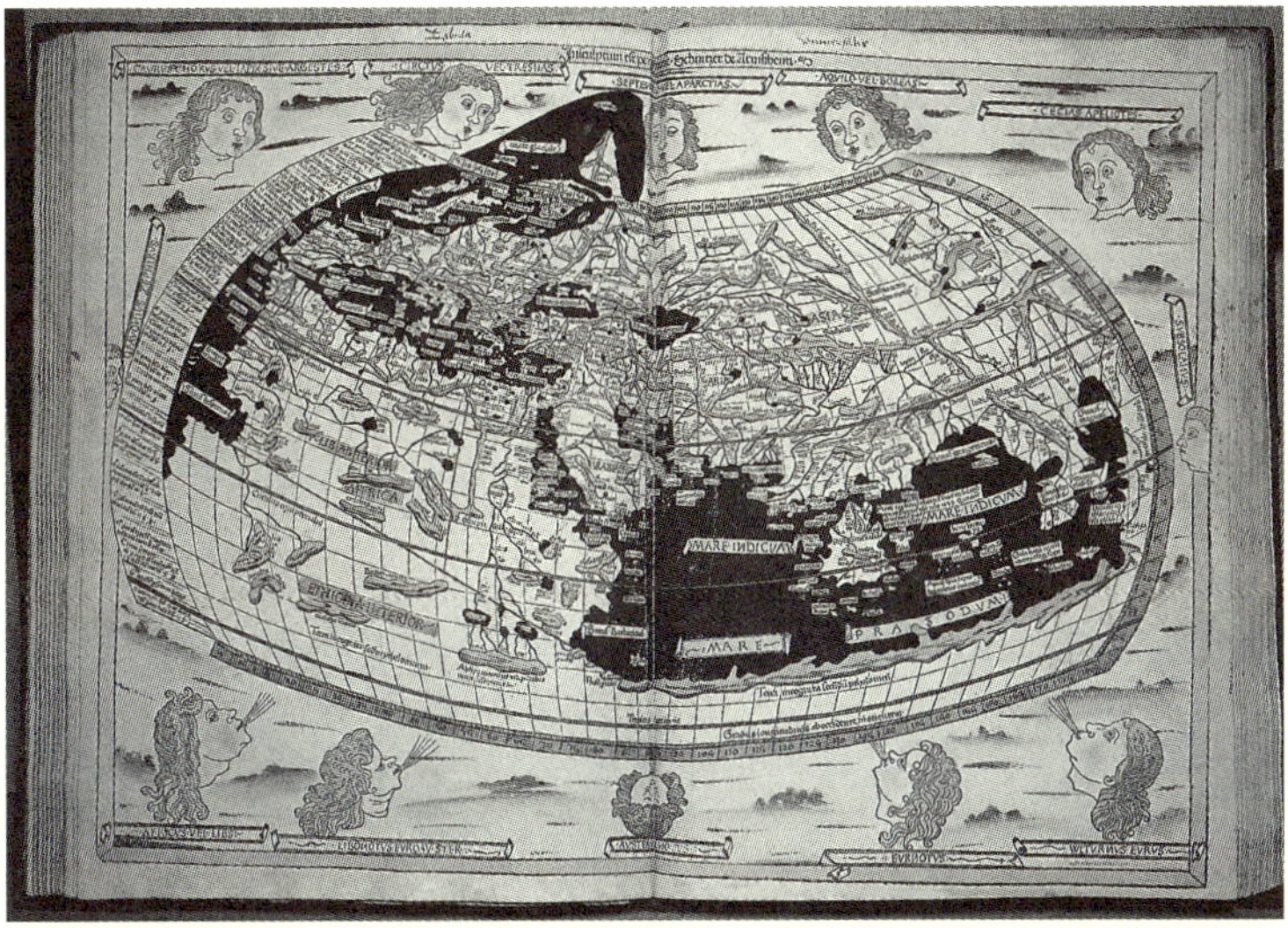

プトレマイオスの『地理学』、通称「プトレマイオスの世界図」（現存するのは15世紀に復元したもの。ナポリ国立図書館蔵）

海・黒海に多くの「海上の道路」網が張り巡らされ、船の往来が定期化していた。そうしたこともあって、地中海についてはかなり詳しい水路誌・海図が既に集積されており、海岸線の把握も正確だった。例えばアレクサンドリアでも、紀元前三世紀には、プトレマイオス朝の第二代の王プトレマイオス二世（前三〇八―前二四六）の水先案内人ティモステネスが、地中海の水路誌を書いていたという。残念ながら、その水路誌の大部分は散逸してしまっているが、そうした水路誌、海図を、プトレマイオスも利用したようである。また、一世紀のローマの博物学者、大プリニウスの『博物誌』は、地中海の各港を結ぶ船の航海日数について、アレクサンドリアからローマの外港のオスティアまでは九日間、シチリアからアレクサンドリアまでは六日間、イベリア半島のカディスからオスティアまでは七日間、同じくイベリア半島のマラガからオスティアまでは四日間、アフリカからオスティアまでは二日間、クレタ島から北アフリカのキレナイカまでは二日間というように具体的に記している。地中海に、定期的に利用される「海上の道路」網が発達していた状況が窺える。

そうしたこともあって、「プトレマイオスの世界図」においてもローマ人が「我らの海」と呼んだ地中海の海岸線が実際の形状に近いかたちで描かれており、多くの地名が詳細に記入されている。しかし、アレクサンドリアの人々の生活と密着していた海だったせいか、「世界図」では地中海が実際よりも強調され、世界図の九分の一に達する東西に長い扁平な海として描かれている。そのように地中海が東西に引き伸ばされてしまった関係で、イタリア半島も同方向に引き伸ばされ、アフリカ北岸とほぼ平行して描かれている。

ヨーロッパ内陸部は、ガリア地方やイベリア半島以外はかなり不正確で、イベリア半島の西北端には錫の島（カッシテリデス）という架空の島が描かれている。

「世界図」の中のエリュトラー海

次いで、エリュトラー海の部分である。「プトレマイオスの世界図」が描きだしたアジアの海域は、ヨーロッパの船乗りがアジアに向けて航海する際に見取り図として長い間利用された。コロンブスも、マゼランも、「プトレマイオスの世界図」を情報源にして勘違いの航海をし、結果として「第二の世界」、「第三の世界」を見いだしたのである。

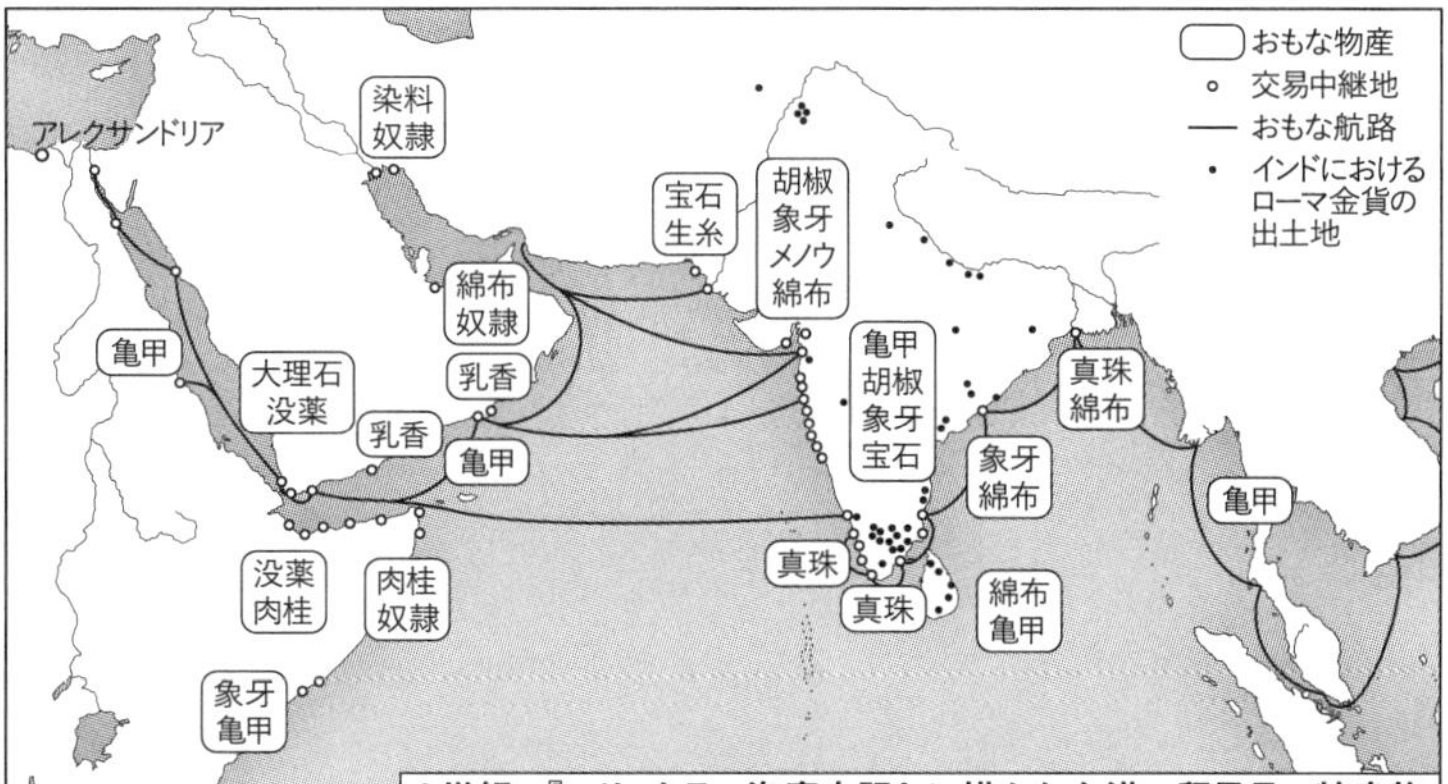

1世紀、『エリュトラー海案内記』に描かれた港、貿易品、特産物

エリュトラー海では、インド半島が北緯八度位まで南に張り出しているために、モンスーンを利用した沖合航海が比較的容易だった。緯度を測定しながら大洋を航海するのがそれ程難しくなかったのである。エリュトラー海では沖合航法が可能だったこと、航海の頻度が低かったこと、モンスーン頼みで航路がほぼ固定されていたことなどにより、周辺の陸地情報については極めて曖昧にならざるを得なかった。

エリュトラー海の商業圏については、一世紀、アレクサンドリア在住のギリシア人船乗り、あるいは商人により『エリュトラー海案内記』という商業案内書が書かれている。ローマ帝国と南インドのサータバーハナ朝（前一世紀—後三世紀初）との間の貿易が、活発に行われていたのである。同書は、「エジプトのベレニケ港を起点にして、東はインド、ガンジス川、西はアフリカ東岸に至る航路、紅海、ペルシア湾、アラビア海、ベンガル湾を中心にアフリカ東岸からマレー半島に至る海域の港、貿易品、特産物」を詳細に記している。

「世界図」では、アラビア半島南部とシリア・エジプトの間の乳香貿易が盛んだったこともあり、アラビア半島の輪郭がかなり正確に描かれており、半島を取り巻く紅海、アデン湾、ペルシア湾も、実際よりも膨らんでいるものの、しっかりと描かれている。

しかし、インド半島は、「半島」としては描かれていない。エリュトラー海に微かに張り出すように描かれるのみである。ローマ商人が夏のモンスーンを利用してインド半島南部に渡り、商業港が多い東岸に迂回したために陸地の状況把握が不十分になり、半島であることがきちんと認識されなかったためであろう。それに対して、セイロン島（タプロバネ）がとてつもなく巨大な島として描かれる。ローマ商人は直接セイロン島には赴かず、インド商人がもたらすセイロン島の商品をインドの港で購入したことから、豊かな物産の産出地のセイロン島が過大評価されたとする説が有力である。ただ単純に、プトレマイオスがインド半島とセイロン島を混同したという説もある。

インド半島の東に位置するベンガル湾は、実際よりも横長の巨大な入江として描かれ、湾の北辺にはガンジス川の三角州が配されている。プトレマイオスは、ガンジス川を境にして、インドを「ガンジスの内側のインド」と「ガンジスの外側のインド」に二分し、「外側のインド」の先のビルマのあたりに「金の国」・「銀の国」を置いた。世界の果てに、金、銀、宝石を産出する国を想像するのは古代に共通する考え方であった。

さらにその東には、赤道を越えて南下するマレー半島（「黄金半島」）が描かれている。マレー半島は実際の形状とは全く異なって房総半島のような形状であり、海が西から半島の一部分に食い込む形で描かれている。当時の東南アジアでは、航海が難しいマラッカ海峡を避けて、マレー半島の最狭部のクラ地峡を越え、タイランド湾に至るインド商人の交易ルートが拓けており、それが反映されたものと思われる。「黄金半島」という名称も、世界の果てで大量の金が産出されるという発想に基づく命名だった。

その東はシヌス・マグヌス（大きな湾）になっており、その湾の先でエリュトラー海の南岸を西から東に向かって延びてきた「未知の南方大陸」と中国が出会うように描かれた。中国については極めて曖昧で、ヒマラヤ山脈に比定されるイマウス山脈の東にセラ（長安を指すと考えられる）を首都とするセリカ（「絹の国」の意味）が描かれ、南部には赤道をまたぐかたちでティナエを首都とするシナエが描かれている。前者が「シルク・ロード」からの情報に基づき、後者がインド経由で伝えられた「秦」の情報に基づくと考えられている。ちなみに「シナエ」は、大国、秦の呼び名だった「チン」が、インドで転訛して「シナ」になったというのが通説である。英語のChina、フランス語のChine、支那などは、「シナ」に由来する。

またプトレマイオスは、地中海からの連想で、赤道以南のアフリカを巨大な「未知の南方大陸（テラ・アウストラリス・インコグニタ、Terra Australis incognita）」として、東方に長く描き、エリュトラー海を内海として描いていた。巨大なユーラシア大陸とのバランスが意識されたのであろうが、ギリシア商人の航海がなされなかったために赤道以南のインド洋の情報が乏しかったことも、曖昧な作図の一因になったようである。赤道以南のインド洋が、当時の、モンスーンを利用したインド貿易の埒外だったためである。

視圏の外に置かれた大西洋

最後に大西洋の部分である。「プトレマイオスの世界図」では、西の外れに狭い帯状の大西洋が描かれている。経済の中心から遠く隔たっていたこともあり、一応描いておこうというような扱いである。アフリカ西岸も情報が乏しく、描写が極めて曖昧だった。植民市ケルネを築いていたカルタゴ人の情報に基づき、北緯一一度のアルシナリウム岬までのアフリカ西岸が、ほぼ一〇度の経線に沿って南北に一直線状に描かれている。プトレマイオスは、アルシナリウム岬の西に位置すると誤認した幸福諸島（Fortunatae Insula）上を経度〇度の子午線が通るとした。幸福諸島とは、北緯二九度に位置するカナリア諸島を指すのだろうと考えられている。

カナリア諸島は、ギリシアの伝承で不死をもたらす「黄金のリンゴ」の木が植えられた、世界の果てのヘスペリデス島に比定される。ギリシア人は、黄金のリンゴが、ヘスペリデス島で「天空を支えるアトラス」の娘たちと百の頭を持つドラゴンのラードーンにより守られていると考えていた。

そもそも「黄金のリンゴ」とは、ギリシアの主神ゼウスがヘラと結婚した際に大地の女神ガイアが祝いの品として贈った、食べる者に不死を与えるリンゴだった。ところが、浮気性のゼウスはリンゴを恋の贈り物として多くの女性たちにばらまいてしまう。そこで怒ったヘラが、ゼウスが手をだせないようにと、絶海の孤島、ヘスペリデス島にリンゴの木を移植してしまったというのである。

そうした伝承からも分かるように、カナリア諸島は世界の西の果てに位置する神話の島として認識され、大西洋も「神話の海」として、視圏の外に置かれたのである。後にポルトガルのエンリケ航海王子がカナリア諸島の南へ、コロンブスが西へと航路を延ばすことで、大西洋が世界史の前面に躍り出すことになるのだが、それはもう少し後の話である。

四、イスラーム大商圏で蘇った世界図

バグダードでの翻訳

世界史では文明の興隆と衰退が繰り返され、文明の場となるそれぞれの地域が、その勢力の消長に応じ地理的膨張と収縮をくりかえしてきた。社会の膨張期には、当然のことながら自分たちの生活圏以外の未知の世界に対する関心が強められることになる。

「プトレマイオスの世界図」は、ローマ帝国が東西に分裂し、地中海での海上交通が次第に衰えると、顧みられることもなくなっていった。地中海周辺、特にアルプス以北のヨーロッパの人々の目が、内陸に移っていったのである。中世になると宗教的世界図一色になり、「世界図」は全く忘れ去られてしまう。しかし、そんな「プトレマイオスの世界図」を蘇らせた場所があった。アッバース帝国（七五〇—一二五八）の帝都バグダードである。ペルシア湾の奥に建設された新都バグダードは東方に商業圏を拡大し、ユーラシア規模の陸・海の商業圏のセンターとなる九世

紀には、人口一五〇万人を越える世界屈指の大都会になっていた。

イスラーム商人はインド洋や地中海の貿易を復活させただけではなく、新たにインド洋交易圏を、東は中国、南はマダガスカル島との間のモザンビーク海峡にまで拡大した。ダウ船が広域にわたりアジアのモンスーン海域を結びつけるイスラーム商人の大交易時代の到来である。そうした広域の貿易には、ユーラシア規模の世界の見取り図が必要になる。そこで、バグダードでは世界を俯瞰するプトレマイオスの『地理学』のアラビア語への翻訳が繰り返されることになった。『地理学』は、八世紀以降、バグダードの「知恵の館」でアラビア語に翻訳されていく。ちなみに「知恵の館」(アラビア語で「バイト・アル・ヒクマ」)は、ササン朝ペルシアの制度を真似た機関で、諸文明の文献の体系的なアラビア語訳に当たっていた。

多くのギリシア語文献をアラビア語に翻訳させたアッバース朝・第七代カリフ、マアムーン(位八一三―八三三)は、特に「世界図」に強い関心を持っており、経度一度の距離の計算を学者たちに命じた。その時になされた計算では、経度一度を約一一三キロとはじきだしており、数値はほぼ正確だった。代数学を意味する英語の「アルジェブラ(algebra)」の語源が「数の移項」を意味するアラビア語であることからも、イスラーム世界では数学、天文学などの学問レベルが非常に高かったことが窺えるだろう。

古代のアレクサンドリアの商業圏を一廻り拡大したバグダードの商業圏については、八・九世紀にバグダードでその原型がつくられた『千夜一夜物語』からイメージすることができる。同書は、アッバース帝国の最盛期の第五代カリフ、ハールーン・アッラシード(位七八六―八〇九)

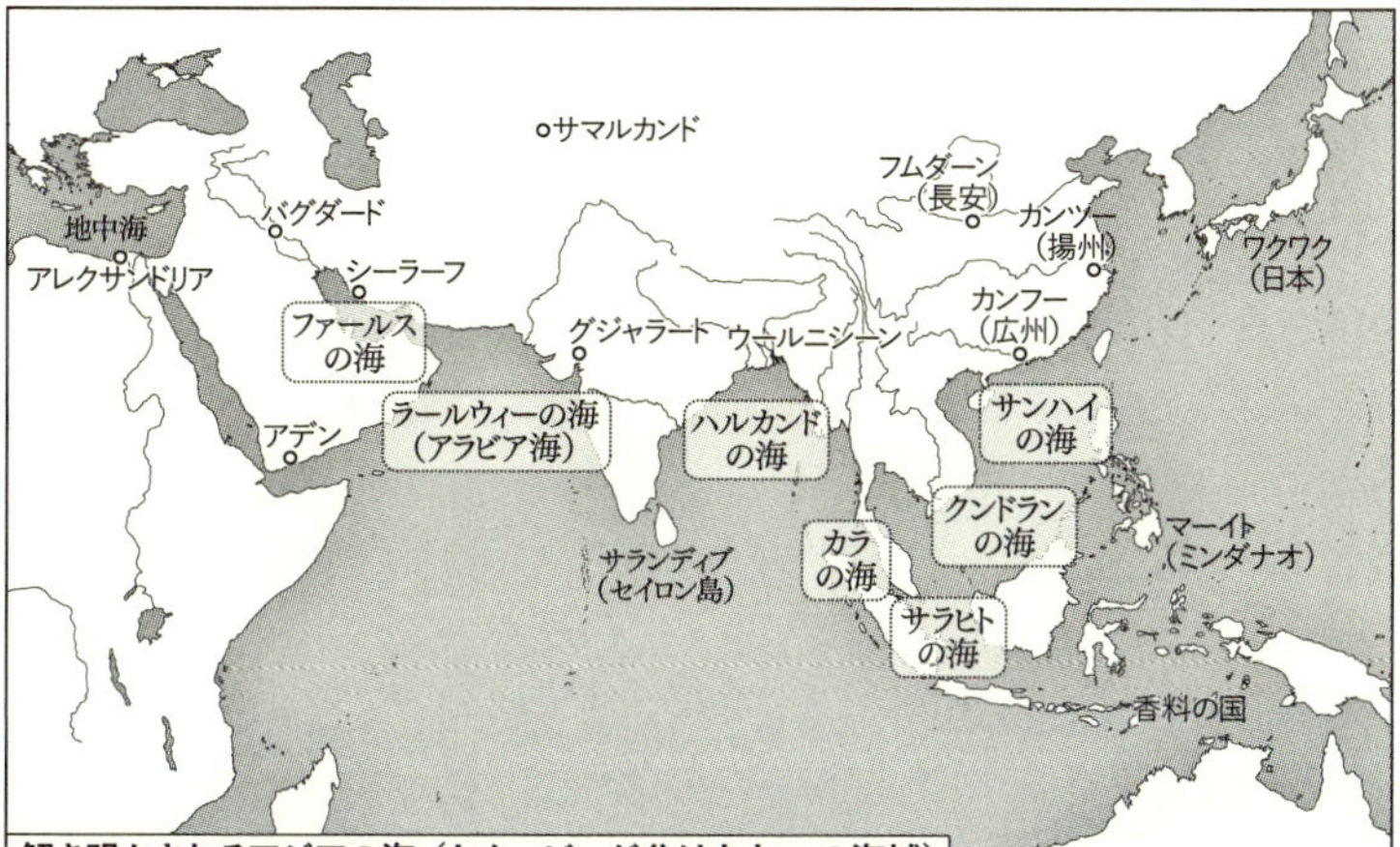

解き明かされるアジアの海（ヤクービーが分けた七つの海域）

の時代の繁栄ぶりについて、「ハールーン・アッラシードの御名と光栄とが、中央アジアの丘々から北欧の森の奥まで、またマグレブ（北アフリカ）およびアンダルシア（イベリア半島）からシナおよび韃靼（遊牧世界）の辺境にいたるまで鳴り渡った」と記している。

解き明かされるアジアの海

イスラーム帝国の商業圏の拡大に貢献したのが、「ダウ船」による海上交易だった。ペルシア湾の奥のバグダードが大交易圏の中心になると、インド洋・南シナ海のモンスーン海域でのダウ船の交易が活性化し、特に中国に至る定期航路がつなぐ諸海域の理解が深まった。「海上の道路」が、東に大きく伸びたのである。

一〇世紀のバグダード出身の地理学者ヤクービーは、イスラーム世界の水路誌、海図を総合し、ペルシア湾から中国南部に至る海域を次のような七つの海域に分けた。海域の連鎖として、インド洋・南シナ海が認識されるようになっていたことが分かる。

(一) 海域が狭く、真珠の採集場が多いファールスの海(ペルシア湾)
(二) 海面が広く、星座を頼りにしなければならないラールウィーの海(アラビア海)
(三) 海中に宝石・ダイヤモンドなどの珍宝を産出する島サランディブ(セイロン島)があるハルカンドの海(ベンガル湾)
(四) 海面が狭く、強い風が吹いて航海が困難なカラの海(マラッカ海峡)
(五) 海域が極めて広く珍しい海宝を多く産出するサラヒトの海(南シナ海)
(六) 海上で雨の多いクンドランの海(ベトナム南部の海域)
(七) 中国の海ともいうべきサンハイ(漲海の音訳)の海(トンキン湾)

このように、アッバース帝国の時代には「プトレマイオスの世界図」では曖昧にされていた中国に至るアジアの海域が次第に明らかになり、海図情報が拡充することになった。インド洋・ベンガル湾・南シナ海が、全体として把握されたのである。

海域の拡大に対応してバグダードではプトレマイオスの『地理学』のアラビア語訳が数度にわたりなされたが、現存するのは中央アジア出身の数学者、地理学者アル・フワリズミ(七八〇頃—八五〇頃)がプトレマイオスの著作を翻案した、経・緯度集の『大地の形態』だけである。フワリズミは「プトレマイオスの世界図」に、ムスリムの船乗り・商人の水路誌、海図、地理的知識を追加して、東に伸びる「未知の南方大陸」（アフリカ南部）と東アジアを切り離し、従来は内海とされていたインド洋を外洋として把握した。アッバース帝国のイスラーム商人は、唐の広州に至る航路を延長して中国沿岸を北上する航路をも拓いていたのだ。

九世紀には定期航路が開発された結果として多くのイスラーム商人が広州の外国人居留区（蕃坊）に居住するようになり、聖懐寺というモスクも建てられた。移住したイスラーム商人の多さは、唐末に大農民反乱の指導者黄巣（？―八八四）が率いる反乱軍が広州を占領した際に、一二万人のイスラーム教徒、ゾロアスター教徒が殺害されたというアラブ側の記述から推測することができる。

アッバース帝国の第一五代カリフのムータミド（位八七〇―九二）に帝国の道路と駅逓を管理する駅逓長として仕えたイブン・フルダーズベ（八二〇頃―九一二頃）は、『諸道路と諸国の書』を著し、帝都バグダードを中心とする道路網と九三〇の宿駅、ユーラシア規模の商業網、ペルシア湾のバスラから中国の広州に至る航路についての記述を残している。同書でフルダーズベは、シナ（中国）の先に位置する黄金を豊かに産出する「ワクワク（倭国）」、シナの大貿易港「カーンツー（揚州）」の先に位置する「シーラ（新羅）」の存在をも明らかにしていた。

イブン・フルダーズベは、インド洋、南シナ海、東シナ海の広大な海域について、紅海から東端のワクワクまでの距離は四万五〇〇〇ファルサク（約二万八〇八〇キロ）に及ぶと推測している。そうしたことから、「プトレマイオス世界図」に漠然と描かれたエリュトラー海の実像が、かなり正確に把握されるようになっていたことが分かる。

イブン・フルダーズベとマスウーディ

バグダードで生活したイブン・フルダーズベが広大な海域情報を手にできたのは、帝国の情報網を通じてであり、情報源は船乗り・商人の商業情報、水路誌、海図だった。イブン・フルダーズベは、イスラーム商圏で活躍したラダーニヤ（Radhaniyyah、ラテン語を利用する地中海沿岸のユダヤ商人）のユーラシア規模の交易活動を、以下のように記している。

アラビア語、ペルシャ語、ラテン語、フランク語、アンダルシア語、スラブ語などを操るユダヤ人の国際商人は、男女奴隷、毛皮、皮革、黒貂、宝剣などを購入して、地中海のファンハ（フランク王国のフィランジュ）より出帆し、地中海を横切ってナイルの河口に近いファラマに上陸し、さらに商品を陸路紅海の港クルムズ（アカバ湾に面した港）に運び、紅海のジャールとジッダを経てシンド（インダス川の周辺地域）、インド、中国へと運ぶ。彼らは中国で麝香、沈香、樟脳、肉桂などを購入する外、その他各地で商品を購入し、紅海を経て再度ファラマから地中海に乗り出し、ビザンツ帝国のコンスタンティノープル、フランク王国などでその商品を販売する。また、場合によっては彼らはフランクから地中海を航海してシリアのアンティオキアで上陸し三つの駅逓を経てジャビヤに至り、ユーフラテス川を航行してバグダードに至る。そこから更にティグリス川を航行してウブッラの港に至り、オマーン、シンド、インド、中国に至る。これらの道路は互いに相通じているのである。

フルダーズベはこの外にもマグリブ地方（北アフリカ）、エジプトを経てシナイ半島に至り、ダマスクス、クーファ、バグダード、バスラを経て、海路シンド、インド、中国に至る交易ルート、ビザンツ帝国からスラブ人の国に行き、カスピ海を横切ってバルフに至り、マー・ワラー・アンナフル（シルクロードの中心のソグド地方）を経て中国に至る交易ルートの存在を指摘している。中国に至る陸路と「海上の道路」の諸情報が、バグダードに集まっていたことが理解できる。フルダーズベは「プトレマイオスの世界図」を下敷きにして世界をイメージし、『諸道路と諸国の書』を著したとされる。

学者のなかにもイスラーム商圏を広く旅行し、航海で得た水路情報や見聞に基づいて世界を描く者が現れた。バグダード生まれの著名な旅行家、地理学者のアル・マスウーディ（八九六―九五五）がその代表である。彼は、インド洋、紅海、カスピ海、地中海を航行し、ジャワ、スリランカ、ペルシア、アルメニア、アラビア、シリア、エジプト、インダス川、インド西海岸、ザンジバルなどの東アフリカなどの諸地域を広く旅行し、自己の見聞を踏まえて、中国から地中海に至る百科全書的な『時代の情報』を書いた。しかし残念なことに、その大部分は散逸してしまっており、同書を要約した『黄金の牧場と宝石の鉱山』が残されるのみである。マスウーディの大旅行は、実は貿易がらみだったとされる。マスウーディは「アラブのヘロドトス」の異名を持つが、彼もプトレマイオスの『地理学』と世界図を世界認識の下敷きにしていたとされる。

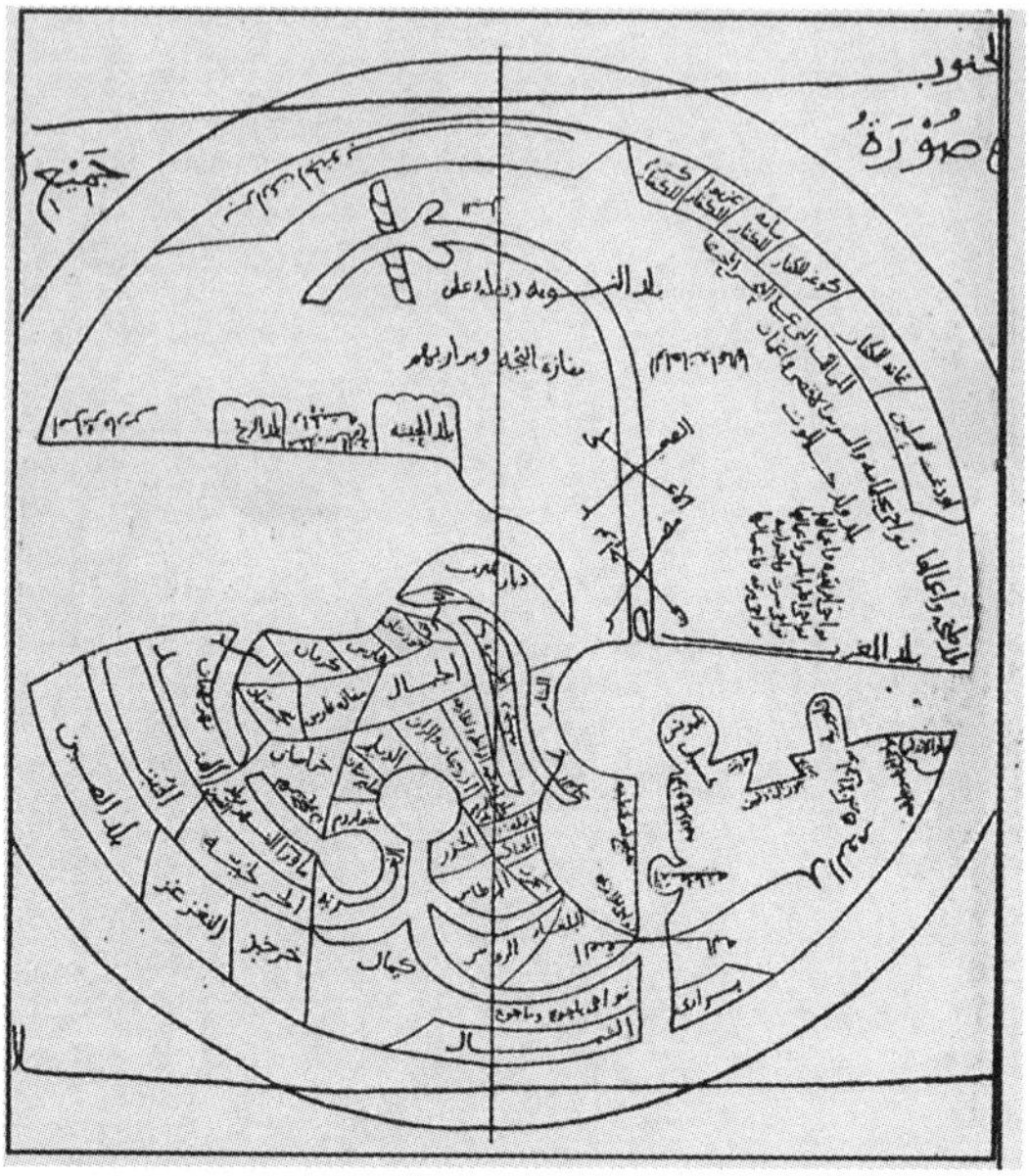

10世紀中頃、バグダードの地理学者、イブン・ハウカルが描いた「世界全図」。南北が逆転している。

イブン・ハウカルの世界図

地中海とエリュトラー海の二つの内海を中心に描かれた「プトレマイオスの世界図」の枠組みが『コーラン』の二大海説と調和するかたちでイスラーム世界で受け入れられたことを示すのが、一〇世紀中頃にバグダード出身の地理学者、イブン・ハウカル（生没年不詳）が描いた「世界全図」だ。イブン・ハウカルも大旅行家として知られ、北アフリカ、スペイン、西スーダン、エジプト、西アジア、中央アジア、インドを巡る大旅行を行っている。

この「地図」は、イスラームの世界地図の伝統を引き継いで上部が南になっており、『コーラン』の天啓の条の「甘く飲んでもうまい海と塩辛い海が混ざらないように神が両者の間に仕切りの壁を設けた」という言葉を受けて、かなり抽象的ではあるが、中心に位置する大陸部に切れ込む二つの海を軸に世界図を描きだしている。海と陸の配置は「プトレマイオスの世界図」と同様だが、インド洋が周海（大洋）に向かって大きく開かれているところに違いがある。

円形に描かれた大地と海の周囲には周海（大洋）が巡らされていて、西にルームの海（地中海・黒海）が、東に中国の海（南シナ海）・インドの海（ベンガル湾、ペルシア湾、紅海を含む北インド洋）からなるモンスーンの海が描かれ、西アジアのダール・アラブ（アラブの地の意味、アラビア半島）とシャーム（砂漠と海の交易のセンターのシリア）の二つの地域が、海域を分ける陸地として描かれている。

陸部では、ナイル川が地中海に流れ込む巨大な入江、ティグリス・ユーフラテス川がペルシア湾に流れ込む巨大な入江として描かれている。このように周海から東西の二つの大洋が切れ込み、西アジアが両者の境目になるとする『コーラン』の二大海説は、イスラーム教徒が共有する世界観だった。

イドリーシーの世界図と広がるインド洋

地中海とインド洋・南シナ海を結ぶ交易が活性化したイスラーム世界では、偶像崇拝を禁じるイスラーム教の影響で円や三角などの抽象的図像を組み合わせた世界図が多く描かれた。世界を具体的に図像化することは、アッラーの権威の冒瀆とみなされたのである。

そうした中で、「イドリーシーの世界図」は特異な世界図だったと言える。シチリア島のキリスト教徒の王ルッジェーロ二世（位一一三〇―五四）に仕えたモロッコのセウタ生まれのイスラーム地理学者イドリーシー（一一〇〇頃―六八頃）は、王のために『世界横断を望む者の慰みの

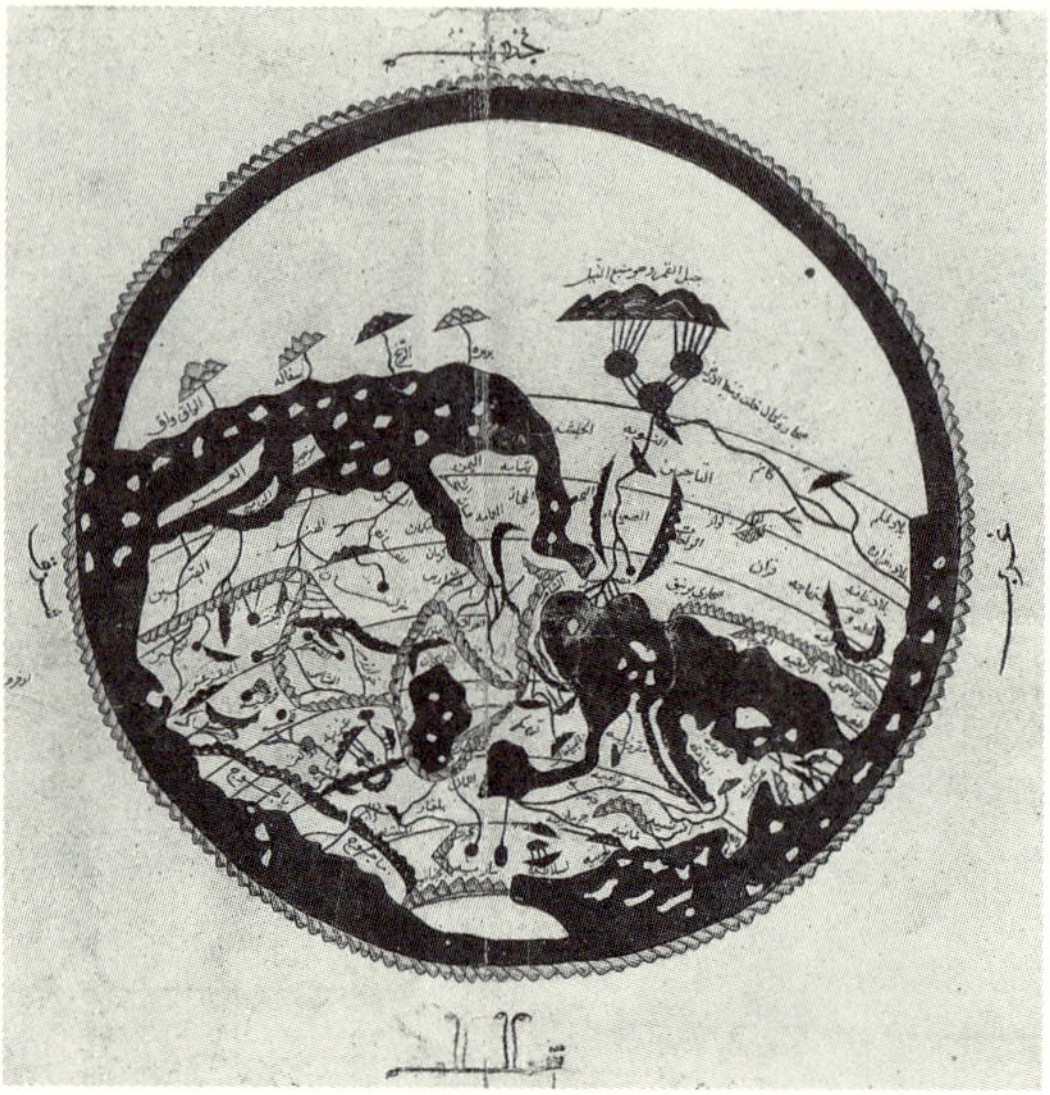

12世紀、モロッコ生まれのイスラーム地理学者イドリーシーにより『ルッジェーロの書』に付された「世界図」

書（ルッジェーロの書）』という地理書を書き、簡単な世界図と七一葉の地域図を描いた。

「イドリーシーの世界図」は「プトレマイオスの世界図」を下敷きにしていることからインド半島は描かれていないが、イスラームの船乗り・商人の水路誌、海図による地理的知識が盛り込まれている。「世界図」は、イブン・ハウカルの「世界全図」同様イスラーム世界の地図の伝統を継承してメッカがある南を上としており、インド洋は陸地で封鎖された海ではなく、イスラームの水路誌や海図に基づいて開かれた海として描かれた。

「イドリーシーの世界図」に見られる陸地を円形に描く技法は、イブン・ハウカルの世界図などのイスラームの図法を引き継ぎ、後に述べるヴェネツィア人のフラ・マロウの世界図に影響を与えることになる。

「イドリーシーの世界図」で特に注目されるのは、「プトレマイオスの世界図」では不明瞭だった東アジアの地域が詳しく描かれたことである。地図ではインド洋を挟んで中国の対岸にアフリカ東部が描かれ、その間にアジアの多島海が描かれた。カマル・マーラーイ島（マレー半島）の先に多数の島が配置されており、その東の外れにシーラ（新羅）が、中国の対岸のアフリカ東部に黄金を豊かに産出するワクワク（倭国）が配されている。

ちなみに、イドリーシーはスペインのコルドバで学問を習得し、小アジア、アフリカ、スペイン、フランスなどを旅行した後、シチリア島のパレルモで職を得た。彼は、世界図の作成に際して、先に述べたバグダードの大旅行家マスウーディのアジア情報をも取り入れたとされている。

五、鄭和の海図に紛れ込んだ世界図

モンゴル帝国が成立させたユーラシア商圏

ユーラシアの大部分を大商圏として統合したのが、モンゴル帝国だった。一三世紀、ユーラシアを政治的に統合したモンゴル帝国は、陸の「草原の道」と海の「陶磁の道」を統合し、イスラーム世界と中国世界をひとつに結び付けた。元の都、大都（カンバリク、現在の北京）とイル・ハーン国の都、タブリースが新しい東西交易のセンターになり、ユーラシア経済が陸と海で連動するようになったのである。

海上では、元の最大の港、福建の泉州（ザイトゥーン）とペルシア湾口のホルムズを結ぶ幹線航路がつくられた。ユーラシアの中心港の一つになった福建の泉州は、江南から大都に向けての大量の米穀輸送の必要から建設された、渤海に流れ込む白河につながる閘門式運河（通恵河）により元の都の大都と結びつけられた。

イスラーム教徒が支配する泉州について、マルコ・ポーロは『東方見聞録』で「中国の膨大な需要に応えるためにザイトゥーンではアレクサンドリアやその他の港に陸揚げされている一〇〇倍の胡椒が集まり、貿易額において世界の二大港の一つである」と記述している。元代の初め、泉州では一万五〇〇〇隻のジャンクが海外貿易に従事し、航路は東南アジア、インド、ペルシア湾、東アフリカに延びていたとされる。泉州はモンゴル帝国の大商圏の海の起点だったのである。

元の末期に泉州からジャンクに乗り込み二度のインド洋の航海を行った汪大淵（一三一一—？）は、地理書『島夷誌略』を著した。同書には、東南アジア、セイロン、インド東岸、インド西岸、ペルシア湾、アラビア半島、モルジブ諸島、アフリカ東岸の地名が九八も登場し、北アフリカの「マグレブ」に比定される地名もでてくる。汪大淵は、後に鄭和艦隊が航海するインド洋の広大な海域を、既に航海していたと考えられている。元代は、中国商人がジャンクに乗り、インド洋まで進出した時代だったのである。

言うまでもなく、元はモンゴル人が中国を征服して成立させた王朝であり、そこではモンゴル人とともに「色目人」と呼ばれる外国商人が高い社会的地位を得ていた。ちなみに、色目人は「色々な種類の人々」の意味である。フビライ・ハーンに一七年間役人として仕えたマルコ・ポーロのような例外を除き、「色目人」の大部分はイスラーム商人だった。イスラーム商人はイスラーム世界の地理観を中国社会に持ち込むことになった。

モンゴル商圏と混一疆理歴代国都之図

イスラーム商人は「プトレマイオスの世界図」が描いていた世界のイメージを、変形させながら元に持ち込んだ。この頃の中国はモンゴル帝国のユーラシア規模の陸・海の円環ネットワークに組み込まれていたこともあり、中華思想に基づく伝統的世界図にも変化が現れることとなった。『元史』天文志によると、元に仕えたペルシア人学者ジャマール・アッディーンは、木製の地球儀を作ったとされる。その地球儀では、地表の七割が緑色の海、残りの三割が白色の陸地として描かれ、経線、緯線で小方井が区画されていた。「プトレマイオスの世界図」の影響を受けた元代の世界図としては、一三三〇年頃に李沢民が描いた『声教広被図』があげられる。しかし、残念ながらその地図は現存しない。

元が滅んだ一〇年後の一三七八年、『声教広被図』の影響を受けて作られた明の『大明混一図』(混一は、「世界」の意味)に、「プトレマイオスの世界図」の影響をはっきりと見てとることができる。この地図は中華帝国を伝統的手法で大きく描いただけではなく、小さくではあるがインド半島を描き、その西にインド洋、小さなアラビア半島、ペルシア湾、舌状のアフリカ大陸が描かれている。中国の大地を平板状に描く伝統的な枠組みとイスラームの地理認識を機械的に結び付けた新しいタイプの「世界図」は、とりもなおさず中国人の新しい世界認識だった。

京都の龍谷大学には一四〇二年に朝鮮王朝(李朝、一三九二—一九一〇)で作られた、『混一

鄭和艦隊の大航海

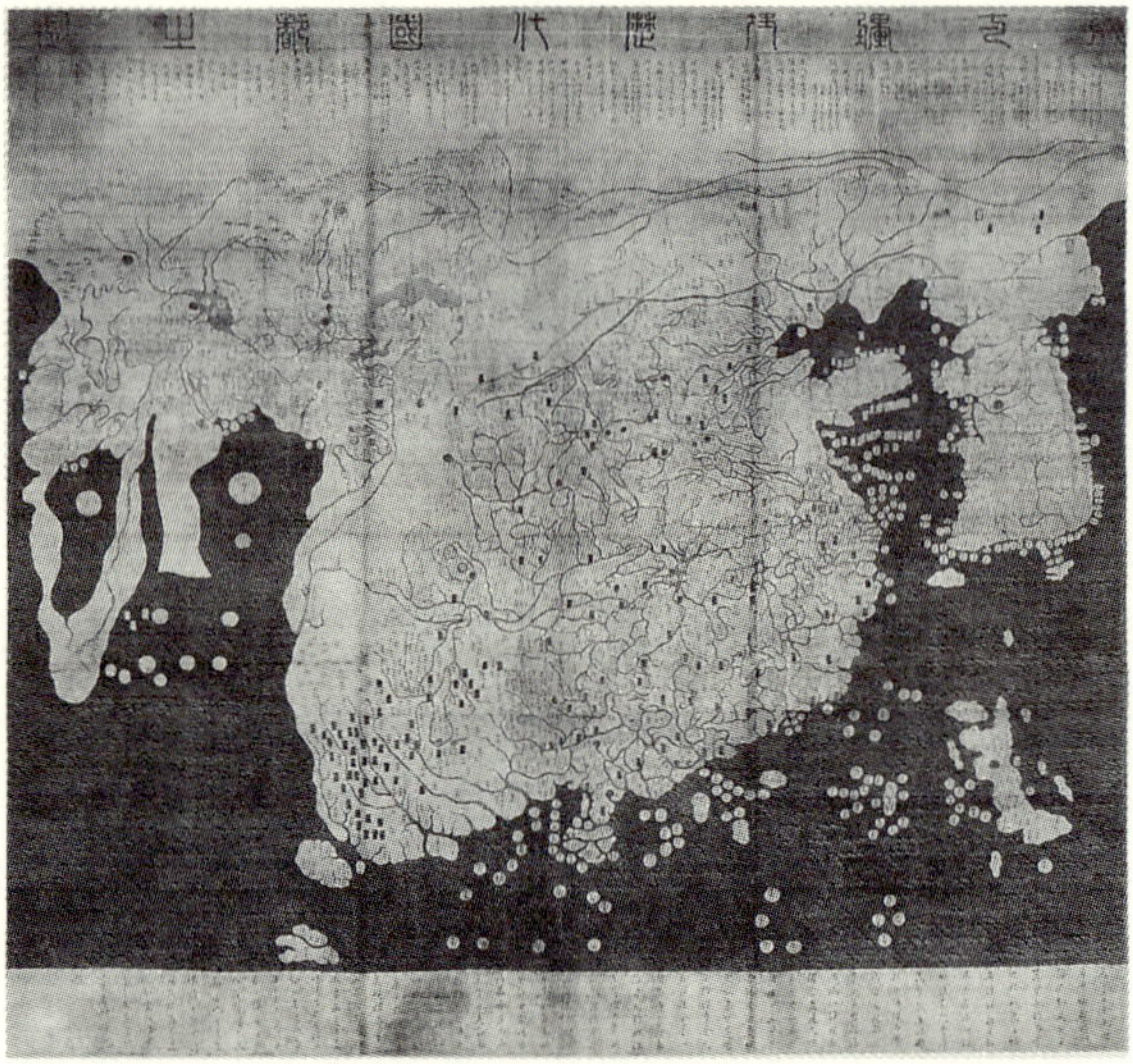

1402年、朝鮮王朝で作られた「混一疆理歴代国都之図」（龍谷大学図書館蔵）。右下隅にあるのが日本列島。

疆理歴代国都之図』が所蔵されている。朝鮮王朝の正統性を示すために描かれたこの地図は、朝鮮半島を中国と同等に大きく描いているが、それだけではなくモンゴル帝国の時代の地理的知識を取り入れ、アラビア半島、アフリカ、ヨーロッパなどを小さく付け加えている。

『混一疆理歴代国都之図』は、明らかに『大明混一図』の影響を受けた世界図であった。同図では、インド、セイロン島、ペルシア湾、アラビア半島、紅海、アフリカ大陸、ヨーロッパがより大きく明瞭に描かれ、渤海、黄海、東シナ海、南シナ海、インド洋、ペルシア湾、紅海などのユーラシアの南縁部に連なる海も描かれている。陋固な中華思想に基づく中国の世界像にも変化が生じ、それが朝鮮王朝の地図にも影響を与えたのである。

元に代わった明は、内向きな海禁政策をとった。しかし、モンゴル帝国の海外貿易の活況が、一時的に復活した時期があった。明の第三代皇帝、永楽帝（位一四〇二―一四二四）が、イスラーム教徒の宦官、鄭和（一三七一―一四三四頃）に大艦隊を率いさせ、東南アジア、インド、ペルシア湾、アフリカ東岸に六度（次の皇帝の時期を含めると七度）に及ぶ大航海を行わせたのである。前近代の世界史において、鄭和が率いる大艦隊の派遣は他に例を見ない壮挙とされる。その艦隊が用いた海図には「プトレマイオスの世界図」の強い影響が見られる。その海図について述べる前に、先ず鄭和の南海大遠征の概要を述べておくことにする。

一四世紀中頃、モンゴル人の征服王朝である元（一二七一―一三六八）が倒され、漢族により明（一三六八―一六四四）が建てられ、伝統的な中華帝国の再建が目指された。それまで外に向けられていた目が一気に内向きとなっていった。その一環として、明では船乗り、商人の海外渡航を禁じる海禁政策が取られ、海外貿易を勘合貿易として王朝の管理下におくことになった。ユーラシア規模に拡大していた中国の対外交易は、明の時代に一挙に萎んでいく。だがこの明の時代、唯一例外の時期が、第三代の永楽帝の時代である。中国の海運業は元代の輝きを束の間蘇らせた。

第二代皇帝を武力で倒した永楽帝は、国威発揚と国営貿易に携わる大艦隊を、東南アジア、インド洋に派遣した。帝の命を受けたイスラーム教徒の宦官、鄭和は、一四〇五年から一四三三年の二八年間に数千トンの宝船を中心とする二〇〇余隻の船、約二万七〇〇〇人の大艦隊を率いて、世界の航海史上に残る七度の大航海を行った。三回目までの航海の目的地はインド西岸の胡椒の積み出し港、カリカットであり、四回目以降はペルシア湾口の港ホルムズだった。

明では勘合貿易により交易先が東アジアにほぼ限定されたため、元代にインド洋、東南アジアから輸入された胡椒などの香辛料、香木、薬材の輸入が激減することになった。鄭和艦隊は、それらの物品を購入しながら、明への朝貢国を増やし、朝貢した使節の送り迎えを行ったのである。

艦隊が運んで来たアフリカからのキリンが南京に運ばれ、民衆を驚かせたこともあった。皇帝が徳のある統治をした時に姿を現すと言い伝えられた伝説の獣、麒麟と、アフリカのキリンが同一視され、大騒ぎとなったのだ。熱狂のうちに南京から北京へキリンが行進する様子を見て、永楽帝は思わず目を細めたことであろう。

しかし、度重なる宦官中心の大艦隊の派遣は莫大な費用がかかり、官僚の批判が強まっていく。そして北京遷都、落雷による北京の宮殿の大火災、永楽帝の死により、ついには先に運んできた使節の送り返しが行われたのみで遠征は中断されてしまった。

その後、宦官の専横に反感を持つ官僚は、巨額の国費を浪費する大航海が二度と行われないようにと、海図を含む遠征に関する一切の記録を焼き払うまでに至ったという。大航海の痕跡が後世に残らないように、歴史の闇に葬り去ってしまったのだ。

いってみれば鄭和の南海遠征は、中国の大交易時代の残照ともいうべき出来事だった。

海図に組み込まれた「プトレマイオスの世界図」

現在、世界史の観点から鄭和の大航海が注目される理由の一つに、イスラーム教徒の海図に組み込まれた「プトレマイオスの世界図」が艦隊の用いた海図に大きな影響を与えたことが挙げられる。鄭和の海図から、プトレマイオスがつくりあげたユーラシアの海のイメージが中国にまで影響を与えていたことが明らかになるのである。

『武備志』に収められた、明の宦官、鄭和が用いた「海図」(その部分図)。上部にインド・西アジアが、下部にアフリカ・アラビア半島が配されている

先にも書いた通り、鄭和艦隊が使った海図は全て宦官を敵視する官僚により焼き払われてしまったと長い間考えられてきた。だが、実は、明末、茅元儀という人物が編纂した『武備志』の中に、海図が偶然紛れ込んでいることが後に判明したのだ。『武備志』とは、二〇〇〇余の書物を参照して編まれた兵法書である。艦隊の乗組員が所持していたことで焼却を免れ、民間に流れた海図が偶然に同書に紛れ込んだと考えられている。遠征に参加した人物が残した航海記録と照らしてみて、その海図

が鄭和艦隊が使用したものに間違いないと判断されている。

鄭和艦隊の航海で使われた海図は、巻物状に南京からペルシア湾口のホルムズ港に至る長大な航路が描かれており、海岸線、河川の河口と流路、島嶼、暗礁、沿岸の主要な都市、港、往路五六、復路五三の航路、羅針盤の方位、更数（行程、距離）などの膨大なデータが書き込まれていた。「鄭和の海図」は水路誌と海図が一体化した「海上の道路」図で、完成度が高い。多くの水路情報が海図の中に書き込まれているところに特徴があった。

全体としてまとまりがあり、ボリュームのある「海図」は、世界史的な大航海で実際に使用された海図として出色だが、羅針盤を使った中国の伝統的な航法による海域とイスラーム世界の天体航法に即した海域が全く違った図法で書き分けられ、それがうまくつなぎ合わされているという点で優れていた。

鄭和艦隊の海図は本来は巻物だったが、切断された状態で、四〇頁にわたって『武備志』に収められている。そのうち一八頁が長江下流と中国沿岸、一四頁が東南アジア海域とマラッカ海峡、八頁がインド洋海域というようにほぼ三分される。中国沿岸から東南アジアにかけての海図は、中国固有の絵画的な様式で描かれていた。インド洋海域では、イスラームの天体航法に対応する「プトレマイオスの世界図」を下敷きにした海図であった。そうしたことから、鄭和艦隊がインド洋ではイスラーム教徒の水先案内人を雇って、イスラームの航法、イスラームの海図により航海したと推測される。南宋・元以降、中国のジャンクはインド西南岸のクイロンで積み荷をイスラームのダウに積み替えるのが一般的であり、そうした航海の慣行が引き継がれたのであろう。

そのように考えれば、イスラーム教徒の水先案内人が用いた海図が、鄭和艦隊の海図に組み込まれているのも頷ける。

艦隊はイスラーム教徒の船乗りが使う、観測板の真ん中から指の幅で沢山の結び目をつけたヒモを伸ばす牽星盤で特定の星の高度を観測し、船の現在地を確認した。「牽星盤」は、イスラームの船乗りのカマルを真似た器具だった。「海図」に付されている「指」という単位は、イスラーム教徒の船乗りがカマルで観測する際の「イスパ（指の幅）」を借用したものだった。「指」は腕を前に一杯に延ばした先の指の幅の角度で約二度であり、一指の四分の一が「角」とされた。

海図のそれぞれの港には、北辰（北極星）又は華蓋二星（こぐま座β星、γ星）というような特定の星の高度が、先に述べた指（イスパ）というイスラーム式の単位で記入された。つまり、セイロン島以西の部分では、「プトレマイオスの世界図」を下敷きにするイスラーム風の海図が用いられていたのである。海図は、上部にインドと西アジア、下部に東アフリカとアラビア半島が配され、両者がペルシア湾のホルムズ島で出会うかたちになっていた。上部にアジア、下部に「未知の南方大陸」を描いた「プトレマイオスの世界図」の変形だった。

鄭和自身は「プトレマイオスの世界図」については知るよしもなかったであろうが、彼が使ったイスラーム教徒の船乗りの水路誌、海図は、間違いなく「プトレマイオスの世界図」を下敷きにしていた。「プトレマイオスの世界図」が、モンゴル帝国の下でどのような範囲でどのように使われていたかは不明だが、鄭和艦隊の海図は、「プトレマイオスの世界図」の枠組みが変形されながらも一定程度中国に影響を与えたことを物語っている。

しかし、その後の明はユーラシア商圏から離脱し、海禁政策により再度内陸に閉じこもる道を選んだ。鄭和の遠征が終わった後、明は勘合貿易というかたちで伝統的な朝貢貿易に回帰し、従来の内陸国家に戻ったのである。地図も伝統的なマッパに回帰する。

第三章　大航海時代を支えたポルトラーノ海図

一、羅針盤による沖合航法と新海図

地中海へのアジア文化の流入

十字軍期（一〇九六―一二九一）のヨーロッパの復権は、イタリア諸都市が地中海の島々をイスラーム教徒から取り戻し、交易の主導権を奪回することから始まった。その後モンゴル帝国の時代になると、イタリア諸都市の交易がモンゴル商圏を通じてユーラシア各地に及ぶようになり、イスラーム文明、中国文明の地中海への流入が進んだ。新たな変革のエネルギーが、地中海に蓄積されていったのである。

九世紀末以降、イスラーム帝国ではスンナ派とシーア派の争いが激化の一途をたどっていたが、エジプトにシーア派のファーティマ朝（九〇九―一一七一）が成立したことにより、分裂は決定的となった。その影響で地中海の島々からのイスラーム勢力の後退が進み、シチリア島、サルデイニア島、コルシカ島、マジョルカ島などが、次々とキリスト教徒に奪回された。特にファーティマ朝が北アフリカからエジプトに進出した後に空白地帯となった状況を利用し、一〇三四年にアルジェリアのボナ（現アンナバ）、一〇八七年にチュニジアのマーディーアがジェノヴァとピサにより占領され、地中海交易の要衝、シチリア海峡の制海権がイタリア人の手に移ったことが大きかった。

そうしたことからイタリア諸都市の商業が蘇り、最初に南イタリアのアマルフィー、トスカナ地方のピサが、次いでアドリア海のヴェネツィア、リグリア海のジェノヴァが、台頭した。諸都市に蓄積された莫大な富が、ルネサンスの財源になっていく。

一二〇二年、インノケンティウス三世（位一一九八―一二一六）が呼びかけ、第四回十字軍（一二〇二―〇四）が組織された。実質上はヴェネツィア商人に操られた第四回十字軍は、二年後に同じキリスト教世界のコンスタンティノープルを征服するという信じられない出来事を起こした。結果的に第四回の十字軍の後、ヴェネツィアとジェノヴァの東地中海への進出が一挙に進む。モンゴル高原でチンギス・ハーンが覇者になったのが一二〇六年なので、その二年前ということになる。

ヴェネツィア商人は、エジプトのアレクサンドリアでアジアの海で活躍するイスラーム商人との交易を行い、ジェノヴァ商人は黒海の北岸にタナ、カファというような植民市を築き、「草原の道」を経由して西アジアのイル・ハーン国、東アジアの元との間の陸上交易を行った。その結果、商業が広域化し、地中海へのアジア諸文明の流入が進むことになる。

この時期、地中海に起こった変化を列挙してみると、次のようになる。

（一）逆風でも帆に風を捕らえてジグザグに風上に進める「間切り」という航海技術が、イスラーム世界のダウの三角帆の伝播により可能になった。従来の横帆と三角帆が組み合わされて、一本マストが三本マストに変わる

（二）中国から羅針盤が伝来。その改良と実用化が進むと、羅針盤を使う航海用の海図（ポルトラーノ）が発達した。羅針盤については、初期に繁栄をみたアマルフィーで一三〇二年、フラヴィオ・ジョヤが発明したという説があり、その普及にはアマルフィーが一定の役割を果たしたと推測されている

（三）星の高度を測定するアストロラーベ（測天儀）が、イスラーム世界からもたらされた。一五世紀中頃になると、ドイツのレギオモンタヌスにより、一本の棒に自由に動かせる短かい棒を直角に取り付けた「ヤコブの杖」という簡単な測天儀が作られた

（四）火薬が中国より伝播し、鉄砲や大砲の実用化が進んだ

（五）紙と活版印刷術が伝播し、書籍や地図の印刷が行われるようになった

こうした諸変化のなかで、航海の在り方を大きく変えたのが羅針盤だった。羅針盤が普及すると、陸地の景観に頼る沿岸の航海に代わり、沖合の航行が可能になったのだ。一四世紀には、羅針盤が指し示す方位に依存する航法が普及していくことになる。

羅針盤が生み出したポルトラーノ海図

羅針盤の伝入が、ヨーロッパの海の世界に起こした変化は甚大なものがあった。羅針盤（コンパス）を使用し航法が陸上の景観に頼る沿岸航法から方位重視の沖合航法に変わると、航海の仕方が劇的に変化する。当然のことながら、足の長い航海が盛んになっていく。地中海でも陸地から離れた沖合に、無数の航路が誕生するようになった。ちなみに、コンパス（Compassus）は、ラテン語のCom（円）とPassus（区分）を組み合わせた語で、円を方位により分割することの意味である。実のところ羅針盤は、中国に起源があった。中国ではすでに戦国時代（前四〇三—前二二一）末期頃に、磁石が地球の磁極を指す性質が知られ、その性質を「司南」とか「指南」と呼んでいた。ジャンクが広い海域に進出する宋代になると、磁石を魚の形をした木片に埋め込み、水を張った水盤に浮かべて、船の針路を測る道具として利用した。そうした道具がイスラーム世界を経由してヨーロッパに入ったとする説が一般的である。もっとも一三〇二年に南イタリアのアマルフィーのフラヴィオ・ジョヤが磁針と方位図を組み合わせて、航海で羅針盤を用いることを可能にしたとの説もある。しかし、彼は羅針盤の改良を行ったのに過ぎないというのが通説である。もともと船に固定されていたヨーロッパの羅針盤が持ち運べるようになるのは一四世紀頃のことである。羅針盤は、一五六〇年にイタリアの数学者ジロラモ・カルダーノ（一五〇一—一七六）がジンバル・リングを発明し、船が揺れても水平を保つことができるようになってから急速に普及したと言われている。アマルフィーの港から市域に入る門の前の狭い広場には、今でもアマルフィーの人々が羅針盤の発明者と考えているフラヴィオ・ジョヤの銅像が建てられている。

とにもかくにも、地球の磁極を指す羅針盤が普及することで、船の方位の測定は劇的に容易になり、航海が長距離化した。羅針盤を使う航海が主流になるなかで、羅針盤の利便性を引き出すための新タイプの海図の出現が必要とされたのは当然だった。そうした時代の要請に応えて登場するのが、ポルトラーノ（羅針儀海図）である。ポルトラーノは、羅針盤が使われることにより姿を現した「海上の道路」を検索するための見取り図と言ってよいであろう。

ポルトラーノは、航海に直接役立つように、羊皮紙や犢皮紙にインクで港や海岸線を写実的に描き、複数の羅針盤（コンパス・ローズ）を海図の海の部分に据えた。海図上に配された複数の羅針盤からは、方位を示す三二本のラクサドローム（Loxodrome）という航程線が伸ばされ、船はポルトラーノ上の航程線に沿った航海をすればよかった。

海図上に描かれた羅針盤は「コンパス・ローズ」と呼ばれた。その呼び名は、初期のポルトラーノで羅針盤が薔薇のように装飾的に描かれたことに由来する。「コンパス・ローズ」については、擬人化した「風」により方位を示す古代の「ウインド・ローズ（風配図）」が変形したものだとも言われる。古代ギリシアではそれぞれの方位に、異なる風の神を配置し、そうした「ウインド・ローズ」を使って一二の方位が示された。しかし、「コンパス・ローズ」については、既に三二方位の羅針図を航海に使っていたイスラーム文明の影響を受けているとする説もある。

ポルトラーノは、航海の現場で成長を遂げた実務的な海図だった。そのために沿岸航海用の海図を作る際に用いられた発想が、そのままポルトラーノにも引き継がれたのである。ただポルトラーノの大きな欠点は、地球が球体であるにもかかわらず、海を平面とみなさざるをえなかったことであった。そのためにポルトラーノを使う航海では、船が曲面を航海することに対応できず、広い大洋では大きな誤差が生じることになった。もっとも地中海のような比較的狭い海域ではほとんど支障がなかったのである。

ポルトラーノは、それまでに蓄積されてきた沿岸航海用の海図の海岸線が下敷きにされて作られた。ポルトラーノの作成が契機になって、従来の海図を組み合わせる作業が進められ、海図の一層の広域化が進んだのである。もともとは簡単な覚書として使われた海図だったが、それが集積され、よりマクロな視点の海図へと大変身を遂げるのだ。やがて、羅針盤（コンパス・ローズ）が図上に幾つも描かれることで、海図の利便性はさらに高まることになる。ポルトラーノには、海岸線、航程線、浅瀬と岩礁の位置、港湾の状態、港と港の間の方角と距離などの外に海岸線と垂直に多くの地名が書き込まれ、海図を回転させることにより目的港への航程線をたどることができた。

ポルトラーノは犢や羊の皮にインクで描かれ、クルクルと丸めて持ち運ばれることが多かった。そのためインクが薄れてしまったり、端が擦り切れてしまったりで、消耗が激しかった。そうしたこともあって海運が盛んになるとともにポルトラーノの需要が増え、専門の海図職人が活躍するようになる。

求められた標準的ポルトラーノ

シェークスピア（一五六四―一六一六）の『ベニスの商人』の中に、金貸しのシャイロックが富豪の船主であるアントニオの財産の不安定性を「船は板だ、水夫は人間にすぎぬ。陸の鼠もいれば水の鼠もいる。水の賊もいれば陸の賊もいる。つまり海賊だ。それから水や風や岩の危険もある」と揶揄するシーンがある。確かに遠隔地貿易を行う商人は財産の大部分を船に積み込んで動かすことから、その財産はいつもリスクと隣り合わせだった。そのために商人は、安全な航海を保証してくれる優れた海図の購入には出費を惜しまなかった。優れた手書きポルトラーノは、引く手あまただったのである。一三世紀には、海図の作成・販売で身を立てる海図製作者が登場する。

ポルトラーノは、携帯に便利なように丈夫な羊皮紙を用いて手書きで作成され、印刷された地図に簡単に座を譲り渡すことはなかった。良質なポルトラーノは書き写されて広がり、やがて標準的ポルトラーノができあがっていく。

ポルトラーノの影響で、学者が従来机上で作っていた世界図とは全く成り立ちが異なる世界図が登場するようになった。「プトレマイオスの世界図」のような知的探求心が生み出した世界図が、航海の現場で直接に役立つ、実践情報を盛り込んだ世界図に姿を変えたのである。天文学の影響が強い俯瞰的な世界図づくりの発想が、海という生活現場からの世界図づくりへと一八〇度転換したのだ。

ポルトラーノがいつ頃から作成され始めたかは不明だが、現存する最古のポルトラーノは一三〇〇年頃にジェノヴァで作られた「ピサ図」とされている。しかし、「ピサ図」はかなり完成度

1300年頃、ジェノヴァで作られた現存する最古のポルトラーノ「ピサ図」

が高い海図であるため、その前提になるポルトラーノがあったのであろうと推測されている。こうした状況が生まれるのはポルトラーノが摩耗しやすかったこともあったが、当時、船乗り、商人にとって、水路誌や海図は財産の一部であり、秘匿される傾向が強かったからである。逆に言えば、それだけ海図職人は苦労して航海情報を収集し、標準的ポルトラーノへと集約したのである。

イタリア諸都市の商人は、地中海、黒海の主要な都市に商館を築き、商船で結ぶ組織的商業活動を行った。各地の商館をネットワークで結ぶ交易に、ポルトラーノも組み込まれていく。商人の行き来が盛んになり、主要航路が固定されていくと、ポルトラーノは個人の財産から都市の商人の共有財産に変化し、普及が進んだ。やがて、地中海から大西洋に航路が拡大すると、ポルトラーノはイタリア諸都市だけではなくバルセロナ、マジョルカ島のパルマなどでも盛んに作成されるようになる。ポルトラーノは、その性格からして本来は質素で実用的なものだったが、やがて華麗に彩色された装飾用のポルトラーノも出回るようになる。

王侯貴族の財産となったポルトラーノ

ポルトラーノ図法の特色は、緯度と経度の代わりにコンパス・ローズと、それから伸びる航程線を用いたことにあった。ポルトラーノでは一つのコンパス・ローズから伸びる三二本の航程線のうち一六本の線の中心点から等距離のところに新しいコンパス・ローズを置き、そこからまた三二本の航程線を伸ばすという手法で、海図の広域化が実現された。一枚の海図上には一七個までコンパス・ローズを描くことが可能だったという。つまり、海図上で複雑に交差する航程線のどれか一つを進めば港にたどりつけるように工夫がなされたのである。

中世ヨーロッパでは前に述べたように宗教的な「マッパ・ムンディ」が、装飾的地図として持て囃されていた。だが、ルネサンス期になると、その役割がポルトラーノに移っていく。豪華に作られたポルトラーノが王侯貴族の富のシンボルになったのである。興味の対象が宗教的世界から海の彼方に続く世俗世界の広がりに代わった。それはとりもなおさず、ヨーロッパ人を中心とする世界観が育ち、経済活動の広域化で世界の海が視野に入ったということでもあった。ポルトラーノは、宗教や天文学に基づく世界図を生活の延長線上にある世界図に変化させたのである。羅針盤が使用される関係でポルトラーノの中心方位は常に磁針が指し示す「北」であり、中心方位を「東」とする「マッパ・ムンディ」とは全く異なる地図になった。新しい地図の流行は世界観の転換に直結したのである。

華美な装飾を施す美術品としてのポルトラーノは、マジョルカ島、バルセロナなどで作られ、「カタロニア派のポルトラーノ」と呼ばれた。こうした「カタロニア派のポルトラーノ」では、地中海、黒海だけではなく、アフリカ、スペイン、フランス、イギリスの海岸線も描かれるようになり、ユダヤ人やイスラーム教徒の船乗り、商人がもたらしたアジア、アフリカの情報も付け加えられて、世界図としての装いを持つものも現れた。

マジョルカ島のパルマのユダヤ人、アブラハム・クレスケス（一三二五―八七）は、卓越した技術を持つ海図職人として「地図と羅針盤の巨匠」という名声を獲得し、アラゴン王のお抱え海

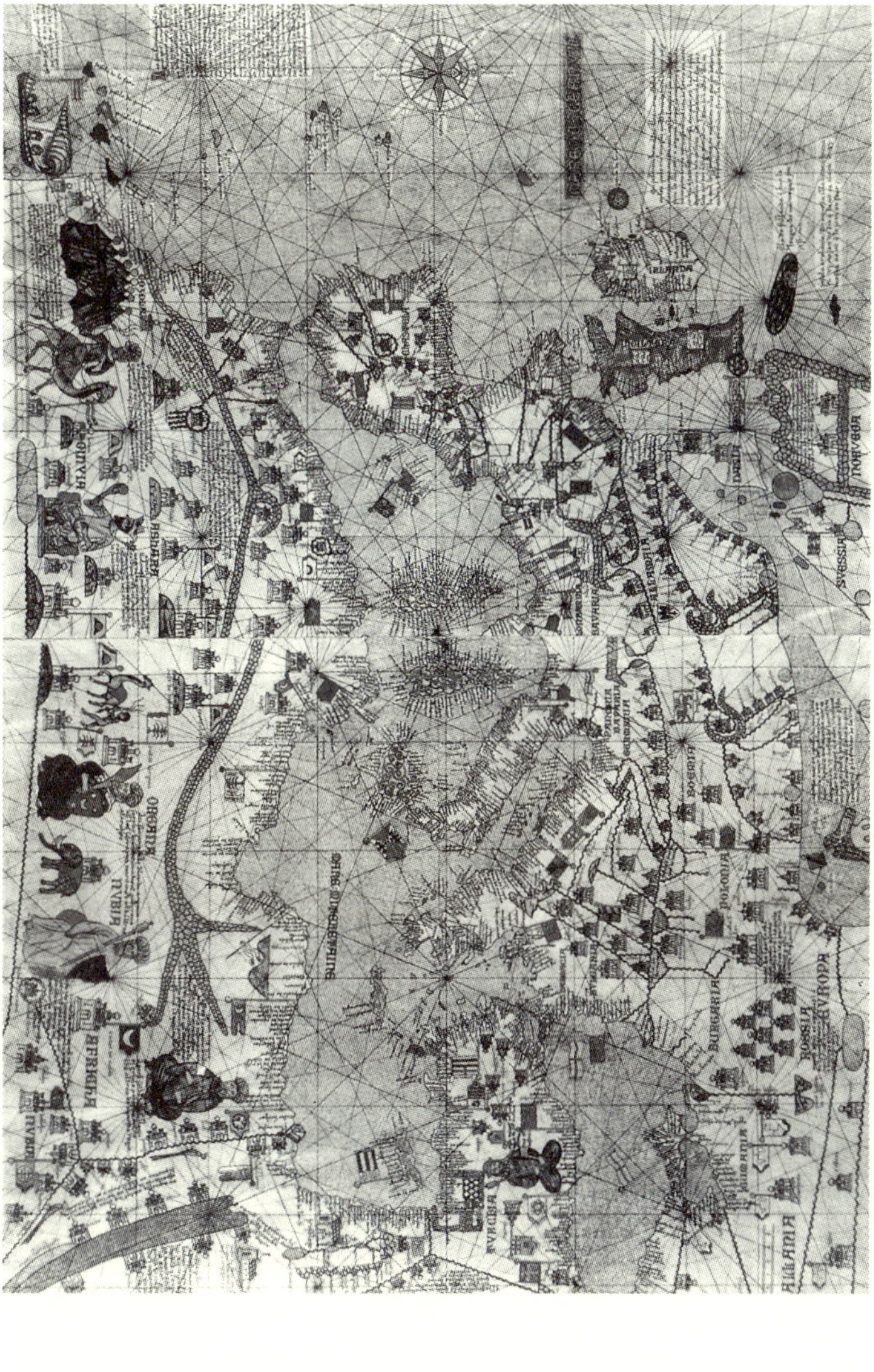

14世紀、パルマのユダヤ人アブラハム・クレスケスが描いた「カタロニア図」（パリ国立図書館蔵）

図職人になった。彼は、一三七五年頃にアラゴンの皇太子からフランスの皇太子時代のシャルル六世（位一三八〇—一四二二）への贈り物として、地図の作成を要請された。クレスケスは注文に応じ、八葉からなる華美に彩色された世界図を完成させる。世界図は第一図と第二図がカナリア諸島からコルシカ島、第三図と第四図がイタリアから黒海、第五図と第六図がカスピ海からインド、第七図と第八図がインド以東を描くというように壮大なスケールを備えていた。

現在、パリの国立図書館には、クレスケスが描いたそのポルトラーノが残されている。航海用ではないので、ポルトラーノには航程線は描かれているもののコンパス・ローズは描かれていない。「カタロニア図」と呼びならわされている世界図の中心部分は、地中海、黒海だけではなく、北アフリカ、スペイン、フランス、イギリスなどの大西洋沿岸のポルトラーノだった。しかし、「カタロニア図」は、想像上の人物、紋章、景色、動植物、キャラバンなどが描かれた装飾的な百科事典としての性格が強く、ギリシア・ローマ神話、聖書の物語、旅人の記録なども書き加えられていた。

話は前後するが、「カタロニア図」にはマルコ・ポーロ（一二五四—一三二四）がもたらした新情報に基づいて、中国の東方の海中に多数の島が描かれている。また元の首都の大都が記号で示され、そこにフビライ・ハーンの画像も描かれた。ヴォルガ川流域にはキプチャク・ハーン国が描かれ、その東に荷物を背負ったラクダ、ウマによりシルク・ロードの存在が明らかにされている。「カタロニア図」では地図上に描かれた都市をたどることで、マルコ・ポーロの行程がたどれるように工夫されているのである。「カタロニア図」はマルコ・ポーロの情報を積極的に盛り込んだ、現存、最古の地図としても知られている。

二、印刷術が蘇らせた「プトレマイオスの世界図」

「世界図」ブーム

ルネサンス期には人文主義が台頭し、現実的な人間の生活、古典文化への関心が高まった。この時期になると、俯瞰的に世界を描いたプトレマイオスの『地理学』と世界図がヨーロッパでも広く見直されるようになる。イタリア商人の交易圏が拡大したこともあって、中世の「マッパ・ムンディ」が世界の実態と著しく乖離していることが明らかになり、中世を通じて忘れ去られていたプトレマイオスの『地理学』が、アラビア語、ギリシア語からラテン語に翻訳されて蘇ったのである。

一二世紀には早くも、アラビア語訳されていたプトレマイオスの著作が、ラテン語に翻訳し直されている。イスラーム商圏の一角に食い込んで巨利を得るようになったイタリア商人が、ユーラシア世界について強い関心を持つようになったことが背景にある。

その後、一三世紀になると、トルコ人の侵入から逃れるためにビザンツ帝国の学者、文人が大挙してイタリアに移住し、多くのギリシア語文献がイタリア諸都市に持ち込まれることになった。古代ギリシアの天文学、地理学が、イタリア半島で蘇える条件が整ったのである。

一四〇六年、教皇庁の専属作家だったヤコポ・アンジェロ・ダ・スカルペリア（一三六〇頃―一四一〇頃）が『宇宙誌』という書名で、プトレマイオスの『地理学』をギリシア語からラテン語に翻訳した。ラテン語訳された『宇宙誌』は美しく装丁され、中世の「マッパ・ムンディ」に代わる新たな世界観を提示する書物として、王侯貴族、学者、収集家の間で評判を呼んだ。ちなみにプトレマイオスの『地理学』の復活は、古代の地球球体説の復活でもあった。

一五世紀後半になると、アジアから伝播した活版印刷術がヨハネス・グーテンベルク（一四〇〇頃―一四六八）により改良され、出版業が一つの産業に変わった。そうした風潮をふまえ、一五世紀後半には、七種類のプトレマイオスの『地理学』が印刷され、一六世紀には、三二種類以上の『地理学』が出版されたという。まさに、プトレマイオスの『地理学』のブームが起こったのである。

一四七七年（一四六二年の日付があるが誤りと見なされる）にイタリアのボローニアで出版された『地理学』以後は、私たちにも馴染み深い「世界図」の銅版刷りが付図として添付されるようになった。やがて、『地理学』の付図の「プトレマイオスの世界図」は一人歩きするようになり、『地理学』よりもむしろ有名になっていった。「プトレマイオスの世界図」は、一五七〇年に「オルテリウスの地図帳」が出版されるまで世界図の基準となり、新たな地理的発見を次々に取り込んで改訂を繰り返しながら発刊が継続されることになる。先に述べたポルトラーノが新たな航路情報が加わる度に次々と古い衣を脱ぎ捨てて継続的な自己変革を遂げたのに対して、「プトレマイオスの世界図」は完結した俯瞰的世界図として、部分的な修正を繰り返しながらしぶとく生き続けたのである。

文人の常識となった地球球体説

「プトレマイオスの世界図」がブームになるなかで、背後に隠されていた革新的な物の見方が蘇った。地球球体説である。古代の地球球体説が多くの関心を喚び起こし、研究と情報の交換が人文学者の結びつきを生み出したのだ。ルネサンス後期になると、ヨーロッパ経済の中心地、フィレンツェ、ニュールンベルグ、リスボンなどを結ぶ研究者の情報交換ネットワークが形成されるに至った。プトレマイオスの『地理学』に著された世界像は知識人の共通認識となり、地球を球体とする考え方は常識へと変わっていった。地球球体説が常識になると、ヨーロッパの西の海域がそれほど広大ではなく、カナリア諸島から西回りに航海すれば、東回りで行くよりも早く中国に到達できるに違いないという考え方も現れた。モンゴル帝国がアジアを制覇していた一四世紀には、「プトレマイオスの世界図」が曖昧に描いていた東方の海域に関する新情報が集まり、中国の沿海部が膨らんだ分だけ世界の海の面積が狭いのではないかと想像されるようになった。例えばマルコ・ポーロの『東方見聞録』は、「チン海の外れに位置する黄金の島ジパングは中国から一五〇〇マイル（約二四一四キロ）先の海中にある」と述べ、それまで想定されていた大洋の広さを狭めている。中国からジパングに至る距離が伸びれば伸びる程、ヨーロッパとジパングの距離は縮小する関係にあったのである。

学者の間で地球の周長や大陸と海の比率を巡る議論が活発になると、古代のエラトステネスが行った地球の周長の計算は誤っており、実際はもっと短いとする考え方が時代の風潮になった。東の海域に、マルコ・ポーロなどの情報に基づく海域が付け加えられたことで、その分、西の海域が狭くなり、西航すれば比較的簡単にアジアに行けるのではないかという楽観的な考えが広まっていったのだ。

コロンブスに影響を与えたことで知られるパオロ・トスカネリ（一三九七―一四八二）は、ヨーロッパ最大の金融業者メディチ家の本拠地であり、地図製作の中心地の一つフィレンツェの著名な医師、数学者、天地学者だった。彼は、一四七四年にポルトガルの王、アフォンソ五世（位一四三八―八一）に書簡を送り、「同封した海図を用いて航海すれば、カナリア諸島から西に五五〇〇キロでジパングに達し、九二〇〇キロでキンサイ（杭州）に到着できる」と説いた。トスカネリは、当時、ポルトガルにいたコロンブスの求めに応じて、カナリア諸島の西に広がる大洋を記した海図を送っている。南ドイツの交易都市ニュールンベルグの富裕な商人マルティン・ベハイム（一四五九―一五〇七）は、リスボン滞在中に得た海図の知識を生かし、直径五〇センチの金属の球体に画家に委託して作成した舟型の世界図を細長く切って貼りつけ、世界で最初の地球儀を作った。「マルティン・ベハイムの地球儀」は、地球は球形というイメージを具体的に可視化したことで注目される。

三、ヨーロッパを覚醒させたアジアからの新情報

プレスター・ジョンの伝説

一一世紀から一四世紀にかけては、中央アジアの騎馬遊牧民、トルコ人、モンゴル人が活躍する時代だった。ユーラシアの内陸部を中心に、騎馬遊牧民の手で東西の諸地域が結び付けられたのである。

この時代、ヨーロッパにもたらされた代表的なアジアの新情報といえば、何といっても十字軍時代のプレスター・ジョン（聖ヨハネ）の伝説とマルコ・ポーロがもたらしたジパング伝説だった。それら二つの情報は「プトレマイオスの世界図」が曖昧に描いていたアジアの中部・東部に関する新情報であり、遊牧民がユーラシアを揺るがした時代の息吹の反映ともいえた。

一一世紀末から約二〇〇年間続いた十字軍（一〇九六―一二九一）は、強力なイスラーム勢力の存在を再認識させ、その東方にあるアジアへの関心を強めさせた。そして、十字軍の戦いが停滞した一一四五年、ローマ教皇を訪ねたシリアのアンティオキアの司教ヒューが、ヨーロッパ中をあっと驚かせるある情報をもたらした。その情報とは、イスラーム帝国の背後にプレスター・ジョン（聖ヨハネ）という王が支配する大キリスト教国があるというものだった。

ヒューは、「東方にジョンというキリスト教徒の王が支配する大国があり、その配下の強力な軍隊は、わずか三日間の戦闘で（イラン高原西部の）メディアとペルシアの軍を破り、その首都を奪い取ってしまった。その後、イェルサレムを救援するためにジョン王は大軍を率いて北に向かったが、ティグリス川を渡ることができず東に引き返した」と伝えたのである。

一一六五年になると、ビザンツ皇帝のもとにプレスター・ジョン自らが書いたとされる書簡までもが届けられることになった。書簡は偽書だったが、十字軍の戦いがはかばかしくない時期だっただけに、プレスター・ジョンの幻影は願望と期待により、勝手に一人歩きしていった。その偽の書簡には、「東方の三博士の末裔のジョン王は、七二の王国に貢ぎ物を献上させ、領土はインド三国にまたがるのみならずバビロンの砂漠を越えてバベルの塔まで達し、その領土を旅するには四カ月もかかる、戦争の際には、黄金の一三の十字架の後ろにそれぞれ一万人の騎兵と一〇万人の兵士が続く」と記されていた。

この書簡の写しは、早速、教皇アレクサンデル三世（位一一五九―八一）と神聖ローマ皇帝バルバロッサ（フリードリヒ一世、位一一五二―九〇）の下に送られた。書簡はヨーロッパ中で大評判となり、一〇〇種類以上のラテン語の写しが作られ、ヨーロッパ中にプレスター・ジョン伝説が流布することになった。

その後、モンゴル帝国が台頭すると、モンゴル帝国こそがプレスター・ジョンの国に違いないという考え方がヨーロッパに広まり、教皇インノケンティウス四世（位一二四三―五四）やフランス王のルイ九世（位一二二六―七〇）は修道士を派遣して情報の収集に努めた。しかし最終的にマルコ・ポーロが『東方見聞録』の中で、モンゴル帝国をプレスター・ジョンの国と同一視する見方を否定して、伝説は終息したかに見えた。

しかし、一四世紀になると、アフリカの内陸部にプレスター・ジョンの国があるとする伝説がにわかに広まった。この伝説に強い関心を持ち、海路からその国を捜しだし、何とか提携してモロッコのイスラーム勢力と戦おうとしたのが、ポルトガルのエンリケ航海王子（一三九四―一四六〇）だったのである。

プレスター・ジョンの伝説は、後述する一四八八年のバルトロメウ・ディアス（一四五〇頃―一五〇〇）の喜望峰発見の原動力にもなっていた。ディアスは、航海士のアフォンソ・デ・アヴェイロがポルトガルに伴ってきたアフリカのペニンの使節が伝えた、内陸部に約三〇〇レグア（約一七〇〇キロ）の距離を隔てたオネガという国があり、十字架が記された下賜品をペニンにもたらしたという曖昧な情報に基づき、海からプレスター・ジョンの国の探索にあたった。だがディアスの船は嵐にあって漂流し、それが偶然にも、アフリカ南端の喜望峰の発見につながった。

マルコ・ポーロが伝えたチン海とジパング

マルコ・ポーロが伝えたアジア情報、中国情報も、未知の東アジアに対する関心を大いに高めた。「百万のマルコ」と呼ばれるほどその記述には誇張があると見なされたマルコだが、彼がもたらした情報により、インド洋、南シナ海の先にある中国とその周辺の具体的イメージがヨーロッパに新鮮な驚きを与えたのは確かだった。『東方見聞録』の写本は実に一三八種も残されており、一五〇〇年までにラテン語を初め、イタリア語、ドイツ語、スペイン語に翻訳された。『東方見聞録』を直接読んだ人の数は限られていたが、情報そのものは噂として広い範囲に広まったのである。

マルコ・ポーロは、アジアの海の世界の事情にも精通していた。

フビライ・ハーン（位一二六〇―九四）に一七年間役人として仕えたマルコは、一二九〇年にイル・ハーン国の王アルグン・ハーンに嫁ぐ一七歳のコカチン姫を送るための一四隻、数百人の乗組員からなる大船団に加わり帰国の途についた。その船団は、元の最大の港、泉州を出港し、ヴェトナム南部のチャンパ、マラッカ海峡、アンダマン諸島、セイロン島、インド西岸のマラバール地方、インド北西部のグジャラート地方を経て、二年半の航海の後にペルシア湾口のホルムズ港に着いた。マルコは、その後、一二九五年にヴェネツィアに帰還する。

マルコ・ポーロは、『『チン海』やチパング諸島は何しろ我々の帰路からはずれることすこぶる遠い地域であり、それにわたくし自身もまだ親しくそこに赴いたことがない」というように、伝聞情報であることを前提にして、中国東方の大海・チン海について、大略、以下のように記している。

マンジ（かって南宋が支配した地域）の先にチン海（チンは秦からきており中国海の意味）とよばれるインド洋などと同様の大洋があり、そこには七四四八の島々があり、そのうちの最大の島がジパング島である。島々では高価な香木、黒胡椒、白胡椒が豊富であり、黄金をはじめ、さまざまの珍しく貴重な財貨に富む。ザイトゥーン（泉州）やキンサイ（杭州）の商船で島々に航行する者は莫大な利益を得るが、赴く時に利用できる冬の風、帰る時に利用できる夏の風による一年間の航海が必要になる。

『東方見聞録』の他の部分には、フビライが「黄金の島」ジパングに黄金の獲得のための軍船を派遣した記録も収められており、「ジパングは、大陸の東一五〇〇マイル（約二四一四キロ）の大洋中の極めて大きな島で、独立国をなしている」と記している。

マルコ・ポーロが『東方見聞録』に掲載した、「大陸から東に一五〇〇マイル隔たった大洋中の黄金の島ジパング」の話は、コロンブスをはじめとする当時の多くの船乗りたちの強い関心を引いた。ジパング伝説は、新アジア情報のシンボル的存在になっていったのである。

マルコ・ポーロは『東方見聞録』で、

この国ではいたる所に黄金が見つかるものだから、国人は誰でも莫大な黄金を所有している。この国へは大陸から誰も行った者がない。商人でさえ訪れないから、豊富な黄金はかって一度も国外にもち出されなかった。右のような莫大な黄金がその国に現存するのは、全くかかってこの理由による。

引き続いてこの島国の国王が持っている一宮殿の偉観について述べてみよう。この国王の一大宮殿は、それこそ純金ずくめで出来ているのですぞ。我々ヨーロッパ人が家屋や教会堂の屋根を鉛板でふくように、この宮殿の屋根はすべて純金でふかれている。したがって、その値打ちはとても評価できるようなものではない。宮殿内に数ある各部屋の床も、全部が指二本幅の厚さをもつ純金で敷きつめられている。このほか広間といわず窓といわず、いっさいがすべて黄金造りである。げにこの宮殿はかくも計り知れない豪奢ぶりであるから、たとえ誰かがその正しい評価を報告しようとも、とても信用されえないに違いない。

と記している。

一四世紀前半、フィレンツェのバルディ商会で枢要な地位にあり、東地中海交易の拠点キプロス島にも数度滞在したことがあるペゴロッティが著した『商業指南』の最初の八章（全体で九四章）は、中国との貿易についての記述に当てられている。同書は、黒海への玄関口であるコンスタンティノープルのイタリア人居留地ペラ、黒海のクリミア半島に作られたジェノヴァの植民地カファ、タナを経て、七、八カ月で中国に行けると記している。さらに、元の首都カンバリク（大都、現在の北京）に行くための手順、諸経費、運べる荷物の量、商品の種類、元で使われている紙幣などについても具体的に記している。そうしたことからも、中国の東方海上に位置するジパング島の黄金伝説は、現実感をもってとらえられるようになったことが推測される。

新アジア情報を取り込んだフラ・マロウの世界図

マルコ・ポーロのジパング情報などを積極的に取り込んだ、当時としては最新の世界図が一四五九年頃にヴェネツィアの著名な地図製作者、フラ・マロウにより作成された。世界図は、後に述べるエンリケ航海王子の事業を支援するポルトガル王アフォンソ五世（一四三二—八一）のために作られたとされる。ポルトガルによるアフリカ西岸の探検事業は、プトレマイオスの世界図の枠外に「海上の道路」を拓く営みであり、黄金を産出するギニアに到達した後は、依拠するに足る新たな世界図が求められていたのである。

フラ・マロウの世界図は、プトレマイオスが描きえなかった「第一の世界」と「第二の世界」の接点に位置するアフリカ南端部を、大西洋とインド洋を分ける岬として最初に描き出した、時代の先を行く世界図だった。後述するバルトロメウ・ディアスが喜望峰を発見する三〇年前のことである。「フラ・マロウの世界図」は、ポルトガルの若き国王に対してアフリカの南端を迂回してアジアに航海できることを示唆するという、驚くべき内容を含んでいたのである。

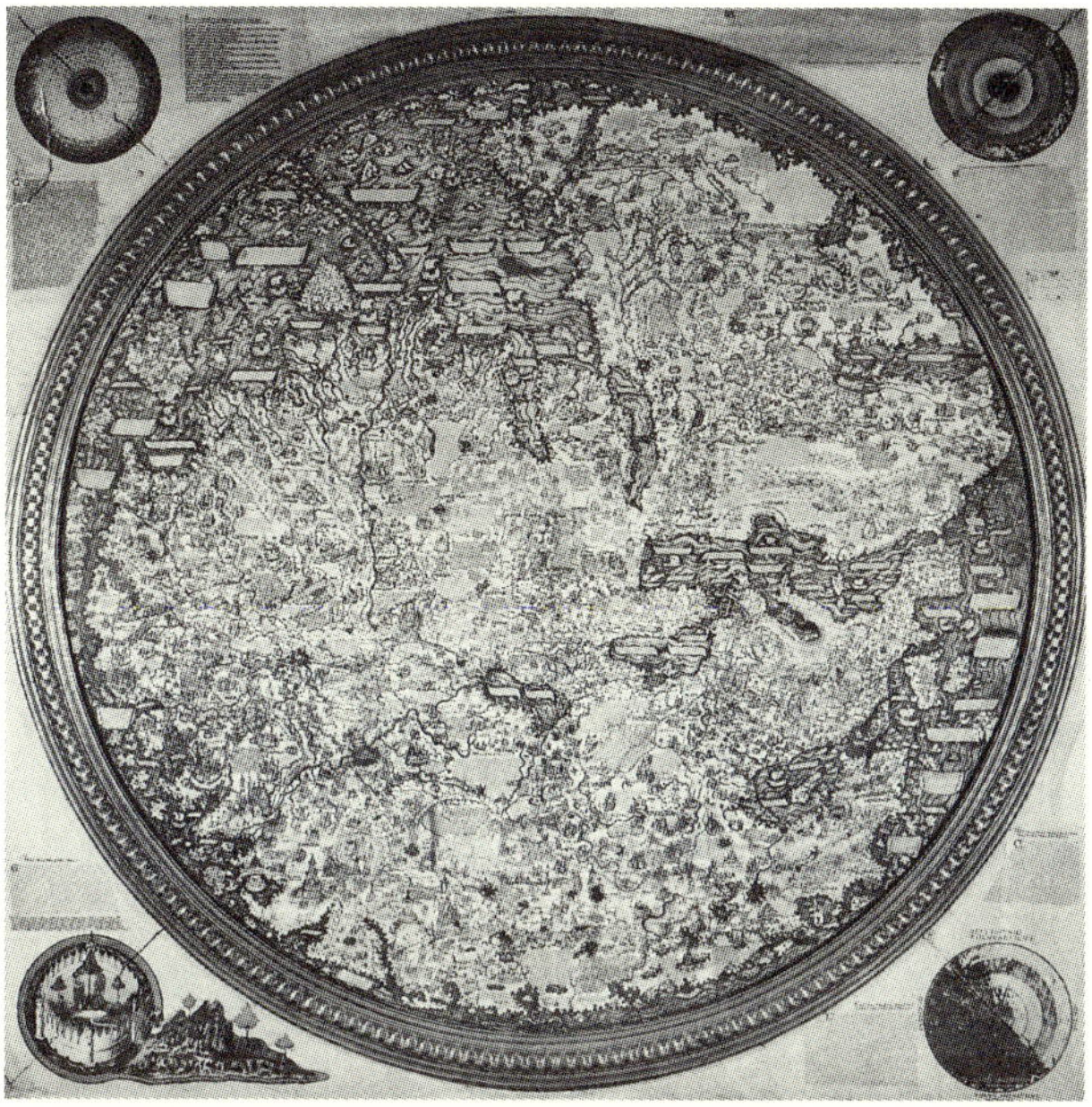

15世紀、ヴェネツィアのフラ・マロウによる「世界図」（ヴェネツィアの国立サン・マルコ図書館蔵）。右上がアフリカ、右下がヨーロッパ。

ヴェネツィアの国立サン・マルコ図書館に所蔵されている「フラ・マロウの世界図」は、豊富な東西交渉の成果が盛り込まれており、「イドリーシーの世界図」の影響を受けた世界図であることが見てとれる。世界図には、イスラーム商人の情報、南シナ海・インド洋を航行したマルコ・ポーロの情報、さらに一四一九年から四四年にかけてインド沿岸を航行し、ビルマ、ジャワ、中国南部にまで至ったとされるニコロ・デ・コンティ（一三九五頃—一四六九）の情報が生かされている。地図は一見すると中世の「マッパ・ムンディ」に似ているような印象も受けるが、よく見てみると中身はまったく違っており、一時代先を行く進化した円形地図になっている。直径二メートルにも及ぼうという巨大な「フラ・マロウの世界図」は、「プトレマイオスの世界図」の陸地の配置を下敷きにしているが、イスラームの図法にのっとって南を上にしており、地図の上部（南）には、独立した大陸と見なされたアフリカの南端部の岬、モザンビーク海峡、マダガスカル島などが描かれている。地中海は大幅に縮小され、インド洋は実際に近い大洋として描かれ、東の大海（太平洋）と接続している。アフリカ大陸の南端部に近い海域には、イスラーム商人との接触があったヴェネツィアの船乗りからの情報に基づいていると思われるが、帆を畳んだ中国のジャンクらしい外洋船が描かれている。またインド洋には地中海と同様、多くの交易船が描かれている。つまり、アフリカの南端を迂回すれば、インド・中国で交易できることが暗示されているのである。またアビシニア（現エチオピア）の部分には、プレスター・ジョンの国との記述もある。

中国の部分には、モンゴル帝国の都カンバリク（大都）、サンドゥ（上都）、大交易港ザイトゥーン（泉州）が描かれている。

また世界図の左の隅（東）には、岩に囲まれた城のような形でジパングも描かれている。

四、ポルトラーノ海図で大西洋に挑んだポルトガル

エンリケ航海王子の組織的海図づくり

一四二〇年代から一六二〇年代まで二〇〇年間続いた大航海時代は、海図と航海が世界を大規模な変革に導いた画期的時代だった。短期間のうちに、「プトレマイオスの世界図」の世界像が大幅に書き改められたのである。しかしエンリケ航海王子の事業は、「世界図」を踏まえて行われた訳ではなかった。

伝説のプレスター・ジョンの国を求めてアフリカ西岸を南下したエンリケ航海王子の探検事業はポルトガルの地理的特性もあって、地中海の航路にそのまま接続する「海上の道路」づくりだった。沿岸に近い沖合を南下して発見された、「海上の道路」がそのままポルトラーノに転記されたのである。探検事業の進展に伴って、アフリカ西岸の海図が次々に作られていったのであり、俯瞰的な視点は求められなかった。

大航海時代には練達の船乗り、優れた海図製作者というような「海上の道路」作りのプロが誕生し、国王、貴族、商人はそうしたプロを雇うことにより、探検事業を組織した。船乗りや海図製作者は、傭兵のように各地の支配者に仕え、海の世界の拡張を助けたのである。

大航海時代の先駆けになったのが、大西洋に面した人口が約一〇〇万人の小国ポルトガルだった。ポルトガルが積極的にアフリカ西岸に進出するきっかけになったのは、慢性的な食糧不足である。ポルトガルは、一四一四年に国の総力を挙げてジブラルタル海峡の対岸のモロッコの都市セウタへの遠征を行った。セウタはサハラ砂漠を縦断する交易路の終点に位置し、西スーダンで産出される豊富な黄金が集まる都市として知られていた。慢性的な食糧不足に悩んだポルトガルは、セウタに集まってくる西スーダンの黄金の獲得を狙ったのである。しかし、遠征は失敗に終わった。イスラーム勢力が強力で、ジブラルタル海峡を越えたモロッコ進出が不可能であることが明らかになると、ポルトガルは沿岸を南下して西スーダンへの進出を目ざすしか手がなかった。

ポルトガル王・ジョアン一世（位一三八五—一四三三）の三男、エンリケ航海王子（一三九四—一四六〇）は、西スーダンとの黄金交易、アフリカ内陸部の大キリスト教国プレスター・ジョンの国との提携を策し、一四一六年に、ポルトガル南西端のサグレス岬に拠点となる「王子の村」を建設した。エンリケはそこに、航海術や海図製作の技術を学ぶ学校、造船所、天体観測所などを作り、組織的な探検事業に踏み出した。エンリケ航海王子は海図職人を雇い、新しい海図を作りながらアフリカ西岸に「海上の道路」を拓こうとしたのである。ちなみに、エンリケの二歳年上の兄ペドロが一四二八年にフィレンツェに滞在して人文主義者や地図の製作者と交流し、海図などの航海資料の収集に当たったという話もある。当然、「プトレマイオスの世界図」も収集の対象になり、エンリケにも世界図の情報が伝えられたと思われる。しかし、エンリケの事業は、プトレマイオスが描く世界の枠の外が主な舞台だった。

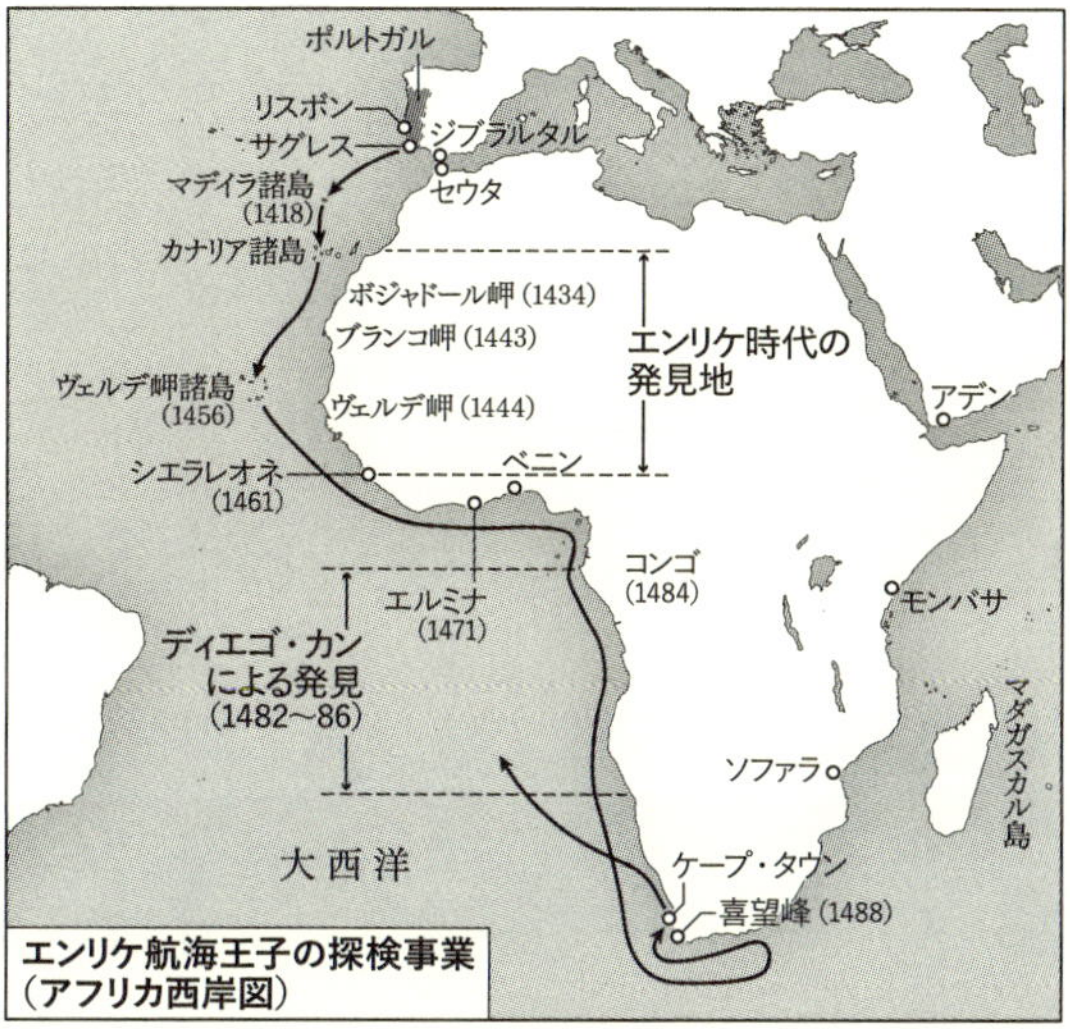

エンリケ航海王子の探検事業
（アフリカ西岸図）

実利を求めるエンリケの探検事業は順調に進展していった。一四一八年、マデイラ諸島のポルト・サント島が発見され、翌年から同島への植民が始まった。エンリケは、アフリカへの中継拠点としてマデイラ諸島の南に位置するカナリア諸島を重視し、一四二〇年代から四〇年代にかけて度々攻撃を行ったものの、失敗に終わっている。ちなみにリスボンからは、カナリア海流を利用するとマデイラ諸島やカナリア諸島への航海は比較的容易だった。エンリケ航海王子の探検事業は、海図を作りながらアフリカ西岸の岬から岬に注意深く進められていく。

一四三四年に世界の果てとされていたボジャドール岬（不帰の岬）がエンリケの忠実な従者エアネスにより突破され、一四四三年には砂漠の砂が白く光って見えるところから命名されたブランコ岬（白い岬）、一四四四年にはサハラ砂漠が切れて常緑樹が生い茂るヴェルデ岬（緑の岬）にまで探検が進んだ。一四六〇年、エンリケ航海王子は志し半ばのままサグレスで死を迎えたが、その時までに拓かれた航程はアフリカ大陸が大西洋に張り出した部分の底部、シエラレオネにまで及んだ。

四〇年以上ポルトガルの航海事業を推進したエンリケ航海王子は、一生、修道僧のような質素な私生活を送ったと言われる。彼の生涯は、アフリカ西岸の交易の拡大に捧げられたのである。そんなエンリケの最大の功績は、何といってもアフリカ西岸に長大な「海上の道路」を開発し、組織的に海図を作成させたことにあった。エンリケは事業を始めるにあたり、当時の著名な海図製作者、ジェフダ・クレスケスを招き、既存の海図を収集・整理して、新たな海図を作成するための体制を整えている。エンリケは、探検と並行してアフリカ西岸で体系的にポルトラーノの作成を進め、熱心に管理した。海図を専有しさえすれば、未知の海域での交易利権が独占できたからである。

海図に翻訳されていく「神話の海」

ポルトガルが進出した大西洋は、それまでは神話や伝承により説明される閉ざされた海域だった。しかし、ポルトガル人などによる航海が繰り返されるなかで次第に空想が排除され、海図で説明される海域に変化していく。一四五五年、ジェノヴァの海図職人バルトロメオ・パレトが作成したポルトラーノ図には、神話・伝承の島と、実在の島々をごっちゃにするかたちで大西洋の島々が描かれており、「神話の海」が解体されていく過渡的状況を物語っている。

その海図は、ポルトガルの真西に実在するアゾレス諸島、その周辺に中世の伝説の島ブラジルとアンティリャ（ポルトガル語で「反対側の島」の意味）を配しており、南に実在のマデイラ諸島（木材の島の意味）やカナリア諸島を描いている。

ちなみに「ブラジル」は、ケルト伝説でアイルランドの西の彼方に存在すると考えられていた架空の島であり、アンティリャ島は「七都市島」とも言われ、八世紀にイスラーム教徒が西ゴート王国を滅ぼした際に、ポルトの大司教が六人の司教やキリスト教徒とともに移住し、七つの都市を建設したという伝説の島である。

またマデイラ諸島とカナリア諸島は一緒にされて、「聖ブレンダヌスの幸福の島」という架空の島名が付されている。「ブレンダヌスの幸福の島」というのは、中世ヨーロッパで広く読まれていた『聖ブレンダヌス航海記』に記された島で、六世紀にアイルランドのカトリック修道僧のブレンダヌスが大西洋を七年間も航海して多くの島々を巡った後、たどりついた「聖者の約束の島」を指している。

「バルトロメオ・パレトのポルトラーノ図」は、一四五〇年代の探検の進捗により、海図上の伝説の島々が次第に実在の島に置き換わって行く姿を物語っている。大西洋では神話と伝承が船乗りの判断を誤らせ、航海を難しくしていた。この時期は想像が海図に置き換えられて行く、まさに大西洋認識の転換期だったのである。

独占されたアフリカ西岸の海図

エンリケ航海王子の探検事業は、最初は二五トン程度の低速の横帆式のバルカ船でなされていたが、一四四〇年頃に、逆風でも「間切り」という航法で前進できる三角帆を備えた一〇〇トン程度のカラベル船に切り替えられた。そうしたことからモロッコ付近からの強風に逆らっての帰国が容易になり、探検事業が一気に進んでいく。三角帆はイスラーム世界のダウの影響だった。

エンリケ航海王子は事業家であり、「雑貨商」という異名で呼ばれた。その名の由来は、エンリケのアフリカ西岸での多角的交易にある。現代風に言えば、総合商社といったところだろう。それに加えて、一四四六年になると、新たに航路を開発したボジャドール岬以遠に赴く交易船に五分の一税を納める義務を課し、武力で西アフリカの交易を統制した。ポルトガルの貿易の独占に不満を持ったカスティリャ王・ファン二世（一四〇五―五四）は、一四五四年、ギニアに船団を派遣したが、帰路をポルトガル艦隊に襲撃され、目的を果たせなかった。ましてや国家的後ろ盾を持たないイタリア商人にいたっては、交易の管理権を主張するエンリケ航海王子と交渉し、アフリカ西岸の交易に参入する許可を得るしか方法がなかった。一四五五年、ヴェネツィアの商人カダモストは、サグレス岬でエンリケ航海王子にアフリカ西岸での交易の許可を求めた。それに対してエンリケは、当人が費用を負担する場合にはアフリカで得た商品の二五パーセントの引き渡し、王子が費用を負担する場合には五〇パーセントの引き渡しが必要であると回答したとされる。

ポルトガル王室は航海士総監を置いて、海図の厳重な管理体制を敷き、航路情報の漏出を防いだ。航路の秘密さえ保てれば、貿易の独占は容易になる。そのため、ポルトガルの船乗りが書いたポルトガル語による膨大な量の海図はほぼ完璧に管理された。そうしたこともあり、エンリケの時代のポルトガル海図はほとんど後世に伝えられていない。

ジョアン二世（位一四八一―九五）が王位につくと、インドへの到達が探検事業の新たな目標として掲げられ、海図の管理は更に強化された。ジョアン二世は、地図製作者を管轄していたギネー工廠（後のインディア工廠）の航路情報、海図の管理を強め、海図を外部に漏らした者は死刑にするようにと命じた。海図は、航海に出る船長にその度毎に貸し出され、航海を終えると回収されたという。小国ポルトガルは「海図大国」となることで、広大な海域を支配しようとしたのである。

ジョアン二世を継いだマヌエル一世（位一四九五―一五二一）は、ヴァスコ・ダ・ガマ、カブラルの航海によりインド航路が開発された後、一五〇四年末に勅令を出して海図の管理をインディア工廠の管理官のヴァスコンセロスに委ね、コンゴ川以南の航路情報を海図に盛り込むことを厳禁した。アジア航路をあくまで秘匿しようとしたのである。

五、世界史を転換させた喜望峰

西アフリカの「海上の道路」の「第一の世界」への接続

一四八二年になると、ギニアに商館を兼ねたエルミナ要塞が建設され、奴隷貿易、黄金貿易が一挙に進展した。八五年から翌年にかけて、前述したように航海士アヴェイロがアフリカ内陸部にキリスト教国が存在するという情報をもたらすと、プレスター・ジョンの国が発見できるに違いないという期待が大きく膨らんだ。

一四八七年、プレスター・ジョンの国を求めて、二隻のカラベル船と一隻の食糧船を率いたバルトロメウ・ディアス（一四五〇頃―一五〇〇）はアフリカ西岸を南下する航海を命ぜられた。ディアスは、航行中に嵐に巻き込まれて一五日間漂流するが、嵐が収まった後、船の東方にあった陸地が西方に移ったことに気づき、アフリカの南端を迂回したことを確信した。一四八八年、ディアスがリスボンに戻ってその新情報を伝えると、先に述べた「フラ・マロウの地図」の情報が事実であることが確認され、「第二の世界」と「第一の世界」のイメージが直接結びつくことになった。

当時、ポルトガル王ジョアン二世は、アフリカを迂回してのインドとの交易の可能性に自信を持っていた。一四八七年、王命によりペロ・デ・コヴィリアンとアフォンソ・デ・パイヴァの二人がイスラーム商人に扮装し、情報収集のためにアジアに渡っていた。コヴィリアンは、胡椒貿易の中心地、インド西岸のカリカットにたどり着き、王がカイロに派遣したユダヤ商人を通じて、「ポルトガルの沿岸やギネアの海を航海してインディアスに行ける」という情報を既に王に伝えていたのである。

ディアスは、アフリカ南端の岬を、最初「嵐の岬」と報告した。だが、岬がアジアへの航海の中継地として有望であることを見通していたポルトガル王ジョアン二世は、岬の名を「喜望峰（カボ・ダ・ボア・エスペランサ）」と改めさせた。喜望峰はフラ・マロウの「世界図」が描き出していたように、大西洋からインド洋への、つまり「第二の世界」から「第一の世界」への入り口とみなされたのである。

ディアスの航海が書き換えた「世界図」

喜望峰の発見はヨーロッパ人のそれまでの世界観をひっくりかえす大変な発見であり、早速世界図も書き換えられることになった。一四九〇年頃、ヴェネツィアで活躍したドイツ人の地図職人ヘンリクス・マルテルス・ゲルマヌスは、バルトロメウ・ディアスの帰国後、いちはやくその成果を取り入れた手書きの世界図を作成した。マルテルスは、ディアスが帰還した際に、ポルトガル王ジョアン二世により、海図をつくる目的でリスボンに招喚されていた。彼は、リスボンで地図の作製の仕事をしていたコロンブスの弟バルトロメウの助けを得て、ディアスの発見を踏まえた世界図の作成を行っている。

「マルテルスの世界図」は、やはり「プトレマイオスの世界図」を下敷きにしており、インドは依然として半島としては描かれていなかった。しかしアフリカの南部には、「一四八九年のポルトガル人の最近の航海で到達された」と記されている。マルテルスの「世界図」は、ディアスの探検の成果を踏まえてアフリカを一つの大陸とし、大西洋とインド洋を一連の大洋として描いているのである。ポルトガルの一連の探検事業を反映し、アフリカ北岸、西岸、南岸には、岸に沿ってびっしりと地名が書き込まれている。

マルテルスの「世界図」は「プトレマイオスの世界図」とは異なってはるか赤道の南にまで及び、アフリカを独立した巨大な大陸として描き出している。「プトレマイオスの世界図」に内海

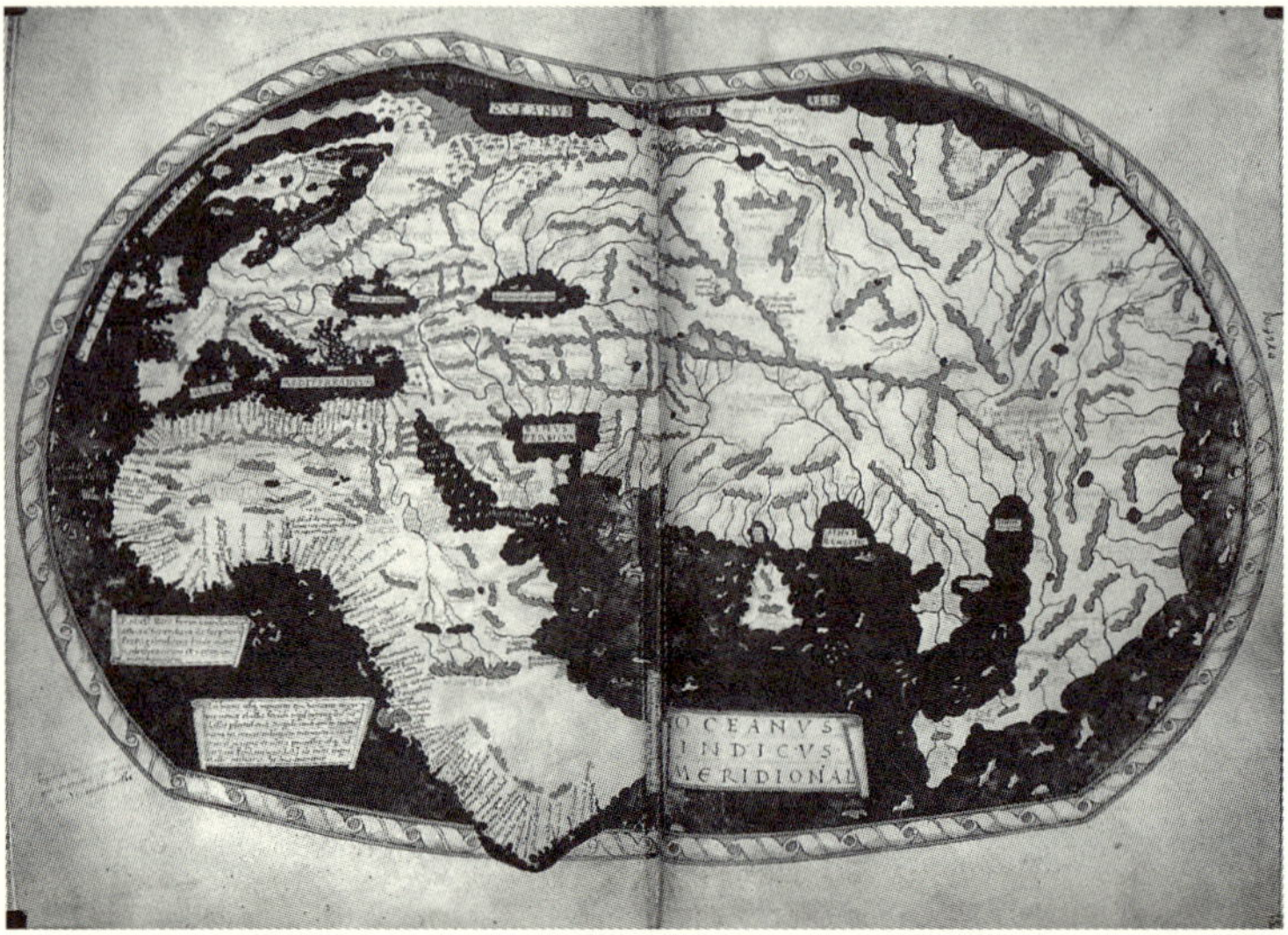

15世紀、ドイツの地図職人ヘンリクス・マルテルス・ゲルマヌスによる「世界図」。
アフリカの南が海になり、「未知の南方大陸」が消失している。

として描かれたインド洋の南の陸地部分が削られて、アフリカの先端は、東南アジアの黄金半島の東の巨大な架空の半島（インディアス大半島）と向かい合うように描かれている。その半島の付け根には「東インディア」と記され、その北にマンジ（蛮子の対音、中国南部）、さらにずっと北にキタヨ（カタイの意味、中国北部）と記された。そのために、インド洋は完全に南に開けた外洋となり、「プトレマイオスの世界図」に描かれていた「未知の南方大陸」は消失している。「マルテルスの世界図」では、新たな航海情報と古代の世界像の奇妙なバランスが保たれていることが見てとれる。しかし、それは真近に迫った世界像の転換を予感させる「世界図」でもあった。

ガマの大西洋縦断の大航海

ヴァスコ・ダ・ガマ（一四六九頃―一五二四）は、ポルトガル王マヌエル一世の命を受け、一四九七年七月八日、横帆で艤装した四隻の船を率いてインド航路を開発するための航海に出た。バルトロメウ・ディアスが喜望峰を発見してから、既に一〇年の歳月が流れていた。

プレスター・ジョンやカリカットの王にあてた書簡を携えたガマの船団は、ヴェネツィアに香料貿易で莫大な富をもたらしていたインドとの直接交易を実現すること、インディアスでカトリックを布教することなどを主目的にしていた。ガマの船団は三カ月以上もの日数をかけて大西洋を喜望峰まで、実に九六〇〇キロ以上も南下した。それだけでもガマの航海は、カナリア諸島から約一カ月でカリブ海に達した後に述べるコロンブスの航海とは比較にならない程の大航海だった。ガマの船団はヴェルデ岬諸島から喜望峰まで、全く陸地を見ずに羅針盤だけに頼る航海を強いられたのである。

ガマの航海で、航海上の大きな発見がなされた。南大西洋の中央部では南東モンスーンが卓越し、逆風となって航海の障害になることが明らかにされたのである。そうしたことから、それ以後は大きく西に迂回する航路がとられるようになった。

船団は一一月四日にアフリカ南部のセントヘレナ湾に至り、一一月二二日にやっとのことで喜望峰を迂回。モッセル湾で用済みになった食糧補給船を焼き捨てた。

喜望峰を回るとガマ船団は全く未知の海域に入り、航海は海図のない探検へと転換した。ガマ船団は、一〇年前にカリカットに達したコヴィリアンがもたらした、アフリカ東岸を北上すればやがてイスラーム商業圏に入れるという、漠然とした情報しか持ち合わせなかったのである。

六、軌道に乗るインド航路

インド洋での難航海を強いられたガマ

アフリカ東岸を北上したガマ船団は、やがてマダガスカル島との間のモザンビーク海峡に入った。一行は海峡のモザンビーク港でイスラーム商人がもたらした豊富なアジアの物産に出会い、巨大なアジア市場に胸をふくらませた。しかし、イスラーム商圏に組み込まれていたこの海域は既に「プトレマイオスの世界図」からははみ出しており、手探り状態で航海するしかなかった。アフリカ東岸をよろよろと北上したガマ船団は、四月一四日、現在のケニアのマリンディに入港し、そこで幸いにもインド洋のモンスーンを熟知したイスラーム教徒の水先案内人を雇うことができた。船団は、そこからはイスラーム商人の「海上の道路」を利用することになる。この時期は、夏の南西モンスーンが吹き始める季節であり、インドに渡るにはまさに好都合だった。ガマの船団は有能な水先案内人の案内で一気にモンスーンの海を横断し、胡椒の集散地カリカットに無事入港する。

この当時のインド洋には、多くの有能なイスラーム教徒の水先案内人がいた。彼らは「ウルジューザ」と呼ばれる航路情報を読み込んだ詩を暗記していたという。モンスーン海域では、風を知ることと緯度の測定が航海のポイントであり、細かな情報は不要だった。海図は、水先案内人の頭の中にあったのである。

当時イスラーム教徒の間で最も有名な水先案内人は、イブン・マージドだった。彼には航海知識を集大成した『航海術』という著作があり、インド洋、紅海、マラッカ海峡から南シナ海を経て中国にいたる水路誌を詩として諳じていたという言い伝えがある。ガマ船団をカリカットに導いたのはイブン・マージドだったという説もあるが、余り確かではない。いずれにしても、ガマ船団が航海した時期は南西モンスーンの吹き始める時期であり、インド洋の水先案内人であるならば、誰でも確実に船をカリカットに導くことができた。

カリカットでガマは、ポルトガル王の使節と自称した。しかし、ザモリン（カリカットの王）に差し出した贈り物がインド洋の商品市場からみれば余りに粗末な品々だったことから、現地の人からみれば、単なるみすぼらしい一商人にしか見えなかったようだ。そうしたこともあり、カリカットの王との間にいさかいを起こしてしまったガマ船団は出港税も払えず、八月二九日にあわただしくカリカットを出港し、南方のコチンで胡椒を買い入れて帰国の途についた。

しかし、帰国の途につこうとしたガマ船団は、この時期の強い逆風に苦しめられた。しかもガマの船団は、逆風に対応できない横帆を装備していたからたまらない。船団はインド洋をヨロヨロ航海したものの先に進めず、モンスーンの向きが変わった後の一四九九年一月七日になって、ようやくアフリカ東岸のマリンディに戻ることができた。三カ月以上のインド洋の航海で三〇人の乗組員が命を落とし、生き残った者も壊血病を病んで、船を操れる者はわずか七、八人という

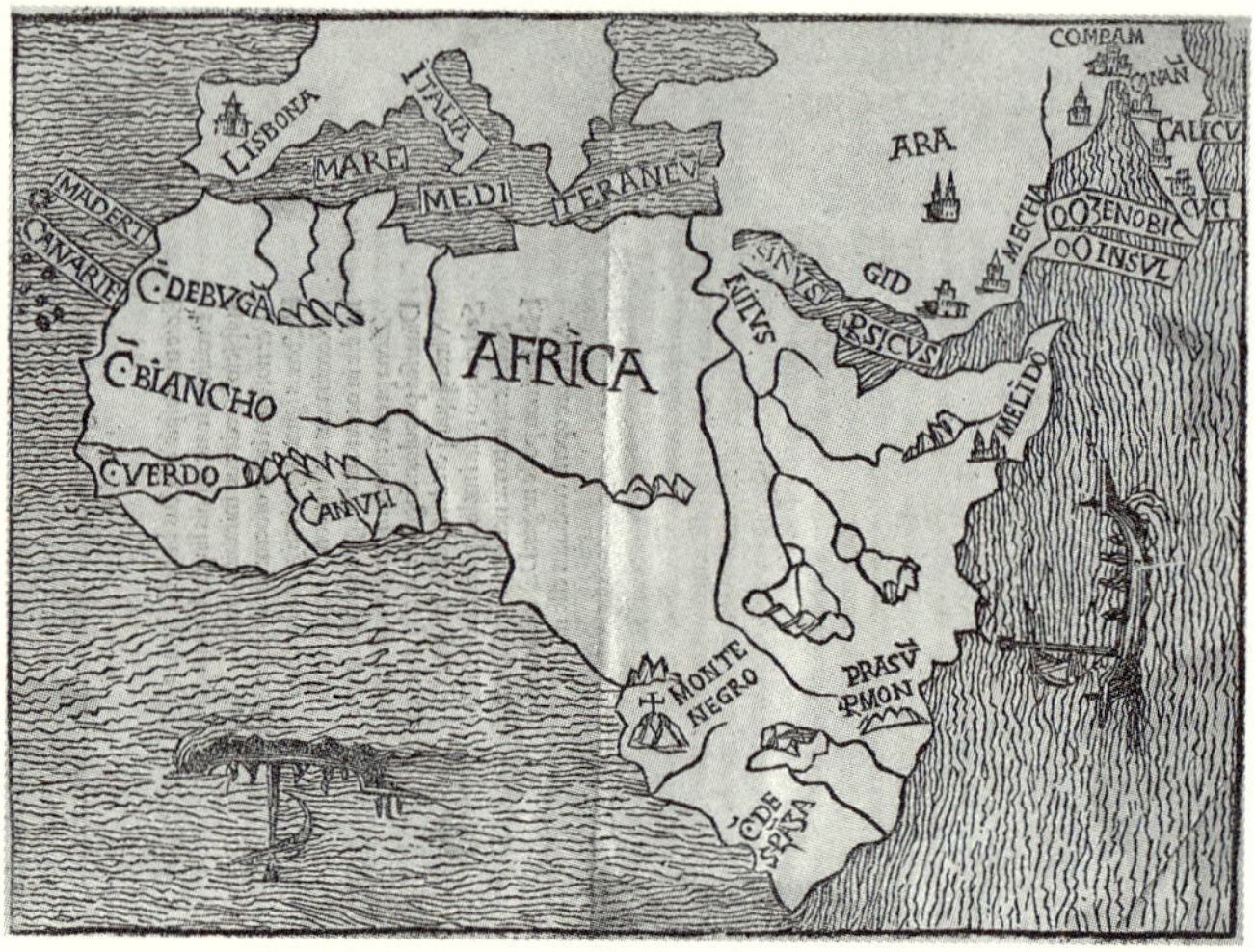

16世紀、ミラノで出版されたモンタルボッド・フラカンツアーノ編『ポルトガル人の足跡とインドにおけるルジタニアとポルトガル』の扉に印刷された木版地図

悲惨な状態だった。航路情報、水路誌、海図を持たない航海がいかに無謀であるかを、ガマ船団は身をもって実証したのである。準備に時間が掛けられなかったとはいえ、ガマにはインド洋のモンスーンが全く読めていなかったのである。

マリンディまでは辿りついたものの、船乗りの激減のためにガマは一隻の船をモンバサ付近で放棄せざるをえず、残った二隻で何とか九月になってリスボンに帰還した。ガマ船団の航海は後に述べるマゼランの航海を超える約四万四四五〇キロの大航海だったが、乗組員一七〇人のうちの僅かに四四人だけが帰還できたという悲惨な航海でもあった。しかし、それだけの代償を払う価値はあったようである。ガマがインドから持ち帰った胡椒は六〇倍の値段で売り捌かれ、航海にかかった費用を全て賄っても余りがあった。

ガマのインド到達の報は、ビッグ・ニュースとしてヨーロッパに広まった。しかし、ガマの航海により作り出された海図は、ポルトガルの国家機密として厳重に秘匿された。ただ安価な胡椒の山が公にされただけだったのである。こうした動きに黙っていられなかったのが、胡椒貿易で巨大な利益をあげていたヴェネツィアなどのイタリア商人だった。自分たちの商売の根幹を脅かす航海の情報を、買収などあらゆる手段を使って手に入れようと画策したのである。

ガマの航海をふまえて一〇年後に作られた地図が、一五〇八年にイタリアのミラノで出版されたモンタルボッド・フラカンツアーノ編の『ポルトガル人の足跡とインドにおけるルジタニアとポルトガル』という著作の扉に印刷された木版地図である。「地図」は、アフリカを単独で描いた最初の印刷地図として有名だが、ヴァスコ・ダ・ガマの偉業を讃える地図だったとも言える。地図は扁平だが、アフリカ大陸の輪郭は整っており、ポルトガルの海図を踏まえていた。しかし、マダガスカル島やポルトガルが後に南西モンスーンを待つために船を待機させるのに利用したモザンビーク海峡は描かれていない。

この地図に記されたヨーロッパの唯一の都市がリスボンであることも、地図がポルトガルの海図を下敷きにしていることの証左になる。「フラカンツアーノの地図」の上下を逆さにして見ると、リスボンからアフリカの南端を迂回してアジアに至るポルトガルの航路がイメージできる。地図は、世界図上でもアフリカの位置付けが変化したことを如実に物語っている。

確定されるインド航路とブラジル

ガマの航海で胡椒貿易の利鞘の大きさを知ったポルトガル王マヌエル一世は、自らの称号を「エティオピア、インディア、アラビア、ペルシアの征服、航海、通商の王」と改め、胡椒貿易の国営化に踏み切った。

王はインドとの永続的な交易関係の樹立を目ざし、訓練を積んだ航海士、ペドロ・アルヴァレス・カブラル（一四六七頃―一五二〇）に一三隻の船、約一五〇〇人の乗組員を与え、インドへの航海を命じた。艦船の多くは、フィレンツェの富豪が提供した。船団の船長の中には、喜望峰を発見したバルトロメウ・ディアスも含まれていた。カブラルは、一五〇〇年三月八日にリスボンを出港する。カブラル船団は、南半球でかってガマの船団を苦しめた南東からのモンスーンを避けるために、西に大きく迂回する新ルートを開拓している。

カブラル船団は、カナリア諸島のはるか南のヴェルデ岬諸島まで南下すると、そこから直接南下するのではなく、北東モンスーンを背にうけて南西方向に航海した。いったん西方に船を出し、そこから南下しようと試みたのである。しかし、そうすると船団は必然的に大西洋を横断し、ブラジルに向かうことになる。

四月二二日、カブラル船団は南緯一七度で巨大な島を目視し、ヴェラ・クルス島（「真の十字架」の意味）と命名した。しかし、島と思ったのは誤認であり、南アメリカの一部、現在のブラジルであった。後にカブラルは、ポルトガル国王宛の報告書の中で、そこに植民地を設けるよう薦めている。

実際のところ、ヴェルデ岬諸島からブラジルまでの距離はコロンブスが航海したカナリア諸島とカリブ海の間の航路よりも短かかった。そのため、後になるとヴェルデ岬諸島からの航路がブラジルへの安定した「海上の道路」になった。

ブラジルを南下して喜望峰とほぼ同緯度のラ・プラタ川まで南アメリカ沿岸を下り、そこから通年西から東に吹く偏西風を利用して東の喜望峰を越せば、インド洋に出ることができた。南大西洋に大きな陸地が存在するということは、一五世紀中頃にはすでに噂になっていたが、カブラルの航海はそれを実証する航海になった。

さて、カブラルの船団は五月末に喜望峰の海域に入ったが、そこで嵐に遭遇し、探検に参加していたバルトロメウ・ディアスの船を含む四隻が遭難した。「吠える四〇度」と呼ばれる偏西風海域は、周期的に悪天候と強風が襲う航海が難しい海域だったのである。だがその後カブラルは、マリンディでガマと同様にイスラーム教徒の水先案内人を雇ってカリカットに至り、一五〇一年七月二一日に大量の胡椒とともにポルトガルに戻ることができた。カブラルの航海により、ポルトガルのインド航路の原型ができあがったといえる。

一六世紀初頭になると、ポルトガルはインドのゴア、東南アジアのマラッカを相次いで征服して拠点とし、「海の帝国」をつくりあげた。インド洋周辺の要地に商館を設け、舷側に小型の大砲を装備した艦船で「海上の道路」を支配したのである。しかし、支配海域の拡大に伴ってポルトガルの海図を隠蔽する体制は緩み、アジアの地図とインドに至る航路を記した海図情報が漏れ出るようになった。それが後発のオランダ、イギリスに大きなチャンスを与えることになる。

第四章 「第二の世界」の形成

一、コロンブスを後押ししたカナリア諸島

大航海時代を支えた「プトレマイオスの世界図」

大航海時代は、先に述べたようにポルトラーノの時代だった。しかし、ポルトラーノは通常の沖合航路を描くには適していたが、陸地の配置も分からない未知の海域では作成のしようがなかった。そのため、俯瞰的な「プトレマイオスの世界図」が未知の海域の陸地の輪郭を把握するのに役立てられることになった。一定のリアリティを持つ「プトレマイオスの世界図」が、世界の見取り図になり得ると信じ込まれていたのである。

古代のアレクサンドリアの水路誌、海図などの地理的知識を集大成した「プトレマイオスの世界図」は、アジア部分が曖昧だったにもかかわらず、地中海などがかなり正確に描かれていたために、過大に評価され、航海の手引きとして利用され続けた。「第二の世界」に向けて最初に「海上の道路」を拓いたコロンブス（一四五一―一五〇六）も、「第三の世界」に「海上の道路」

を拓いたマゼランも、いずれも「プトレマイオスの世界図」を盲信し、結果的に誤った世界図に裏切られたのである。コロンブスは、「黄金の島ジパング」の黄金の獲得とチン海（中国の海）での貿易の独占を目指し、マゼランはインディアス大半島（南アメリカ）を迂回して、モルッカ諸島に至る香料貿易のルートを拓こうとしたが、両者ともに挫折を味わわされた。しかし、球体の地球、モンスーン、羅針盤に助けられて、予測しえなかった成果がもたらされたのである。

そうした無謀ともいえる航海が繰り返されるうちに徐々に「海上の道路」ができあがり、「第一の世界」と「第二の世界」が互いに結び付けられていくことになる。諸航海は、アジアの富への憧れが動機になって進められたが、その背後には着実に利益をあげたエンリケ航海王子の事業があった。エンリケ航海王子の事業の進展とともに、大西洋の島々の開発で富を蓄えた砂糖商人が育ち、パトロンとしてコロンブスの事業を支援したのである。

成功を収めたマデイラ諸島の砂糖生産

大西洋に横断航路を拓き、大西洋と南・北アメリカ大陸からなる「第二の世界」への扉をあけたのは、ご存じのようにコロンブスである。しかし、机上で作成された「世界図」によるコロンブスの航海を経済的にサポートしたのが、利に聡いカナリア諸島の砂糖商人だったことは余り知られていない。この章では、まず、一五世紀後半のマデイラ諸島、カナリア諸島、アゾレス諸島での砂糖生産の成功という、新しい動きから見ていくことにしたい。

マデイラ、カナリア、アゾレス、ヴェルデ岬諸島への航路「ボルタ・ド・マール」

エンリケ航海王子の事業で最初に収益をあげたのは、ポルトガル領となったマデイラ諸島、アゾレス諸島での砂糖の生産だった。ポルトガルはアゾレス諸島とマデイラ諸島に、ポルトガルの南部アルガルベ地方で既に行われていたサトウキビ栽培を移植し、高収益をあげるのに成功した。一四四〇年代にはアゾレス諸島で、一四五〇年代にはマデイラ諸島でサトウキビ栽培が本格化する。

ヴェネツィア商人のカダモストは、エンリケ航海王子がマデイラ諸島には川が多く水が豊かに得られることに着目して、「蜂蜜の茎（サトウキビ）」を沢山植えるように命じ、白くて上質の砂糖を大量に産出するようになったことを指摘している。マデイラ諸島のサトウキビの栽培と砂糖の生産で巨大な利益をあげたのは、何と言ってもサン・ジョルジュ商会などのジェノヴァ商人だった。大西洋上に浮かぶ島々の開発の成功が、大西洋に新たな島を探す動きを加速させたのである。

当時の大西洋は先に述べたように、未知の「神話の海」と考えられていた。ポルトガル王室は喜望峰の発見が目前に迫る一四八七年になっても、「七都市島」、あるいはアンティリャ島というような神話の島を探検する特許状を発行し続けている。

ただ、リスボンからマデイラ諸島、カナリア諸島、アゾレス諸島への航行は、海流の関係で比較的容易だった。船は南西方向に流れるカナリア海流に乗って、ボジャドール岬、カナリア諸島にまで南下し、そこから南西のモンスーンに乗ってリスボンに戻るルートが知られていた。また、カナリア諸島からブランコ岬に下った後大回りに北上してアゾレス諸島に渡り、そこから偏西風に乗って戻るルートもあった。ポルトガル人が発見した、モンスーンを利用して大西洋を西に進み、その後北上して偏西風に乗って戻ってくるルートは「ボルタ・ド・マール」と呼ばれる便利な航路になっていた。カナリア諸島、アゾレス諸島の開発が順調に進んだのは風向きと海流に恵まれたためだったのである。「ボルタ・ド・マール」こそが、「第二の世界」の「海上の道路」の原型であった。

スペインによるカナリア諸島支配の背景

カナリア海流がアフリカ西岸を南下するギニア海流に接続したことから、カナリア諸島は「黄金の産地」のアフリカ西岸への航海の中継拠点とも見なされた。

カナリア諸島は龍血樹の樹皮から抽出される赤い染料の産出で知られていたが、それ以上にサハラ砂漠以南の西スーダンとの黄金交易の中継地になり得るのではないかと期待されていた。カナリア海流に乗ってカナリア諸島に至り、そこからアフリカ沿岸を南下すれば、サハラ以南の産金地に到達できるのではと考えられたのである。

当時、サハラ以南の地では、イスラーム商人がサハラ砂漠を縦断する交易路を使って岩塩と引き換えに安価に黄金を手に入れる交易を独占していた。西スーダンでは黄金が石ころのように価値のないものとみなされており、イスラーム商人はニジェール川流域の黄金の産地で「沈黙貿易」と呼ばれる金と岩塩の交易を行っていたのである。ちなみに「沈黙貿易」とは、言葉が通じない人たちが無駄な軋轢を避けるために行った、無言の物々交換である。サハラ以南の産金地については、黄金がニンジンのように地面から生えるとか、アリが黄金を育てるなどの奇妙な風評があった。要するに安価な黄金が大量に手に入る場所だったのである。

マジョルカ島の都市パルマのユダヤ人地図製作者、アブラハム・クレスケスが作った「カタロニア図」では、アフリカ西岸の沖合に一本マストに横帆を張ったコグ船が描かれ、「ジョーム・フェレールという船乗りが、一三四六年に『黄金の川』を探している最中に難破した」という注が記されている。マジョルカ商人、ジェノヴァ商人などが、古い時代から西アフリカの黄金に強い関心をもっていたことがわかる。ヨーロッパでは、アフリカ南部には「金の川」があり、誰も生きたままではたどりつけない熱帯の沸騰する海に注いでいると考えられていた。

北緯三〇度線の少し南に位置する七つの島からなるカナリア諸島には、ジェノヴァ人、ポルトガル人などが次々に進出を策したが、先住民の抵抗が強くてなかなか征服できなかった。最終的にカナリア諸島を支配することになるのは、意外なことにイベリア半島の内陸国家カスティリャだった。カナリア諸島を征服したフランス人がカスティリャ王の臣下になっていたためである。カナリア諸島で奴隷を獲得しようとする動きは、セビーリャの有力貴族の手で一四世紀末に始められた。その動きに便乗したのが、アフリカとの黄金交易をめざすフランス人の集団だった。カスティリャ王に臣従するフランス人のベタンクール、ランサローテ、フェルテベントゥーラ、イエロなどがカナリア諸島の征服に成功し、その結果としてカスティリャ王がカナリア諸島の支配者として収まったのである。

偶然の経緯でスペインがカナリア諸島を支配し、植民地として確保したことは、モンスーンを利用して西航しようとするコロンブスにとって幸運だった。アフリカとの黄金貿易を求めるベタンクールによる征服が、後にコロンブスに航海の足場となるカナリア諸島を提供したのである。一四九二年、コロンブスは、カナリア諸島を起点にし、北東モンスーンを利用する大西洋横断の航海に出た。カスティリャがモンスーンが吹き始める海域に位置するカナリア諸島を獲得していなければ、コロンブスの航海は全く違ったかたちになっていたとも推測される。逆にいえば、スペインのイサベル女王（位一四七四―一五〇四）とコロンブスは、カナリア諸島を介して互いに結び付いたことになる。

しかし、カナリア諸島ではベルベル系の先住民の抵抗が激しく、コロンブスが航海に出た時期になっても、戦いが続いていた。ゴメラ島は早く征服されたものの、ラパルマ島、グラン・カナリア島、テネリフェ島などの主要な島々は、半世紀以上、カスティリャの征服を退け続けた。グラン・カナリア島が征服されるのは一四八〇年のことであり、テネリフェ島が完全に征服されるのは一四九六年のことである。

カナリア諸島は、「プトレマイオスの世界図」では世界（「第一の世界」）の西の外れに位置付けられていた。しかし視点を換えれば、カナリア諸島は「第二の世界」への入り口でもあった。従来、カナリア諸島はアフリカ西岸を航海する際の中継拠点と見なされてきたが、コロンブスの航海以後は、北東モンスーンを背に受けてカリブ海に航行する際の前進基地とされるようになったのである。

起業家コロンブスを押し出した砂糖商人

ポルトガルが植民地にしたマデイラ諸島でのサトウキビ生産は一四八〇年代に入ると軌道に乗り、大きな利益を生むようになっていた。一四八〇年の一年間にマデイラ島とポルト・サント島には二〇隻の大型船と、四、五〇隻の中型船が砂糖の買い付けに訪れていたとされる。

そうしたことから、カナリア諸島でも、一四八四年以降、ジェノヴァ商人が利益の多いサトウキビ栽培に乗り出した。サトウキビの生産には、弱酸性の土壌、温暖な気候、年間一五〇〇ミリから一八〇〇ミリの降水量などが必要とされるが、カナリア諸島はそうした栽培条件を全て備えており、労働力となる奴隷もアフリカ沿岸のヴェルデ岬諸島から大量に移送することができた。サトウキビの栽培には、奴隷の購入、製糖工場の建設などの投資が必要であり、砂糖事業を通じてジェノヴァ商人、セビーリャ商人とスペインの役人のネットワークが成長を遂げることになった。

一四八〇年以降、政商としてカスティリャ王室の免罪符売上金を管理していたジェノヴァ出身のセビーリャ商人フランチェスコ・ピネリは、同じくジェノヴァ出身のフランチェスコ・リバロロと共に、カナリア諸島のグラン・カナリア島の砂糖生産を担う代表的な商人となった。ピネリは、コロンブスの事業に対する最大の出資者であり、リバロロもイスパニョーラ島の総督の地位を失ったコロンブスが起死回生を図って行った第四回航海（一五〇二―〇四）の出資者である。コロンブスは、一時、その家に寄寓するほどジェノヴァ商人リバロロとは肝胆あい照らす仲だったという。コロンブス自身も砂糖貿易と深く関わっており、カナリア諸島で砂糖生産を行う同郷のジェノヴァ商人とは深い結び付きを持っていた。

コロンブスは、一四七〇年代からジェノヴァ商人の代理人としてマデイラ諸島のポルト・サント島に砂糖の買い付けに訪れ、同島の初代総督バルトロメオ・ペレストレーロの遺児フェリパと結婚し、一四八〇年代以降同島で大西洋を西に航海する事業の構想を練った。ポルト・サント島は野生のウサギが多い島で、ペレストレーロはウサギ退治の功績により総督の地位を獲得したとされている。

カナリア諸島のジェノヴァ商人は、一致してコロンブスの西からアジアに到達しようとする事業を支援した。カナリア諸島の砂糖業者が、コロンブスを大西洋に送り出したと言っても過言ではない。商人にしてみれば、仮に探検が失敗に終わっても、大西洋上に新たな島嶼が発見されるだけでも大きな利益が見込める。最終的にイサベル女王にコロンブスをとりなし必要経費の調達を申し出たのが、砂糖商人との結び付きがあるアラゴン王国の財務長官でコンベルソ（カトリックに改宗したユダヤ教徒）の豪商ルイス・デ・サンタンヘルだった。コロンブスの探検費用は、サンタンヘルが自分の資産と自らが管理するアラゴンの徴税局の金庫から一七・五パーセントを、カナリア諸島の砂糖生産で利益をあげていたジェノヴァ商人ピネリが七〇パーセントを、一二・五パーセントをコロンブス自身がセビーリャのフィレンツェ人の銀行家ベラルディからの借金で賄ったとされる。ちなみにコロンブスの航海によりスペインの植民地になったカリブ海との貿易を独占したセビーリャのインディアス通商院は、一五〇三年に政商ピネリの献策により創設されている。

二、「第二の世界」をアジアと錯覚

誤った海図が生み出した新時代

コロンブスは、「プトレマイオスの世界図」の枠組みの下で自分の事業を考えていた。コロンブスは世界のイメージを得るために、フランスの神学者で、宇宙地誌学者でもあるピエール・ダイイ（一三五一―一四二〇）の『イマゴ・ムンディ（世界の像）』の一四八〇年版（初版は一四一〇年）を、丹念な書き込みをしながら熱心に読んだ。その書き込みを見ると、ピエール・ダイイの書にある「エクメーネの西の果てと東の果ての間は小さな海が横たわるだけだ」とか、「『追い風』に恵まれればこの海は数日で渡ることができる」といった記述に注意が払われていたことがわかる。恐らくそうした言葉に励まされ、コロンブスはポルト・サント島で〝中国の海〟への航海を模索し続けたのであろう。ピエール・ダイイは、プトレマイオスよりも地球の円周を少なめに見積もり地球の周囲を二万四〇〇〇ミリヤと計算した、九世紀のアラブの学者ファルガーニーの説を紹介している。ところがコロンブスは、ファルガーニーが使ったミリヤ（アラブ・ミリヤ、一九七三・五メートル）とイタリアで使われていたイタリア・ミリヤ（一四七七・五メートル）を取り違え、地球の周囲を実際の四分の三とみなしてしまった。アラブ人が使っていた単位がイタリアでは四分の三に縮小されていたのを、コロンブスは気づいていなかったのである。また、コロンブスはダイイの説に基づいて陸と海の比率を六対一と考え、実際の三対七とは掛け離れた地球のイメージを描いていた。地球を「陸地の固まり」と見なしてしまっていたのだ。コロンブスは荒唐無稽な世界像を抱いていたのである。

コロンブスの西航が、フィレンツェの数学者、天文学者、地理学者のトスカネリ（一三九七—一四八二）が描いたヨーロッパと、中国を直接結ぶ海図に基づいてなされたことは通説になっている。トスカネリは、七八歳になってから地球球体説に到達し、机上で「プトレマイオスの世界図」の〝裏〟の部分を海図化した。その「海図」はアフリカ西岸から西方に向かって経度九〇度の距離に巨大なジパング島を配し、その先にチン海（中国の海）の多くの島々と中国を描いていた。

老トスカネリは、一四七四年にポルトガル王に書簡を送り、ヨーロッパとアジアの距離はプトレマイオスが計算したよりもずっと短く、西回りの航海で容易にアジアに到達できると説いた。

コロンブスはトスカネリと文通して彼の海図の存在を知り、西航すればアジアに行けるという確信をますます強めた。コロンブスの伝記を書いた息子のフェルディナンドは、コロンブスがトスカネリに手紙を書いて教えを請うたところ、トスカネリが返事と一緒に既にリスボンの大聖堂参事に送っていた海図の筆写版を送ってくれたことを記している。

トスカネリは、リスボンと中国のキンサイ（現在の杭州）の距離は約六三二三キロ、アフリカ西岸から一番遠いとされていた想像の島アンティリャ島からジパング島までの距離は約二四一四キロと計算していた。コロンブスはカナリア諸島とジパングの間を七四〇レグア、つまり約四三〇〇キロと計算しており、トスカネリよりも更に約一二〇〇キロも少なく見積もっている。しかし実際のところ、コロンブスの計算は一万五〇〇〇キロ以上も短かった。実際の約四分の一というように甘く計算していたのである。

球体の地球を可視化したベハイム

コロンブスの世界像が当時としては特別なものではなかったことを物語るのが、コロンブスの第一回の航海とほぼ同時期に製作されたマルティン・ベハイム（一四五九—一五〇七）の地球儀である。

南ドイツのニュールンベルクの商人マルティン・ベハイムは、ポルトガルとフランドル地方を結ぶ商人としてリスボンやアゾレス諸島に滞在した経験があり、国王ジョアン二世の航海委員会ともかかわりを持っていた。彼は、遺産相続問題で帰郷した九一年から九三年にかけて、ニュールンベルク市から依頼を受けて画家グロッケンドンの協力の下に小型の地球儀を完成させた。コロンブスが大西洋に乗り出した一四九二年とほぼ同時期に作られた直径五〇センチほどの地球儀は、西回りの航海のための資金を集める目的で市民に有料で公開されたと言われている。

マルティン・ベハイムの小さな地球儀には、実に一一〇〇に及ぶ地名が書き込まれていた。地

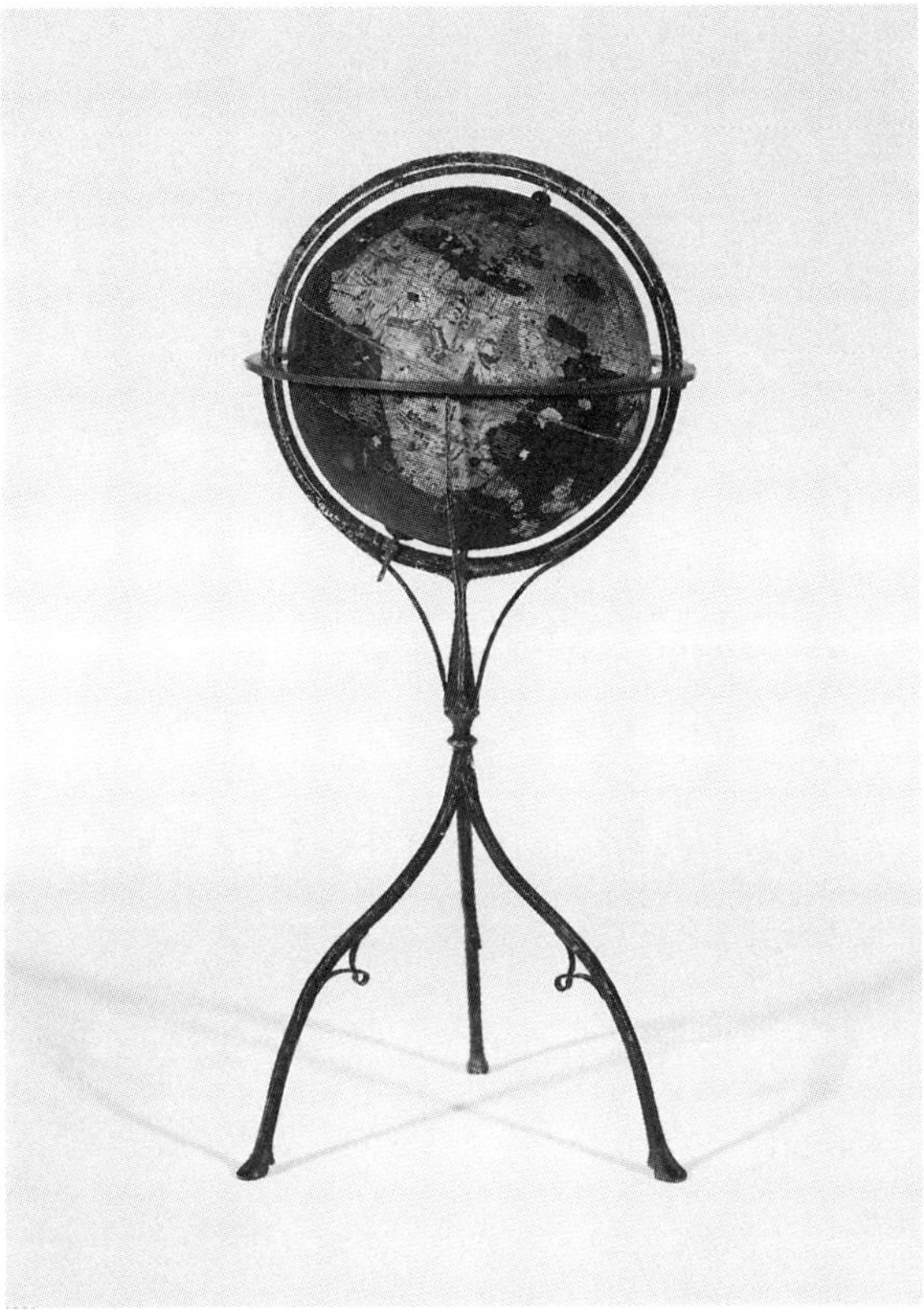

15世紀、ニュールンベルクの商人マルティン・ベハイムが作った地球儀。金属球に12枚の舟型地図を貼付した。

球が球形であることを可視化したベハイムの地球儀は、コロンブスが西航した当時のヨーロッパ知識人の世界像を代表していると言えるだろう。

ただベハイムの地球儀は、「第一の世界」(カナリア諸島からインディアス大半島のカティガラ)を経度にして一八〇度とした「プトレマイオスの世界図」を基礎にしているが、マルコ・ポーロの中国情報を接ぎ木したことから「プトレマイオスの世界図」のアジアを経度で五〇度も東に進出させてしまっていた。マルティン・ベハイムの地球儀ではジパング島が、カナリア諸島から容易に帆走できそうな位置に描かれている。

ポルト・サント島で「風」を学ぶ

コロンブスは海図が定まっていない未知の海域で一旗あげようとした起業家だったが、同時に有能な船乗りでもあった。風は神の意志により吹き寄せると考えられていた時代に、コロンブスは航海のプロとして大西洋の海と風についての実際的な知識を豊かに身につけていたのである。コロンブスは、北のアイスランドから南のアフリカ西岸のエルミナ要塞まで、大西洋海域を広く航海していた。

ちなみに、カナリア諸島は大西洋の風の分岐点に位置している島で、島の北では偏西風が吹き、島の南では穏やかなモンスーンの東風が吹いた。一四七九年以後の数年間を、カナリア諸島の少し北のポルト・サント島で過ごしたコロンブスは、冬の北東から吹き寄せるモンスーンを「追い風」として利用すれば、比較的容易にアジアに到達できるのではないかと信じるようになっていた。大西洋の風の理解なしには、コロンブスの満々たる自信は理解できない。

歴史の表面にはなかなか現れないが、当然、大西洋にも「漂流」があった。遭難してアメリカ大陸に流された船が、偏西風に乗ってヨーロッパ沿岸に戻ってくることも当然あり得た。なんせカナリア諸島からカリブ海は、地中海往復程度の距離である。コロンブスに関する資料をその息子から譲り受けたバルトロメ・デ・ラス・カサス（一四八四―一五六六）は、『インディアス史』の中で「コロンブスがポルト・サント島にいた時に、大海の彼方に漂着した船がやっとのことでポルト・サント島に戻り、ほとんどの船乗りが間もなく命を落とすなかで、コロンブスの家に逗留した船乗りが死の直前に彼に航海日誌を手渡した」と記録している。もしそれが事実であるとするならば、コロンブスはヨーロッパ、アフリカの対岸のそんなに遠くないところにアジアがあることを確信していたことになる。

コロンブスは、何よりも現場で鍛えられた努力の人だった。一四五一年にジェノヴァに織物工の息子として生まれたが、彼が育ったのは、オスマン帝国の進出でジェノヴァの東地中海、黒海の商業圏が失われて行った時代だった。一四五三年に、コンスタンティノープルが陥落してビザンツ帝国が滅び去ると、東地中海の大市場を失ったジェノヴァは苦難の時代を迎えることになる。

多くのジェノヴァの若者と同様に、一〇代の中頃からコロンブスも家計を助けるために海に乗り出し、地中海、大西洋を航海する中で自己形成をしていった。ポルトガルのエンリケ航海王子が世を去ったのは、コロンブスが九歳頃のことである。

コロンブスは、二〇代の半ばに乗り組んでいた船がジブラルタル海峡で英・仏連合船団に襲撃され、命からがらサン・ヴィセンテ岬に漂着して以降、ポルトガルのリスボンのジェノヴァ人居留区に住み着いて海図や地図の作成に従事するとともに、ジェノヴァ商人の依頼を受けて各地を航海する船に乗り組む生活を送った。

一四七九年、コロンブスはマデイラ諸島のポルト・サント島に砂糖の買い付けにでかけ、同島の初代総督バルトロメオ・ペレストレーロの遺児フェリパと結婚したのは、先述の通りである。そのポルト・サント島でコロンブスは、自らの航海の体験を整理し、ポルトガルの航海事業を総括して、新しいインディアス事業を構想したとされる。ちなみにインディアスは今日のインドではなく、ほとんどアジアと同義になる。彼の着想は、独学で学んだラテン語による古典、ピエール・ダイイの著作やマルコ・ポーロなどのアジア情報に基づいていた。しかし、独学であるが故に、その世界像はあくまで自己流であり、大きな歪みがあった。一四八四年、コロンブスはポルトガル王ジョアン二世に事業への援助を求めるが、王の諮問会議は杜撰な計算に基づく企画としてそれを退けている。

三、海図の誤りを挽回させたモンスーン

日の目をみたコロンブスの野望

一四八八年のバルトロメウ・ディアスによる喜望峰の発見は、ポルトガルが東回りでジパング、

チン海に到達できる可能性を限りなく増大させることになり、コロンブスを大いに焦らせた。コロンブスの一攫千金を狙う密かな目論みは、チン海とジパング島への一番乗りが前提になっていたからだ。東回り航路によってポルトガル人が先にジパングに到達してしまうと、その目論みは無に帰してしまうことになる。そこで一刻も早く、コロンブスは探検事業で見込める権益を軍事力により保護してくれるパトロンを探し出さなければならなくなった。

カナリア諸島を航海の起点と考えていたコロンブスにとり、最も理想的なパトロンがスペイン王だったことは言うまでもない。カナリア諸島を支配していたカスティリャは、イサベル女王とアラゴンのフェルナンドとの国王同士の結婚により、一四七九年にスペイン王国になっていた。

しかし、この頃のスペインはイスラーム教徒とのレコンキスタ（国土回復運動、七一八―一四九二）の戦闘の末期にあり、財政面で行き詰まっていた。そこでコロンブスは自らがスペインに赴くだけではなく、弟のバルトロメウをイギリスとフランスの宮廷にも派遣して、支援の要請に当たらせた。万全を期したのである。

スペイン宮廷に十分なつてを持っていなかったコロンブスは苦労したあげく、一四九二年一月、ようやくグラナダ近郊のサンタフェでスペイン女王イサベルと直接、会見するまでに至った。コロンブスにとって幸運だったのは、会見の少し前に「最後の拠点」グラナダのイスラーム教徒が降伏してアルハンブラ宮殿が明け渡され、レコンキスタが勝利のうちに終了していたことだった。

コロンブスとイサベル女王の間を取り持ったのは、アラゴンの財務長官サンタンヘルだった。彼は、先に述べたようにカナリア諸島でサトウキビ栽培を行うジェノヴァ商人との間に太いパイプを持っていたのである。

コロンブスのプランは王室の諮問委員会に杜撰な計画であるとして一度退けられたものの、一四九二年四月、先に述べたサンタンヘルの取り成しもあってコロンブスはイサベル女王との間にサンタフェ協定を締結し、スペインの海洋提督に任命された。コロンブスに大盤振る舞いを約束したサンタフェ協定とは、以下のような内容だった。

(一) コロンブスに、ドンの称号、提督・発見された土地の副王・総督の地位を与える
(二) コロンブスが、金・銀・真珠などの貿易により得られる利益の一〇分の一を取得する
(三) コロンブスに、大洋の西方海域で発見され獲得された島々、陸地を統治するために、各地で三人の役人候補者を推薦する権利を与える
(四) コロンブスに、大洋の西方海域での交易事業に伴う訴訟事件の裁判権を与える
(五) コロンブスに、大洋の西方海域での交易事業に対する八分の一の出資権、八分の一の利益取得権を与える

曖昧な海図による不安な航海

コロンブスは、サンタフェ協定で利権を保障されると、早速アンダルシア地方の小港パロスに赴き、約一〇週間で三隻の船と約九〇人(一説によると一二〇人)の乗組員を手配した。慌ただしい航海の準備について、『コロンブスの航海日誌』は次のように記している。ちなみに、『コロ

ンブスの航海日誌』は、前述したバルトロメ・デ・ラス・カサスが叙述した日記体の記述に引用されたコロンブスの日誌を集めたものである。

「それで私は、同年すなわち一四九二年の五月一二日、土曜日、グラナダを出発して、海港パロスの村に到着し、同地においてこのような事業に適した三隻の船を仕立て、多量の食糧と多数の船員を乗せて、同年八月三日、金曜日の日の出の半時間前に同港を出発し、大洋にある両陛下の領土カナリア諸島へと針路をとり、同諸島よりインディアスへ赴いて、彼の地の君主達に対する両陛下の使節としての任を果たすことにより、両陛下が私に命ぜられたところを順守せんものとして、この航海を行うことにしたのであります」

パロス港で用意された船は、商人ホアン・デ・ラ・コサから借り上げた大型ナウ船のサンタ・マリア号、密輸を口実に王命でパロス港で強制的に徴用したピンタ、ニーニャの二隻のカラベル船だった。ちなみにナウ船とは、遠洋航海を想定して建造されたずんぐりとした形の巨大な帆船で、広い船倉を備えていた。それに対して、カラベル船は三本のマストに大きな三角帆（ラテン帆）を張った高い操舵性を持つ小形帆船である。しかし乗組員については実質二カ月余りでの徴募は困難で、二〇数名は解放された囚人であり、スペインからの追放がまぢかに迫っていたコンベルソ（改宗ユダヤ人）も加わっていたとされる。

コロンブスは、ジパング島がカナリア諸島と同緯度の西方約四三〇〇キロ先に位置していると考え、カナリア海流に乗って船団を南下させた。八月一二日、カナリア諸島のゴメラ島のサン・セバスチャン港に入港。それから約一カ月、グラン・カナリア島でピンタ号の舵を直し、ニーニャ号の三角帆を外洋航海に適した四角帆につけ替えるなどした後、飲料水や一カ月分の食糧を積み込み、九月六日、船団は冬のモンスーンを帆に受けて、大西洋に乗り出した。一カ月間のカナリア諸島滞在は、冬の北東モンスーンが吹き始めるのを待つためにも必要だったのである。

カナリア諸島を出港した後の航海は、まさに手探り状態で進められた。コロンブスの航海を導いたのは、トスカネリが机上で作成した海図だった。しかし、このトスカネリの海図はコロンブスこそ信じて疑わなかったものの、実際は「プトレマイオスの世界図」をマルコ・ポーロの記述などで補った〝誤った海図〟だったのだ。コロンブスの航海を実質的に支えたのは、北東のモンスーンと羅針盤と揺るがないコロンブスの信念だったと言える。

コロンブスが予期した通りに、航海は背面からモンスーンを受け一日で約一六〇キロも前進する心地よいものになった。ただ誰も航海したことがなく、目標物もない大洋の航海は、不安に満ちていた。乗組員たちは円盤状に果てしなく広がる大洋がいつか途切れ、船を地獄に導く大滝が現れるに違いないと信じて疑わなかった。行けども行けども続く大洋に、乗組員の不安は膨らむばかりだった。

一〇月一〇日になると食糧も底をつきはじめ、乗組員はコロンブスに船を引き返すように求めるようになった。しかし幸運なことに、一〇月一二日の未明に島影が発見される。三六日間の不安に満ちた航海の末、一行はカリブ海の縁に位置する、バハマ諸島の先住民がグアナハニ島と呼ぶ小サンゴ礁にたどりついたのである。上陸したコロンブスは神の恵みに感謝し、同島にサン・サルバドル（神の恩寵）と命名した。後で振り返ると、コロンブスの航海は大して難しい航海で

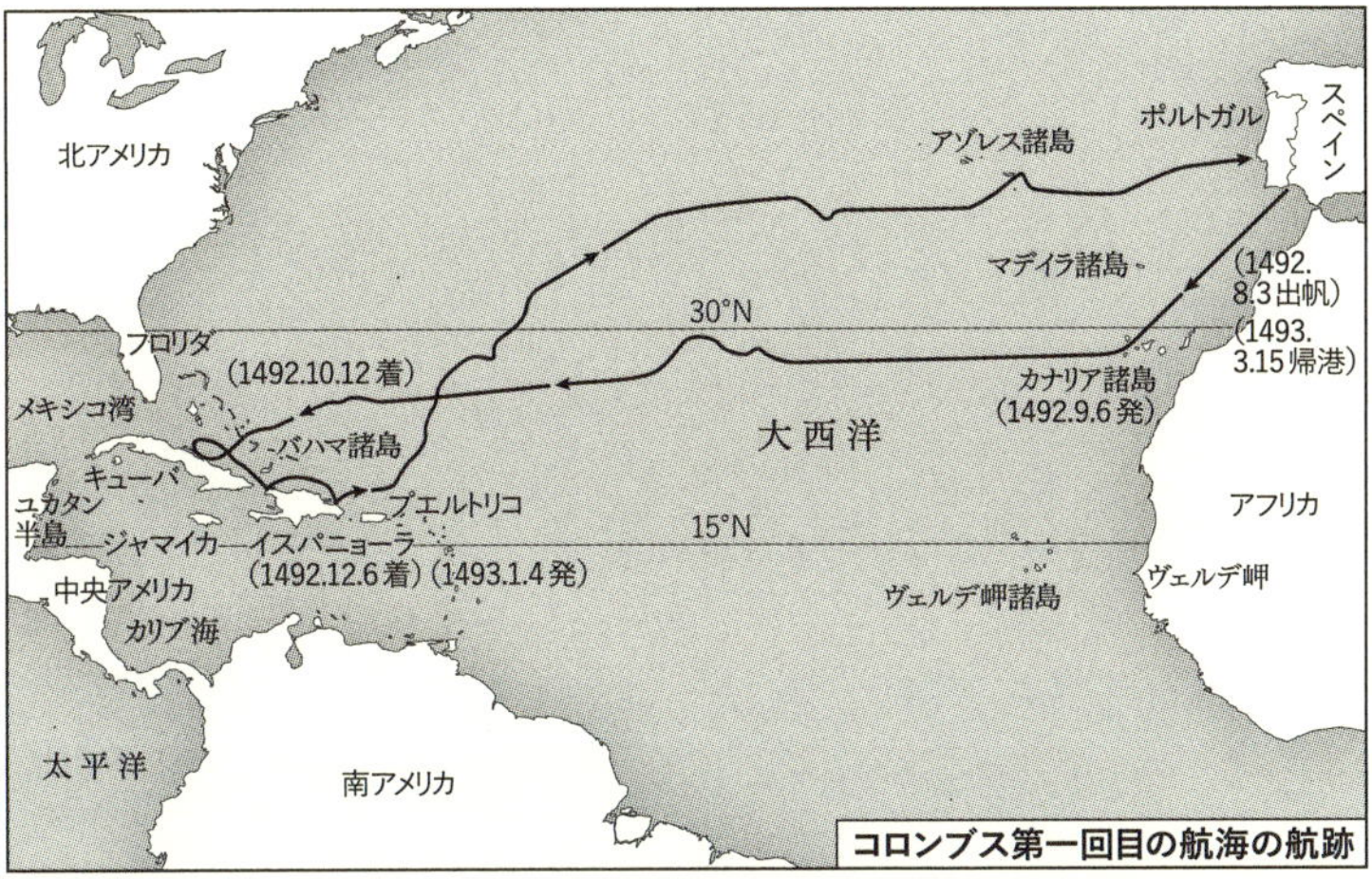

コロンブス第一回目の航海の航跡

はなかった。しかし、「第二の世界」を横断する最初の試みとして不断の輝きをもったのである。

ジパング島発見という幻想

コロンブスにとって大西洋横断の成功は、単なる序章にすぎなかった。たどりついた海がカタイ（中国北部）の東方に広がるチン海に違いないと、コロンブスは勝手に決め込んでいたからだ。勝負は、これからである。

サン・サルバドル島に到着後の三カ月間、コロンブスの「幻想の海」の航海が続けられた。コロンブスが求めたのは、言うまでもなく莫大な金を産出する「黄金の島ジパング」だった。ジパング島は七〇〇〇あるとされるチン海の島々の中でもずばぬけて大きな島とされたので、簡単に見つけられるはずだった。

コロンブスは最初、カリブ海の航海の一五日目に発見したキューバ島をジパングと考えたが、やがてそこを大陸の一部と判断するようになり、隣りのハイチ島が「ジパング」に違いないと考えた。コロンブスは、その島にイスパニョーラ島と命名した。イスパニョーラとは「スペイン国王の島」という意味になる。

イスパニョーラ島では、住民であるタイノ人の族長が黄金の装身具を身に着けていた。族長は黄金の産地を問われ、島の中央部のシバオであると答えたという。コロンブスは、シバオを「ジパング」と聞き間違え、この島こそが「黄金の島ジパング」に違いないと勝手に判断したのである。

後述するが、コロンブスは前後四回にわたり大西洋、カリブ海を航海したので、多くの海図を作ったのではないかと考えられる。しかしコロンブスが作った海図は、現在、ほとんど残されていない。コロンブスの海図は財産として管理され、航海と探検が進む中で時代遅れの海図として廃棄されてしまったのであろうと考えられている。唯一、イスパニョーラ島北部の海岸線をメモ風に描いた簡単な海図が残されているのみである。

四、一四九〇年代に一挙に拓かれた「第二の世界」

南からの波動と北からの挑戦

一四九二年のコロンブスの航海の成功は、まさに「瓢箪から駒」と言ってよかった。コロンブスは、実質的に海図のない、リスクだらけの航海をし、幸運にも大西洋の対岸の陸地にたどり着いたのである。しかし、探検の成功は、「トスカネリの海図」、「プトレマイオスの世界図」を実証したアジアへの航海として受け取られ、ヨーロッパ中に驚きの輪が広がった。コロンブスの航海は、皮肉なことに「プトレマイオスの世界図」に対する信頼性を一層強める結果になったのである。

そこでスペインは、コロンブスのインディアス事業を国家事業として本格化させることになる。第一回の航海からわずか半年後の一四九三年九月二五日、大貴族の出資金、ユダヤ人の没収財産などを財源として、インディアスへの大規模な植民を目的とするコロンブスの第二回の航海が組織された。コロンブスの事業はスペインの国家事業となり、大きな期待が寄せられたのである。第二回航海の船団の出港地はもはや小さな漁港のパロスではなく、スペインを代表する港のカディスだった。

コロンブス船団は、旗艦のマリアガランテをはじめとする一七隻の艦船、乗組員約一五〇〇人（一説によると一二〇〇人）からなり、船にはスペイン人の居留地を作るために必要な小麦、ブドウ、馬、牛、豚なども積み込まれていた。第二回の船団派遣により、スペインは西回りでのアジアへの航海を一挙に軌道に乗せようとしたのである。

第二回航海で目的地として選ばれたのは、勿論「ジパング」と見なされたイスパニョーラ島だった。船団はカナリア諸島経由で二カ月で大西洋をわたり、一一月二七日、イスパニョーラ島に到着した。第一回の航海の際に、イスパニョーラ島にはクリスマスの夜にサンゴ礁で座礁したサンタ・マリア号の船材を使って「ナビダド」という要塞がつくられ、そこに三六人の乗組員が残されていた。しかし、再びナビダドを訪れて見ると、残された乗組員は全て殺害されてしまっており、要塞は跡形もなかった。コロンブスは「ナビダド」の東に城塞都市イサベルを建設し、黄金の発見に八方手を尽くしたが果たせなかった。

それでもコロンブスはあきらめなかった。イスパニョーラ島はもとより、キューバ島などの調査も継続するが、大量の黄金などは見つかるはずもなかった。コロンブスがインディアスにこだわったのには理由があった。サンタフェ協定で、コロンブスに支配が委ねられた領域がインディアス（アジア）に限定されていたからである。血迷ったコロンブスは、乗組員たちにキューバ島がインディアス大陸の一部であるとする誓約書に無理やり署名させる始末だった。コロンブスは自分の権益を守るのに必死だったのである。

一方、この頃、北大西洋の偏西風海域でも新たな挑戦が始まっていた。一四八四年、イギリスに移住していたヴェネツィアの航海士ジョヴァンニ・カボート（ジョン・カボット、一四五〇頃—九八）が、コロンブスの探検の成功に大きな刺激を受け、大西洋を北から横断する探検に乗り出したのである。カボートは、コロンブスの航海情報がマルコ・ポーロの記述と合致しないことに着目し、コロンブスは未だアジアに到達していないと考えたのだ。

カボートは、コロンブスが航海した北緯二八度線より北の緯度で航海すれば、より短い距離で大西洋を横断できると唱え、イギリス王ヘンリー七世（位一四八五—一五〇九）に、北の航路からのジパング探検の企画を持ち込んだ。しかしこの航海は、モンスーンを利用したコロンブスの

コロンブス、ディアス、カボート、マゼラン、ガマの各航跡

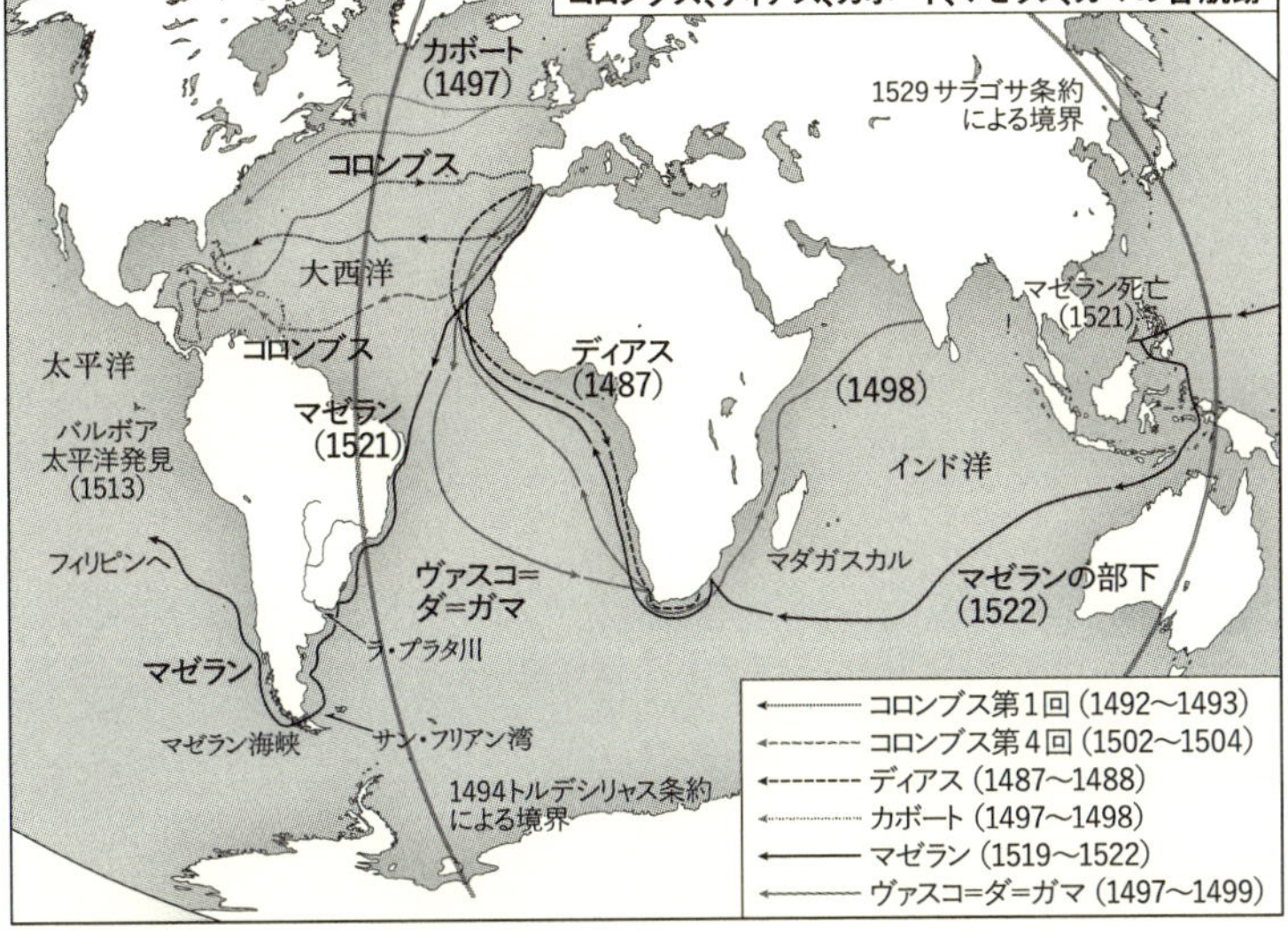

航海とは比較にならないくらい困難な、偏西風が吹き募る海域での航海だった。

ヘンリー七世はカボートの提案を受け入れ、「北、東、西のいずれの方向にであれ未知の土地に向かっての航海を許す」という特許状を彼に与えた。王は、捕鯨、漁業、北方海域との交易で栄えていたイギリス西部のブリストル港の関税の一部を含む資金をカボートに提供した。残りの資金はカボートの事業を後援するブリストルの商人団が大半を賄った。しかしそれでも資金は十分ではなく、小規模な航海にならざるをえなかった。

カボートは、一四九七年、一八人の乗組員とともに北方ルートを求めてマシュー号に乗り、ブリストル港を出港した。カボートは北緯四六度と五一度の偏西風海域をかってのヴァイキングのルートをたどり、偏西風に逆らう五四日の航海の後、ニューファンドランド

島、ラブラドル半島を発見する。ちなみに「ラブラドル」とは、探検を支援したアゾレス諸島の農園主ラブラドールの名をとって命名された地名である。航海を終えブリストルに帰還したカボートは、アジアの東端に到達したと主張した。だが、その証明を求められ、結局、証拠は提出できずじまいで悔しい思いをしている。

カボートは、翌年にもグリーンランド沿岸の調査をおこなう。しかし、厳しい航海に不満を募らせた乗組員が反乱を起こすことになる。カボートは乗組員の要求に応じ、南下せざるを得なかったが、だがその際に偶然にも、アメリカ北部のデラウエア川の河口、現在のワシントンDCの東に位置するチェサピーク湾を発見した。もっともカボートは、不幸にもこの航海の最中に没してしまう。しかし、カボートの探検は、後にフロリダ以北の土地の領有権をイギリスが主張する際の根拠として役立てられることになった。せっかくカボートが開発した航路であったが、その後タラの好漁場となったニューファンドランド島沖合に各国の漁民が押し寄せるようになっただけだった。

カボートの探検はコロンブスの事業と比較すると、私的な色彩が強かったといえよう。また、一四九七年には前述したようにヴァスコ・ダ・ガマの船団が大西洋を南下し、喜望峰を迂回してインドに至る航海に出ている。大西洋を喜望峰まで一挙に南下してインドに至る航海の始まりであった。このように一四九〇年代は、ベールに包まれていた大西洋に向かって、ヨーロッパ人の進出が一気に本格化した時代だった。大西洋の中央部・南・北に「海上の道路」が拓かれ、大西洋の本格的な海図化が始まったのである。

「第二の世界」の海のハイウエー

ヨーロッパ・アフリカと南・北アメリカが向かい合う大西洋は中央部分で狭くなっており、モンスーンを利用すれば「横断」が比較的容易だった。モンスーンに乗りさえすれば、一カ月余りで必ず対岸にたどりつけたのである。

インド洋・大西洋などの大洋を渡る風は緯度によって、悪天候が繰り返される強風の偏西風と、季節的に風向きが変わり風が穏やかなモンスーンに大別される。大西洋では、北半球のモロッコ—カナリア諸島—フロリダ半島の付け根—メキシコ湾の北部を結ぶ線の南と、南半球の喜望峰—南アメリカのラ・プラタ川を結ぶ線の数度北の間がモンスーン海域だった。スペイン、ポルトガルからカナリア諸島付近の海域に下れば、北東のモンスーンを使いカリブ海に向けての航海は容易だった。つまり、コロンブスが開拓した大西洋横断航路は誰にでも簡単に航海できる「第二の世界」のハイウエーだったのである。やがて航路は、スペインが独占することは到底不可能な「海上の公道」に成長することになる。

カリブ海からヨーロッパに戻る航海には夏のモンスーンが利用されていたが、一五一三年、フロリダ沖を通りヨーロッパに向けて流れるメキシコ湾流という巨大海流が発見されると、ヨーロッパに戻る航海は更に容易になった。フロリダ沖からメキシコ湾流に乗ってバミューダ諸島経由でアゾレス諸島に北上し、偏西風に乗り西に航海すれば確実にヨーロッパに帰着できたのである。

モンスーンを利用する大西洋の「海上の道路」の情報がヨーロッパに行き渡ると、数十トン程度の船でも簡単に大西洋を往復できるようになった。この後、オランダやイギリスの私掠船がカリブ海に出没してスペイン船を悩ませるようになるのも、海のハイウエーが容易に利用できたからであった。大西洋の「海上の道路」により、ヨーロッパ、アフリカ、南・北アメリカの異質な地域が結びつき、「第二の世界」という新たな世界をつくり出していく。

大西洋横断航路の出現は、ヨーロッパの海域とカリブ海がひとつながりの海になったことを意味したが、大きく見るとユーラシアの稠密な人口のベルト地帯がカリブ海まで延びたことを意味していた。南・北アメリカが、変化の緒についたのである。他方南半球のヴェルデ岬諸島とブラジルの間にも、モンスーンを利用した安定した「海上の道路」ができあがり、奴隷貿易の幹線航路として利用されることになる。

新旧の地図を融合させた「コーサの世界図」

コロンブスが中途半端に修正した「プトレマイオスの世界図」のアジア像は、マドリードの海事博物館に保存されている「ホアン・デ・ラ・コーサの地図」により確認できる。「第二の世界」は未だ視野に入っておらず、大西洋の彼方はアジアと考えられていた時代の世界図である。「コーサの世界図」は、コロンブスの航海とヴァスコ・ダ・ガマのインドへの航海、それにイギリス国王に支援されたカボートの航海を、同時に記録した記念碑的な地図であった。

コロンブスの第二回の航海に参加し、一四九四年にはニーニャ号によるキューバ、ジャマイカの巡航に加わった航海士ホアン・デ・ラ・コーサは、コロンブスなどの諸航海がなされて間もな

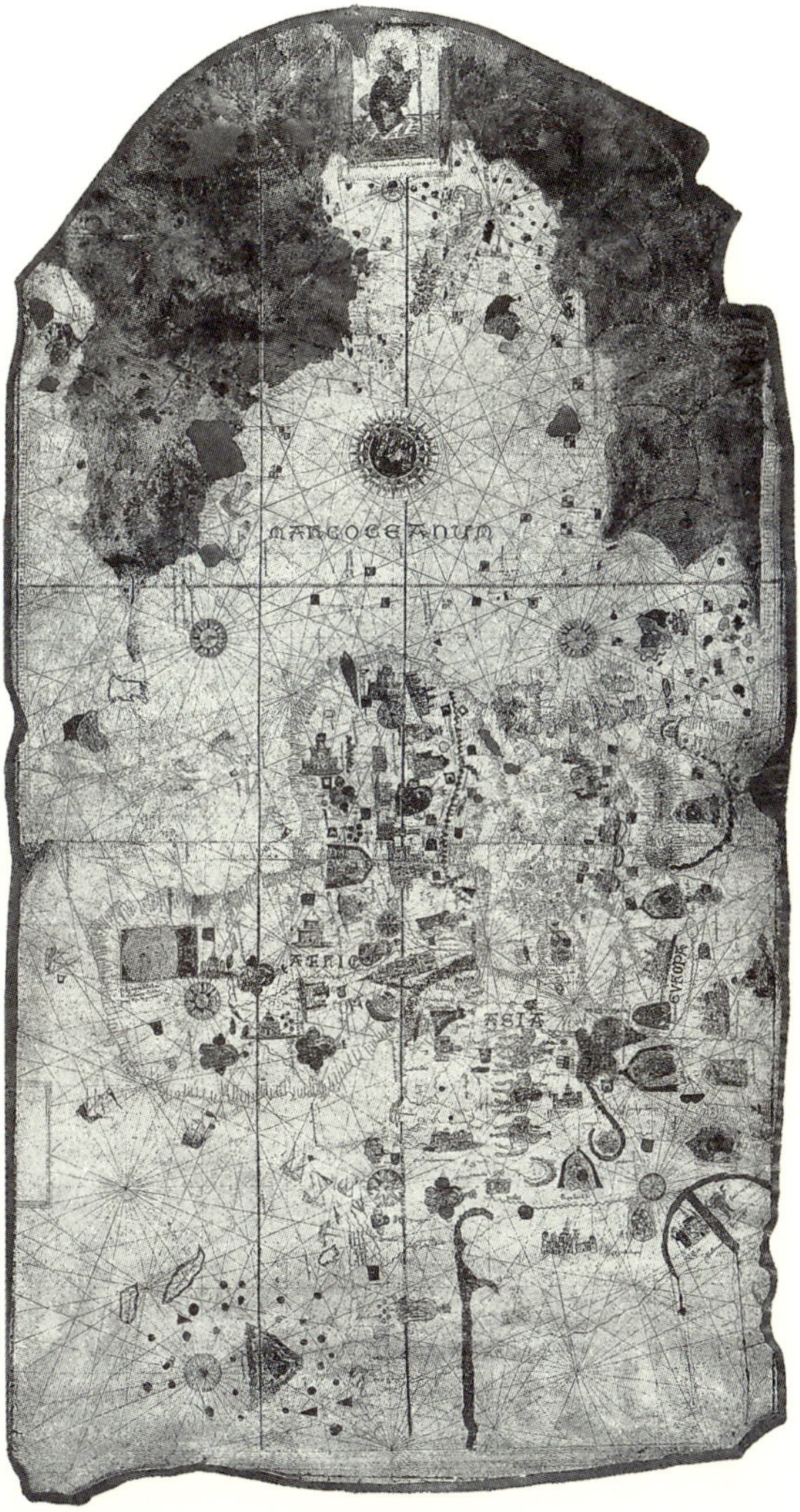

16世紀初頭、スペインの航海士ホアン・デ・ラ・コーサによる「世界図」(マドリード海事博物館蔵)。西が上部とされ、聖クリストファーが描かれている。

い一五〇〇年という驚くほど早い時期に、自身の航海の体験と収集した海図を踏まえて新たな世界図の作成に着手し、一五〇八年、犢皮を使った手書きの世界図を完成させた。

「世界図」は、大西洋に三つのコンパス・ローズを配したポルトラーノの形式をとっており、図上を方位線が複雑に交差している。コロンブスだけではなく、カボートの探検成果をも取り入れた「世界図」は、カリブ海を中心にして北アメリカから南アメリカに至る大西洋岸の海岸線がアジアとして強調して描かれているが、特に中国の海域とみなされたカリブ海域は、探検の成果を強調するために大きな縮尺で描かれている。コロンブスが到達した海域と既存の「世界図」の折り合いがついていない、何とも悩ましい地図である。

「コーサの世界図」は、同時にスペインとポルトガルの分界線（後に詳述する）を描いた最初の地図でもある。分界線と思しき経線はブラジルの東端をかすめるように描かれており、新大陸が全体としてスペイン領になっている。

「世界図」では、北アメリカがアイスランドを挟み、ヨーロッパに極めて接近して描かれている。またコロンブスが作成した海図に基づき、キューバ、イスパニョーラ、ジャマイカ、プエルトリコの大アンティル諸島がしっかりと描かれ、小アンティル諸島南部のトリニダードからベネズエラのマラカイボにかけての南アメリカも、前年に行われた自身の航海に基づき正確に描かれている。また地図上には、コロンブスの第一回から第三回までの航路も記された。

コーサは、コロンブスがキューバをアジア大陸の一部と見なしたのに対し、敢えて大西洋上に孤立した島として描いた。コロンブスは自分の利権を守るために、是が非でもキューバを中国の一部であると主張したが、コーサは自身の航海を踏まえて島と判断したのである。そのことでコーサは、後にコロンブスの恨みを買うことになる。

またコーサは、最上部に描かれた探検がいまだなされていないカリブ海奥地に聖クリストファーの絵を置いて「世界図」を曖昧にしている。その地域にコロンブスが主張する海峡があるか否かについては、ペンディングにしたままだったのである。

「コーサの世界図」には、一四九七年にイギリス王の下でカボートが行った北アメリカのラブラドルの航海の成果をも取り込まれており、その地を「イギリス岬」としてイギリスの旗が描かれている。北アメリカの海岸部分には「イギリス人により発見された海」との記載もある。「コーサの世界図」は、一四九〇年代に一挙に大西洋が拓かれた時代の混乱した世界像を現代に伝えている。

五、ポルトガルとスペインが東西に分割した大西洋

「第二の世界」でのカトリック両国の駆け引き

一五世紀末にスペインがカナリア諸島に進出すると、既にアフリカ西岸に進出していたポルトガルとの間で大西洋の支配権をめぐる抗争が巻き起こった。ポルトガルとスペインのどちらの国が大西洋のどの海域を支配するかという争いが長期化することになる。

一四八一年、教皇を仲介者として、カトリック両国の縄張りを画定する境界線を取り決める平和条約が締結された。一四八一年に出された教皇の教書では、ポルトガルはカナリア諸島のスペインの主権を認め、スペインはボジャドール岬より南の海域、インドに至るまでの将来発見されるであろう海域、それとの「接続水域」と付属島嶼でのポルトガルの主権を認めるとしていた。こうした分界線は、本来レコンキスタ（国土回復運動）の過程でイスラーム教徒の支配地を分配するために行った線引きに由来していた。当時、カトリック王の誰にどの土地の支配権を委ねるかは、教皇の専決事項とされていたのである。スペインとポルトガルの利害を調整できるのは、教皇しかいないとされたのだ。

一四八一年の境界線で問題になったのは、ポルトガルに優先権が認められた「接続水域」の範囲だった。当時の「接続水域」は一〇〇海里程度と考えられていたが、具体的な規定はなく、境界は両国の力関係で決まった。ちなみに海里とは、地球の円周上の弧一分の長さとされ、時代・地域により計算が異なった。現在の国際海里は一八五二メートルである。

こうして教皇の教書でいったんは沈静化したかに見えた両国の争いだったが、しかし、ある事件をきっかけに再び火がつくことになった。

ある事件とは、第一回の航海の帰路、嵐に遭ったコロンブスの船が偶然にもリスボンに避難することを余儀なくされ、コロンブスが王宮に招かれて航海の事情を聴取されたことである。これにより、コロンブスの航海の成功はいち早くポルトガル王ジョアン二世の知るところとなり、コロンブスが到達した新海域を巡り、両国の争いが再発するのである。ポルトガル王はコロンブスの報告を聞き、事業を支援しなかったことを悔やんだが、彼が達したのがアジア大陸の東端に過ぎないのを知り安堵もした。やがて、ポルトガルは自国の既得権益を守る行動に積極的に乗り出すことになる。

ポルトガルは、一四八一年の教皇の教書では、ボジャドール岬以南のポルトガルの「接続水域」が西に向かって限りなく伸びており、スペインが領有を宣言したカリブ海の西インド諸島はポルトガルの管轄海域に含まれると主張していた。つまりポルトガルは、大西洋の勢力圏を緯度によって南北に区分することを主張したのである。そうすればフロリダ半島の付け根とほぼ同緯度のボジャドール岬以南の大西洋は、カリブ海域を含め全てポルトガルの管轄下に入ることになる。しかし、キューバ、イスパニョーラ島を含むカリブ海の大半がポルトガルの管轄下に置かれてしまうような分割案を、スペインが容認しなかったのは当然だった。

コロンブスの探検後にぶり返したポルトガルとスペインの紛争を仲介したのは、教皇アレクサンデル六世（位一四九二—一五〇三）だった。アレクサンデル六世は、アラゴンに服属するバレンシアのボルジア家の出身であり、スペイン寄りの立場にあった。

一四九三年、教皇はスペインに、西インド諸島の支配を認める裁定をした。アゾレス諸島ならびにヴェルデ岬諸島の西一〇〇レグア（一レグアは、約五九〇〇メートル）に引かれる経線で、スペインとポルトガルの管轄海域を東西に分けるというのが勅書の内容だった。ポルトガルが主張した南北に大西洋の勢力圏を分ける案に対して、教皇はスペインに有利な東西に大西洋の勢力圏を分割する案を提示したのである。

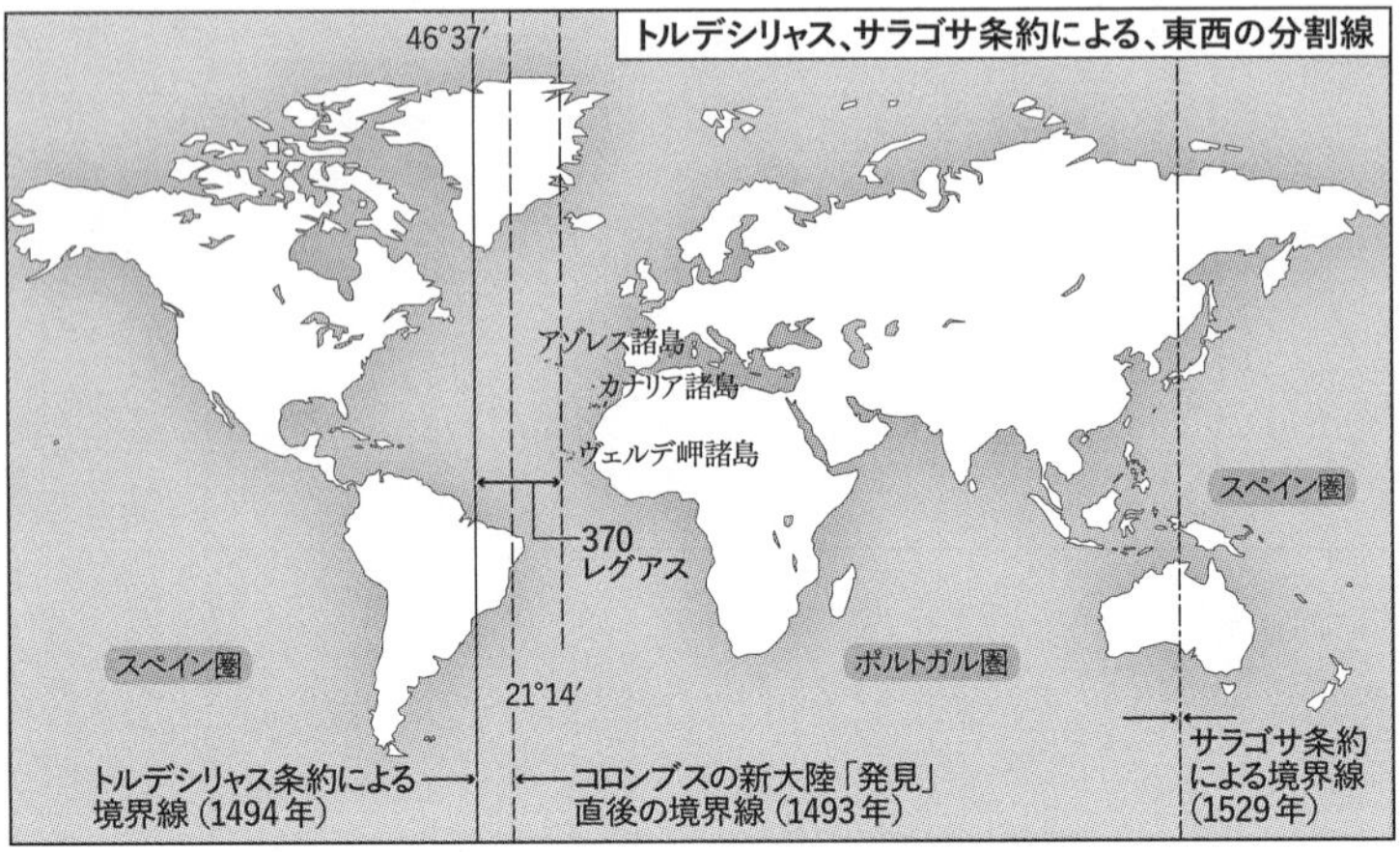

しかし今から考えると教皇の境界線はきわめて大ざっぱなものだった。経線を正確に測定できるようになるのは、一八世紀のクロノメーターの出現以後なので当然と言えば当然なのだが、当時は経度の測定そのものが曖昧になっていたのである。しかし、誰も正確に測定できない経線を使って両国の支配海域を東西に分割するのにはひとつの思惑があった。ポルトガルが支配する大西洋海域の先に、スペインが支配する新しい領域を設定しようとしたのである。

もう少し詳しく吟味してみる。ヴェルデ岬諸島の西端はアゾレス諸島の西端の六度東に位置しており、距離にして一〇〇レグアの隔たりがある。アゾレス諸島とヴェルデ岬諸島の経度を同一視する教皇の子午線は、極めていいかげんな海洋認識に基づいた調停案だったと言える。エンリケ航海王子以来探検を継続して来たポルトガル王は、ヴェルデ岬より一〇〇レグアという距離に強い不満を持ち、両国の紛争は継続したが、結局、一四九四年、アレクサンデル六世により提案された分割案がトルデシリャス条約として両国間で締結され、最終決着をみることになった。この条約で、ヴェルデ岬諸島の西方三七〇レグア（約二一八三キロ）で東西に支配領域が分割されることになったのである。かってコロンブスがカナリア諸島とジパングの距離を七四〇レグアと計算しており、三七〇レグアは丁度その半分の距離に当たっていた。

経度に直すと西経四六度三七分が新たな境界線になって大西洋が二分され、ブラジルがポルトガルの、カリブ海がスペインの支配領域となった。その後両国は、それぞれの海域の海図を厳しく管理し、権益の独占を図ることになる。スペイン人にせよ、ポルトガル人にせよ、大西洋の東西に分割された海域の陸地を自由に往来することは出来なくなってしまったのである。

過渡期の海図情報を集積したカンティーノ図

トルデシリャス条約による境界線を最初に明確に描き出した最古の世界図は、「カンティーノ図」である。

この「世界図」は、一五〇二年にコロンブスの新たな地理的発見に興味を持った地図収集家、イタリア北東部のフェラーラ公エルコレ・デステの代理人アルベルト・カンティーノが、ポルトガルの地図製作者を密かに買収して、ポルトガルの最新の海図原本を参考にして作らせた地図であるとされている。

しかしポルトガルからみるならば、盗まれた情報による「カンティーノ図」はあってはならない地図だった。地図の製作者ももちろんのこと不明である。この地図は、機密情報を買い取った

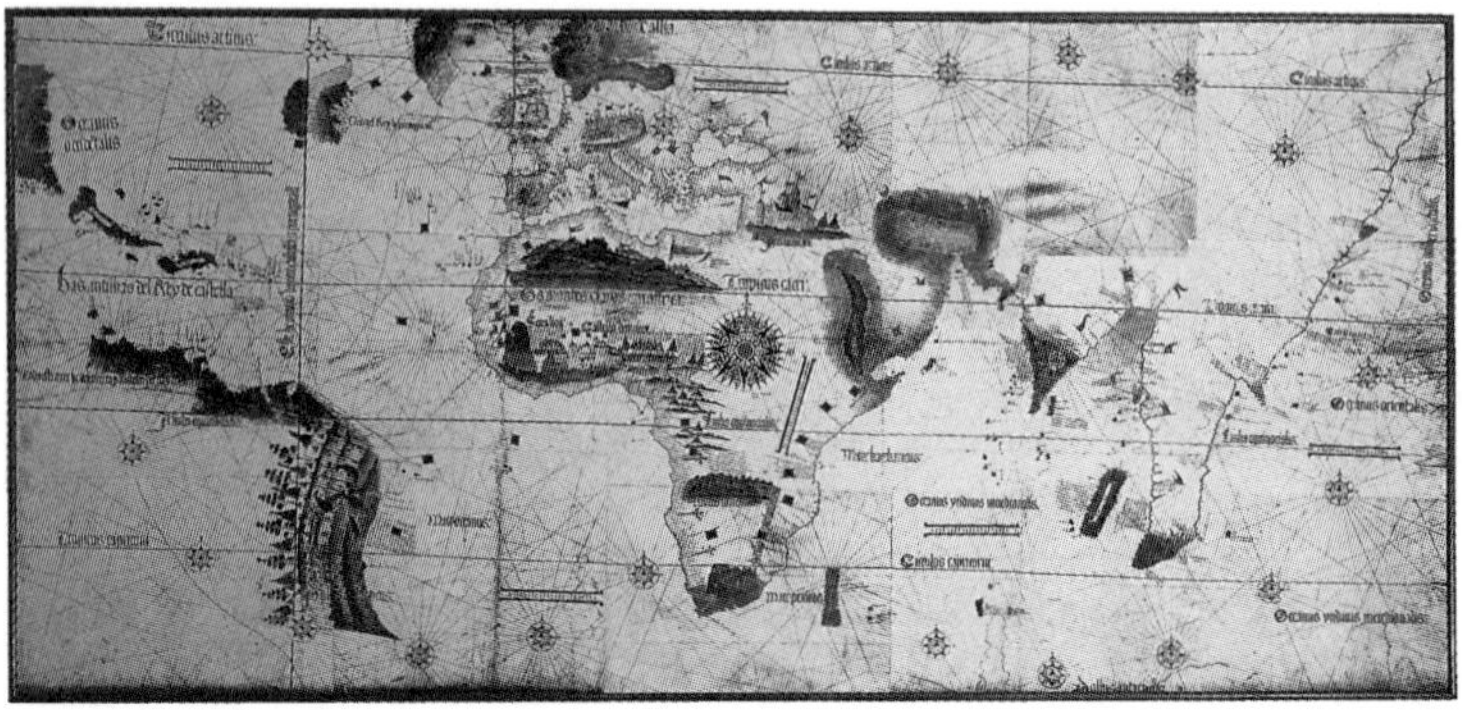

19世紀、イタリアの北東部モデナで発見された、1502年作成の「カンティーノ図」（モデナ・エステンツェ図書館蔵）

人物カンティーノの名をとって、「カンティーノ図」と呼びならわされている。

だが、この「カンティーノ図」、長い間その存在は知られずにいた。一九世紀にイタリア北東部の都市モデナの肉屋で地図収集家により偶然に発見され、初めてその存在が確認されたのである。現在は、モデナのエステンツェ図書館に保存されている。

「カンティーノ図」の特徴は、それまでの世界図に比べて海洋の割合が著しく増加し、従来の陸地中心の世界図とは全く異なっている点にある。「地図」上には多数のコンパス・ローズが置かれ、それぞれからは三二本の針路が延び、地図上で交差している。この「地図」では、アフリカ大陸の東への傾きがなくなり、先端が細くなってはいるもののインド半島がしっかり描かれ、モルジブ諸島が配されているなど、ヴァスコ・ダ・ガマがインドへの航海を成功させた直後のポルトガル情報が積極的に取り入れられている。

一〇年前に描かれた「マルテルスの世界図」（一〇四

頁）と比較してみると、アフリカの海岸線が格段と正確になっており、「カンティーノ図」がポルトガルで機密にされていた基準海図に準拠していたことが理解できる。アジアでは、マレー半島の右の部分に「マラッカの町にはカリカットに集まるすべての商品がそろっている」と注記されている。

また、一五〇〇年、ポルトガルのカブラルが発見したブラジルには、ポルトガルの国旗と森林と熱帯産のオウムの絵が描かれている。大西洋西部は極めて曖昧であり、カリブ海の島々は大西洋上の架空の島アンティリャスに連なる島々として描かれ、全体が「カスティリャ王のアンティリャス」と名付けられている。その北西はアジアの一部として記されているものの、島々の西は空白にされていた。また島々の南には現在のベネズエラからブラジル北部に至る海岸線が描かれている。そうしたことからポルトガル人が大西洋の島々の先にある伝説の島アンティリャス島とのつながりで、カリブ海域をとらえていたことが明らかになる。

この地図による限り、ポルトガル人は、コロンブスの航海が歴史を変えるような画期的な航海だとは考えていなかったようである。コロンブス自身の認識がそうだったので、無理からぬことと言えよう。

六、世界図に「第二の世界」を登場させたヴァルトゼーミュラー

海峡に望みを託したコロンブス

コロンブスにとってみれば、辿りついた地がインディアス（アジア）であることが探検事業の全ての前提条件になっていた。彼に与えられた全ての権限は、発見した土地がアジアであることを前提にしていたからだ。それが新しい大陸であれば、スペイン王室との協約が無効になってしまう。コロンブスは、何としてでもカリブ海をインディアスの海とみなす外なかったのである。

一四九三年の第二回航海では、コロンブスは航路を南に取って小アンティル諸島のドミニカ島に航行し、その後でイスパニョーラ島に至った。コロンブスはイスパニョーラ島の支配を弟のディエゴに託すと、一四九四年には三隻の船を指揮してキューバ島、ジャマイカ島の沿岸をくまなく探検し、キューバが中国本土のマンジの一部であり、そこから先に「プトレマイオスの世界図」の黄金の岬があると推測した。コロンブスは「プトレマイオスの世界図」のインディアス部分を信じ、カリブ海の奥に西のインディアに通じる海峡があるに違いないと推測していたのだ。

一四九八年、六隻の船団からなるコロンブスの第三回の航海が行われた。船団はカナリア諸島から南に下ってヴェルデ岬諸島に至り、北緯九度近辺から西の方向に針路を取った。コロンブスは中国南部のマンジの西南に位置すると考えた黄金の岬、あるいはその手前に延びるインディアス大半島に、直接到達しようとしたのである。

船団は、同年七月、西インド諸島が南アメリカと接する先端部のトリニダード島に着き、次い

でベネズエラのオリノコ川河口のパリア湾に至った。コロンブスは最初、この地は島だと主張したが、やがて今まで知られずにいた大陸の一部に違いないと考えた。しかし、それがインディアス大半島の一部なのか、未知の大陸なのかは不明のままにされた。ちなみに、トリニダードとは、スペイン語でキリスト教の「三位一体」の意味であり、島にある三つの山にちなんで命名された。

コロンブスは、第三回の航海で直接アメリカ大陸に到達していたのだが、不幸にもその事実は理解されなかった。あるいは、信じたくなかったのかも知れない。しかし、コロンブスはオリノコ川から流れ出すおびただしい量の水が海水ではなく真水であったことから、その地域をなんらかの大陸の一部と見なさざるを得なかった。そこでコロンブスは、「プトレマイオスの世界図」に修正を加え、中国南部のマンジがただちに西の黄金の岬につながるのではなく、中間に南方に伸びる「インディアス大半島」が存在すると考えるに至った。ポルトガルが既に進出を果たしていたインド洋は、インディアス大半島のさらに西に位置すると考えたのである。「幻の海図」により航海するコロンブスは、結局、この時も成果を上げることができず、その後、マルガリータ島まで沿岸部を西に航海し、カリブ海のイスパニョーラ島に戻った。

ところがイスパニョーラ島に戻ったコロンブスには、思わぬ試練が待ち受けていた。イスパニョーラ島がジパング島でなかったことに不満を持つ一部のスペイン人が反乱を起こし、それへの対処が適切でなかったとして、コロンブスは義務違反で逮捕されたのである。そのまま鎖に繋がれて、コロンブスはスペインに送還された。その上、コロンブスはイスパニョーラ島の支配権と航路独占権までも取り上げられ、それらは全てスペイン国王が管轄することになった。

一五〇一年末になると、コロンブスの後継者たちにより、現在のコロンビアとパナマの間のダリエン湾までを視野に入れた航海がなされ、カリブ海が巨大な陸地に囲まれている地中海と同様の内海であることがあきらかにされた。もっともコロンブスは依然として、ダリエン湾のどこかにある海峡を見つければアジアの海に出ることができ、「プトレマイオスの世界図」の「黄金半島」に行きつけると考えていた。

一五〇二年になると、ようやくコロンブスは国王の許可を受け、四隻のオンボロの小船からなる船団を組んで、四回目の航海に出ることができた。船団はカリブ海を横断すると、現在のホンジュラスからダリエン湾に至る海域でアジアの海域に通じる海峡を捜し、カリブ海西部をさ迷った。モルッカ諸島が内にあるとされた巨大な湾「シヌス・マグヌス」に抜ける海峡が発見できるか否かに、コロンブスの命運がかかっていたのである。

航海に際して国王からイスパニョーラ島寄港を禁じられていたコロンブスは、六カ月にわたりダリエン湾を航海したものの、結局、海峡は発見できなかった。老朽船からなるコロンブス船団は、沈没寸前の危うい状態でジャマイカ島に至り、一五〇四年にやっとのことでスペインに戻っている。

同じ年、コロンブスを買って何かと便宜をはかってくれたイサベル女王が世を去った。そして一五〇六年、コロンブスも女王を追うようにスペインのバリャドリッドで病死する。アジアに「海上の道路」をつなげようとしたコロンブスの事業は、結局、実らずに終わったのである。そしてコロンブスの死後になると、アジアに通じる海峡の探索は北の海域に移っていくことになる。

幻は、形を変えて追い続けられたのである。一五一一年には、フロリダ半島までのカリブ海の海岸線が次第に明らかにされていく。

一五一三年、コロンブスが第四回の航海で豊かな黄金が産出されると報告したパナマ地峡をスペイン人のバルボア（一四七五—一五一九）が探検した。そこでバルボアは、地峡の小高い山から今まで誰も見たことのない大洋を望見し、その広大な海を「南の海」と名付けた。現在の太平洋である。その後、カリブ海で「第二の世界」が終わり、アジアとの間に広大な大洋（「第三の世界」）が横たわることが、次第に明らかになっていく。そうしたなかで、「プトレマイオスの世界図」にも、大きな疑問符が差し挟まれることになる。

メディチ家の代理人アメリゴ・ヴェスプッチ

アメリカ大陸が「第四の大陸」ではないかという疑念を強めたのが、ポルトガル、スペインのいずれにも属さないフィレンツェの商人アメリゴ・ヴェスプッチ（一四五四—一五一二）の両国の勢力圏をまたぐ航海と書簡だった。

一四五四年、フィレンツェで富裕な公証人の家に生まれたアメリゴは、コロンブスの三歳年下であり、いわゆるコロンブス世代に属していた。アメリゴはルネサンスの中心地のフィレンツェで人文主義的な教養を身につけた後、銀行家メディチ家に雇われ、スペインのセビーリャに赴いた。アメリゴは、単なる商人というだけではなかったのである。

政治的動乱によりフィレンツェの実権を握っていたメディチ家は、一四九四年、追放され、一時的にフィレンツェはドミニコ会修道士ジロラモ・サヴォナローラ（一四五二―一四九八）が支配権を握る時代に入った。そうしたなかで、アメリゴは一四九二年以降、スペイン経済の中心地セビーリャに腰を据え、メディチ家からスペインでの商業上の代理権を委ねられていたベラルディ商会の支配人になった。アメリゴは、一四九三年のコロンブスの第二回の航海の際には、船の艤装、物品調達を担当している。アメリゴは一商人として、側面からコロンブスの航海を支援したのである。

こうしてスペインの探検事業と深く関わったアメリゴは、人文主義者として航海に深い関心を持っていたこともあり、一四九九年にはスペインの航海士オヘダ（一四六八―一五一五）が率いる西インド諸島の南端部の探検に参加した。翌年、機密保持のためにスペインが西インディアスの遠征にスペイン人以外の参加を禁止すると、アメリゴは活動の場をポルトガルに移した。

ポルトガル王マヌエル一世は、アメリゴの経験、人脈、豊かな財力を買って厚遇した。王は、一五〇〇年のカブラル船団によりブラジル（ヴェラ・クルス島）が発見された直後に、リスボン財務局の書記ゴンサロ・コエーリョによって組織されたブラジル沿岸調査の航海に、アメリゴを参加させている。アメリゴは、このようにスペイン・ポルトガル両国の航海に参加することにより、ポルトガル人、スペイン人の船乗りを凌ぐ、広い視野を獲得できたのである。

アメリゴ書簡がイメージさせた新大陸

アメリゴは、商人としてよりも航海士として名をあげたいという野心を持っていた。その野望を満たすためもあり、スペイン、ポルトガルの探検事業への参加の経験を踏まえ、一五〇〇年から一五〇四年にかけてフィレンツェの要人宛に六通の書簡を書いた。それらの書簡は、自からの見聞の記録だったが、とりもなおさずそれは、貴重な航海記録でもあった。

当時、大西洋の航海情報は国家機密として、スペイン、ポルトガルの厳重な管理下に置かれていた。そのためもあり、アメリゴの書簡も地理的、商業的情報にとどまらざるを得なかった。それどころか、地名を省くなど、故意に曖昧に記述している部分もある。しかし、その書簡は新奇性も手伝って評判を呼び、ラテン語訳されてヨーロッパ各地に広がることになる。

アメリゴ書簡は、一五〇五年あるいは翌年に『四回の航海において新たに発見された陸地に関するアメリゴ・ヴェスプッチの書簡』として、フィレンツェで発刊される。フロリダ半島からカリブ海、ブラジル、ラ・プラタ川以南の長大な海岸線を航海したアメリゴの書簡は、ポルトガルとスペインが国家機密としてこれまで厳重に管理している情報を公にした、価値ある書簡と見なされ多くの読者を得た。コロンブスが第一回の航海の後、後援者のアラゴンの財務長官サンタンヘル宛に書いた探検成功を告げる書簡にまさるとも劣らない関心を呼んだのである。

しかしこの書簡の内容は、マルコ・ポーロが報告したアジア情報とは明らかに異なっており、それらの土地はアジアではないのではないかとする疑念が生じた。そうしたことから、コロンブスが到達したのはアジアではなく、プトレマイオス以来の地図には記載されていない新しい「第四の大陸」ではないかという考えが広まることになった。

世界図に組み込まれた「第二の世界」

一六世紀初頭のヨーロッパは、それまでの古い世界像が次々に崩れ、新しい世界像に組み換えられていく時代だった。

それが証拠に、一四七五年から九〇年まで七版を数えたプトレマイオスの『地理学』の発刊も、九〇年以降にはばったりと途絶えてしまっていた。新しい地理的発見が相次ぎ、改訂版を出す暇もなかったからである。しかし一五〇七年になると、人文主義者たちがフランス北部のロレーヌ地方のサン・ディエ修道院でプトレマイオスの『地理学』の増補改訂を行い、『世界地理入門』として新たに刊行することになった。大航海時代に獲得された新情報を取り込んだ、新たな世界像の作成が目指されたのである。同書は、「序文」と九つの章、それに「後書き」からなり、付録としてアメリゴの六つの書簡をラテン語訳して全文収録していた。

「序文」で、ドイツの地理学者マルティーン・ヴァルトゼーミュラー（一四七〇？——一五一八）は、アジア、ヨーロッパ、アフリカの諸大陸に次ぐ「第四の大陸」の発見で世界像が革新されたことを強調している。判断の材料として利用されたのはアメリゴの書簡だった。ヴァルトゼーミュラーは、アメリゴ・ヴェスプッチの名に基づいて、南アメリカを、「アメリゴ」の女性形から「アメリカ」と命名した。ヴァルトゼーミュラーは、『世界地理入門』の付図として、大きな木版の世界図を作成した。それが「ヴァルトゼーミュラーの世界図」である。

机上で作られた「ヴァルトゼーミュラーの世界図」は、「プトレマイオスの世界図」、ポルトガル海図などを踏まえていたが、カリブ海と西インド諸島が誇張され、ニューファンドランド島か

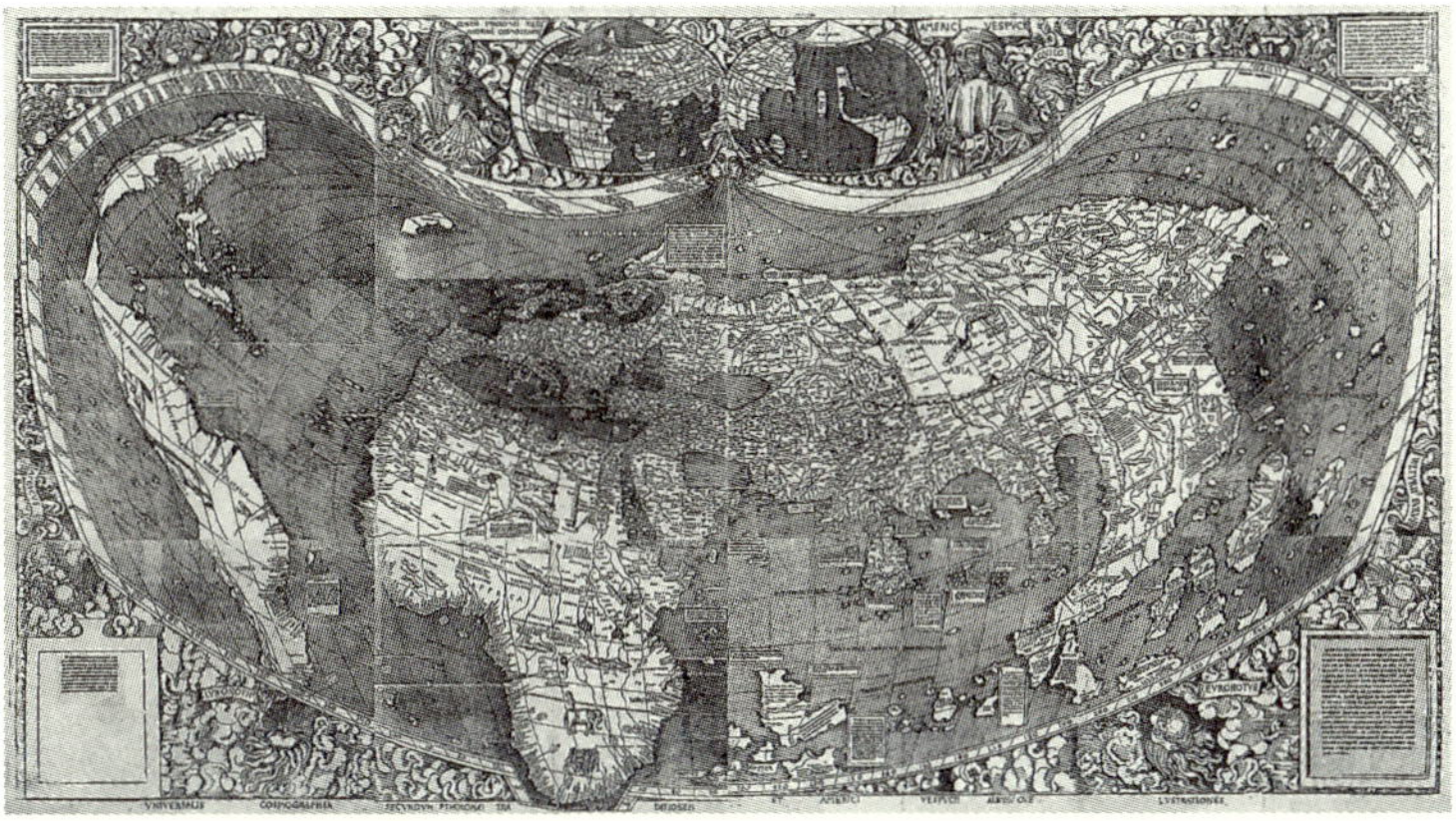

16世紀、ドイツの地理学者マルティーン・ヴァルトゼーミュラーによる『世界地理入門』の付図、木版の世界図

らアルゼンチンまでの範囲で南北に細長い新大陸が描かれていることに特徴があった。大西洋の海岸線に沿って簡単に細長い陸地として描かれた新大陸は、現実味が乏しい形状をしているが、新大陸が地図上に初めて姿を現したのである。南アメリカの部分には「アメリカ」の名が付されている。しかしアジア部分では依然として「プトレマイオスの世界図」が下敷きであり、それをマルコ・ポーロの情報で補うに止まっていた。

新たに「第四の大陸」を加えた「ヴァルトゼーミュラーの世界図」が、大きな評判を得ることになったのは言うまでもない。しかし、情報を提供した当のアメリゴ・ヴェスプッチ自身は、実は新大陸の存在までは考えてはいなかったという。そうなると、ヴァルトゼーミュラーが独自の判断により、直観で「第四の大陸」を描いたといった方が正しいのかもしれない。とにもかくにも『世界地理入門』は、その年のうちに七版まで発刊されるベストセラーとなり、「アメリカ」の名とともに「第四の大陸」、「第二の世界」のイメージがヨーロッパ中に広がることになった。

一五一三年、ヴァルトゼーミュラーは、新たにスペインやポルトガルによりなされた新しい探検に基づく地図五枚を含む、二〇枚以上の最新地図を加えたプトレマイオスの版本を刊行した。このようにヴァルトゼーミュラーによる「プトレマイオスの世界図」を新たな海図、あるいは海図に基づく地図で補う地図製作の手法は、以後も引き継がれ、一六世紀後半に「オルテリウスの地図帳（『世界の舞台』）」が出現するまで主流となり続けることになった。

海図の後進国だったスペイン

ところでコロンブスの航海によって突然に海洋大国になったスペインでは、船乗りの能力がいまだ十分ではなく、海図の製作技術は低く、管理システムも整っていなかった。海洋国家ポルトガルと比較すると、あきらかに水をあけられていたのである。航海に必要な海図も、その都度ポルトガル人を傭って作らせるという状況だったのである。

グアダルキビール川の川港で、大西洋から遡行できるセビーリャは、イタリア人居留区があったことから分かるように古くからスペインの貿易港だった。コロンブスの航海で新大陸に領土が広がると、セビーリャに海外領土を管轄する通商院が作られ、新大陸を管轄する一大拠点になった。セビーリャ通商院の下で、スペインの官僚と特権商人団が新大陸の航路と貿易を取り仕切ったのである。

通商院は、ポルトガルの航海士総監（ピロト・マヨール）の制度にならい、航海計画の調整、航海士の養成、海図管理の体制を整えようとした。そうしたなかで、一五〇八年、初代の航海士総監に選ばれたのが、先にも書いた通りポルトガルに滞在して多くの航海に参加し、航海技術、海図作製技術にも秀で、ポルトガルの制度を熟知していると見なされたアメリゴ・ヴェスプッチだった。ちなみにアメリゴは、フェルナンド王がポルトガルから呼び戻した一五〇五年にカスティリャの国籍を取得していた。

アメリゴは、航海士の訓練所を作るとともに航海士の免許制度を始め、船乗りが四分儀などを操って船の緯度を測定できるように、航海技術の習練をシステム化した。しかし、船乗りが正確な観測技能を身につけても、海図が整備されていなければ航海はできない。

そこでアメリゴは、一五〇八年、「インディアス」に向けての航海のための統一的な海図原本（欽定図）を制定し、それに準拠しない海図は航海に使わないように監督する制度を整えた。海図原本は、言ってみればスペイン王室の財産であり、鍵をかけて厳重に保管されるべきものであった。そして、新たな探検や航海により航海情報や海図が得られると、すぐさま原本の改訂がなされた。アメリゴは熟練の船乗り、海図職人を通商院に集め、海図の整理、体系化を行なわせ、新たな海図情報を追加的に書き加えるための体制を整えた。

しかし、こうしたおおげさな海図原本は、実際の航海には余り役立てられなかったという指摘もある。海図を必要とする船乗りは、イタリア商人からかなり簡単に海図を買い取ることができ、それを使って航海するのが専らだったと言われる。もっとも、通商院の厳重で体系的な海図管理により、一六世紀、一七世紀のスペインの海図は、結果的に後世に残されることになった。アメリゴはそうした任務を全うして、一五一二年に世を去っている。

第二代の航海士総監には、アメリゴの第一次航海の船団指揮者であるポルトガル人、ファン・ディアス・デ・ソリスが就いた。次の一五一八年から四九年まで、第三代の航海士総監を勤めたのは、ヴェネツィア人でイギリス王の命を受けてアメリカ大陸北部に至った航海士ジョヴァンニ・カボート（ジョン・カボット）の息子、セバスティアーノ・カボートだった。スペインに海図を統括できるような人材が育っていなかったために、イタリア人航海士が御雇外国人として、続けてセビーリャの通商院の海図を管理したのである。スペインが海の世界では新参者だったことが、海図の世界からも見て取ることができよう。ちなみにスペイン人の最初の航海士総監は、セバスティアーノ・カボートの後任のアロンソ・チャベスまで待たなければならなかった。航海士総監の制度ができてから、四〇年も後のことである。

七、カリブ海から始まった南アメリカの変貌

「第二の世界」の中枢・カリブ海

コロンブス以降、カナリア諸島は「第一の世界」の西の終点であると同時に「第二の世界」へ

の起点となり、カリブ海が「第二の世界」の「海上の道路」の終点であると同時に新大陸開発の起点になった。明確な地理的認識が得られないまま、スペイン人の荒々しい野望に支えられてカリブ海と大陸部は変貌を遂げていく。

モンスーン海域で世界が結ばれる時代にあっては、スペインと直結する世界第二の「内海」カリブ海が新大陸征服の玄関口にならざるを得なかった。カリブ海を拠点とする征服によりメキシコ、ペルーの広大な領域がスペイン領となり、後述するエル・ドラド（黄金郷）伝説とシボラとキビラ伝説にもとづく探検で、大陸部にスペインの支配領域が広がった。ポルトガルは南半球のブラジルを植民地とする。「第二の世界」を統合したヨーロッパ勢力は、既存の社会を従属させ、組み換えることになった。

スペインの新大陸征服の担い手は、大きく三つの世代に分けられる。ただ、どの世代にも共通のモチベーションとして顔をのぞかせるのが黄金への欲望であった。第一世代はジパングの黄金とチン海・中国における貿易の独占を目指したコロンブス、それについてはすでに述べた。第二世代は新大陸の海抜高度二〇〇〇メートルから三五〇〇メートルの高山地帯に築かれていたアステカ帝国、インカ帝国を征服したコンキスタドール（征服者）たち。そして、第三世代が、カリブ海に唯一流れ込む大河、マグダレナ川中流、現在のコロンビアに住む族長が毎日金粉で身を飾り、祭礼の際には金の器などを湖に投ずるという噂に端を発する、黄金郷（エル・ドラド）の探索に向かった探検者たちだった。こうした三つの世代の征服で、スペイン人はカリブ海から周辺の山岳地帯へ、更にその周辺の熱帯林へと植民地を広げていったのである。生々しい欲望が新しい地図に織り込まれていく。相次ぐ探検と征服が「第二の世界」を確たる姿に変えていった。

また、スペイン人がカリブ海から大陸部に進出するのを勢いづけたのが、スペイン人が持ち込んだ天然痘のカリブ海域での大流行だった。天然痘の流行によって、免疫力のない現地住民がほぼ全滅したのである。そのために新しい働き手の確保が必要になったスペイン人は、大陸部への進出を図らざるを得なかった。その大陸部でも天然痘の蔓延で先住民の社会は未曾有の大打撃を受けることになる。特異な状況の下でメキシコ以南の土地がつくり変えられたのである。

コルテスとピサロの征服

幻のジパングを求めカリブ海域を征服したコロンブスの後をついだのが、二つの山岳国家を征服したコンキスタドールだった。彼らの活動で一五二〇年代から三〇年代にかけて、新大陸の実態が急速に明らかにされていく。トウモロコシ、ジャガイモ、サツマイモを主要な食糧とするアメリカ大陸では山岳地帯での食糧生産が可能であり、熱帯の暑さを避けるために大国家は高度二〇〇〇メートルから三五〇〇メートルの山岳地帯で成長を遂げた。ウシやウマがいないアメリカ大陸では二〇キロ程度の荷物しか積めないリャマが主な荷役用の家畜であり、基本的に歩行しか移動手段がなかったことから、国家規模は必然的に小さくなった。

スペインのカリブ海支配の拠点はイスパニョーラ島のサント・ドミンゴや、一五一一年にディエゴ・ベラスケス（一四六五―一五二四）が征服したキューバ島に建設されたハバナだった。一五一七年、新しい植民の土地を求めるため、キューバにいたエルナンデス・デ・コルドバ（一四七五頃―一五二六）が、三隻の船、一一〇人を率いて西航してユカタン海峡を越え、ユカタン半島の熱帯雨林にマヤ遺跡を発見する。

そして一五〇四年、マドリード北東の都市サラマンカのスペイン最古の名門大学で法律を学んだ貧乏貴族のエルナン・コルテス（一四八五―一五四七）は、遠縁のイスパニョーラ島の総督を頼って一九歳でカリブ海に渡り、次いでキューバ島の征服に参加し、キューバ総督の秘書官になった。植民地官僚として身を立てようとしたのである。やがてコルテスは、総督の命に反して、ユカタン半島の探検を開始する。

五〇〇人余の兵と約一〇〇人の乗組員、一六頭の馬からなる一一隻の船団を率いたコルテスは、ユカタン半島から北上してベラクルスを建設し、そこで奥地にあるというアステカ帝国に関する詳しい情報を得た。一方、コルテス一行の接近を知り、危機感を募らせたアステカ王モクテスマ二世（位一五〇二―二〇）は、金・銀、砂金などでコルテスの懐柔を図った。しかし、それがかえって、貪欲なスペイン人を刺激してしまうことになる。コルテスは周到に画策し、大昔にアステカ世界から追放された白い肌の神ケツァルコアトル（羽毛が生えたヘビの神）が戻って来るという言い伝えを利用して、民衆を煽った。そして、人口二〇万人と言われた帝都のテノチティトランを陥落させ、莫大な量の金銀財宝を手にする。

その後、コルテスは、謀反を起こしたとして、キューバから派遣されたキューバ総督軍の攻撃と、支配下においたアステカ人の蜂起により一時的に危機に陥ったが、一五二一年、コルテスは住民を大量に殺戮、アステカ帝国を滅ぼして、正式にこの地の征服者となった。ヴァルトゼーミュラーが、世界図上に第四の大陸を描いた一四年後のことである。

コルテスは、征服後、ヌエバ・エスパーニャ（新スペイン）の総督・軍司令官の地位についた。その後、コルテスはかってカリブ海域で行われていたエンコミエンダ制を、メキシコでも実施した。エンコミエンダ制とは、スペイン王が入植者に与えた先住民統治のための委託制度であり、征服者、入植者の身分・地位に応じて先住民を割り当て、キリスト教に改宗させることを条件にして強制労働や貢納を課す権限を与える制度だった。

一方でコルテスは、移住スペイン人に新たに建設された都市に居住することを求め、自らが理想とする新しいスペインを建設しようとした。しかし、一五二八年になると、王室に直属するアウディエンシア（行政・司法機関）が実権を奪い、スペイン王室がコルテスが築いたヌエバ・エスパーニャを支配することになった。

一方南アメリカのインカ帝国を征服したのがフランシスコ・ピサロ（一四七五／六―一五四一）だった。一五〇二年、コロンブスの後を継いだ新任総督に従ってカリブ海に渡ったピサロは、バルボア（一四七五―一五一九）のパナマ遠征に同行した。先住民の案内でパナマ地峡を横断したバルボアは、ヨーロッパ人として初めて太平洋を実見して「南の海」と命名した人物である。やがて、新任総督の命を受けて残忍な性格のバルボアを処刑したピサロは、パナマの南にあると噂されていた黄金の国ペルーの存在を知るに至り、征服を目指すことになる。ピサロは、一五二四年、一八〇人の兵を率いて、パナマ地峡から太平洋を南下してペルーに上陸しようとしたが、風向きと潮流が読めずに航海に手間取り、さらに先住民の反撃にあって、遠征に参加した一八〇人のうちの一三〇人が死亡するという大失敗を体験した。

ピサロは、一度、スペインに戻って国王から征服許可を得、兵士を募り、再度、太平洋を南下してペルーに侵入した。今度は謀略を巡らしてインカ帝国の王（インカ）を虜とし、一五三二年、アンデス山中にあったインカ帝国の首都クスコを占領。人口一〇〇〇万人以上のインカ帝国を滅亡させた。一五三五年、スペイン人の都市として現在のペルーの首都、リマを海岸部に建設している。

コルテス、ピサロなどの、コンキスタドールが征服した土地は、やがて新総督の任命によってスペイン王室の支配下に入り、一五三五年になるとメキシコのヌエバ・エスパーニャ副王領、一五四二年にペルーのペルー副王領が創設され、王の代理人が統治することになった。アメリカ大陸には、一六世紀だけで約二四万人のスペイン人が移住し、建設された都市の数は二〇〇を数えた。スペインの首都マドリードから新大陸の都市に官僚、聖職者が派遣され、セビーリャの通商院が、一五四三年以降、年に二回、船団を組んで新大陸との貿易を独占し、同時に新大陸の道路網と商業を統制下に置いた。スペインの特権商人団が新大陸の商業を独占したのである。

他方で、大陸部でもスペイン人が持ち込んだ天然痘が大流行し、先住民の人口は激減していった。例えばメキシコでは、スペイン人による征服前の人口二五〇〇万人が、一六世紀中頃に六〇〇万人、一七世紀初頭に一〇〇万人に激減したとされる。一六世紀にメキシコとペルーは、スペイン人により完膚なきまでに再編されることになる。スペイン人は、ヨーロッパともインドとも中国とも異なるアメリカを「発見」し、「発明」したのである。

周縁部の征服と「アメリカ図」

アステカ、インカの両帝国の征服後、スペイン人はさらに海岸部から川沿いに内陸部に進出した。一五三三年には、コルテスが派遣した船団がカリフォルニア湾を発見している。四一年にスペイン人により作られた「ドミンゴ・デル・カスティーリョの海図」は、かなり正確にカリフォルニア半島を描き出している。しかし、「海図」は国家機密とされたため、新大陸の正確な情報はヨーロッパには伝えられなかった。そのため、一七世紀を通じてヨーロッパではカリフォルニア半島が島として扱われていた。

ペルーからは、チリ、コロンビア、アマゾン川流域の三方向への探検がなされた。アマゾン川流域やオリノコ川の流域も明らかになっていった。スペイン人は、第二・第三のインカ帝国の存在を信じ、さらなる奥地へと探検を進めた。

また、一五三〇年頃からスペイン人の間に広まった「エル・ドラド」伝説により、一六世紀の後半にはギアナ高地が第三の探検目標とされることになった。「エル・ドラド」とは「黄金に覆われた人」の意味で、コロンビアのグアタビータ湖のほとりに住む首長が毎朝身体に金粉を塗り、夕方には落とす習慣があり、莫大な黄金を所有しているとする言い伝えに端を発する伝承だった。こうした動きが南アメリカ各地の探検を加速させる原因になったのだ。

南アメリカでアマゾン川、オリノコ川に次ぐ第三の川、ラ・プラタ川は、一五〇二年にアメリゴ・ヴェスプッチが発見した後、一六世紀中頃までの間に植民が進んだ。南アメリカにおける探検は、沿岸ルートの開拓、川沿いのルートの開拓の順で行われ、探検の進展に伴って、多くの海図が蓄積されることになった。

南アメリカの探検の進捗状況は、一六世紀中頃にスペインのセビーリャ通商院のディエゴ・グティエレス（一四八五―一五五四）が描いた「アメリカ図」を見ると、明らかになる。グティエレスは海図製作者であり、通商院に属する水先案内人でもあったからである。「グティエレスの地図」は、スペイン人が当時把握していたアメリカの全体像を描いたと見なされる。

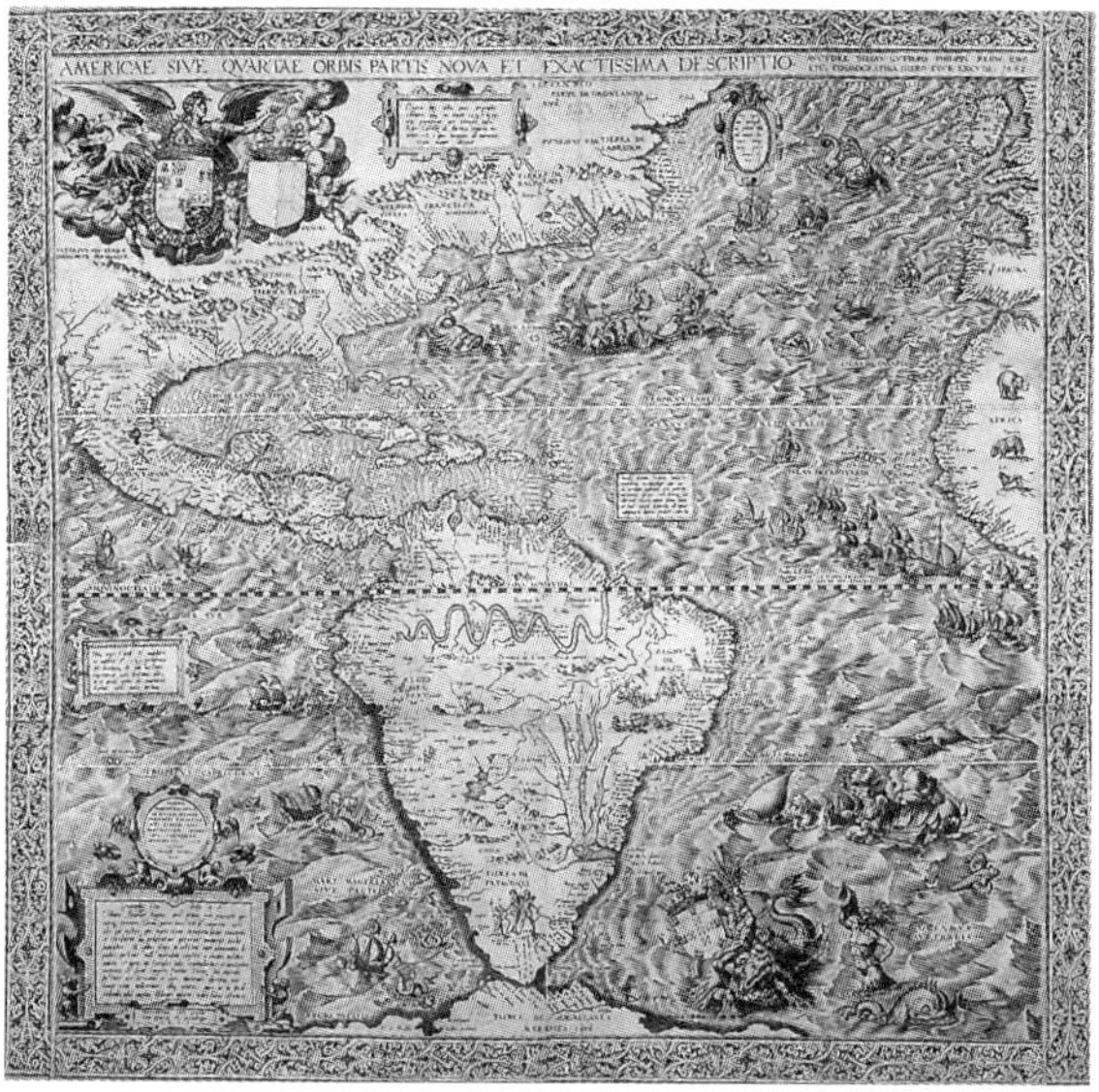

16 世紀、スペインのセビーリャ通商院ディエゴ・グティエレスが描いた「アメリカ図」

カリブ海域が大き目に描かれているもののメキシコ以南の海岸線がほぼ正確に描かれた「地図」では、赤道が強調され、海岸部に多くの地名が記入されている。南部には「未知の南方大陸」との間の狭い海峡（マゼラン海峡）が描かれ、巨人の国に関する記述と先住民の姿が加えられている。蛇行する巨大な大河アマゾン、誇張されたラ・プラタ川が特徴的に描かれており、ペルー、ラ・プラタ川、オリノコ川にはスペイン人が探検した範囲が示されている。北アメリカ部分には、スペインの領有権を主張するため、戦車に乗ってフロリダを目指すスペイン王カルロス一世（位一五一六―五六）が描かれている。当時、スペインはフランスとの間でフロリダをめぐる勢力争いを展開していた。

シボラの黄金伝説と解きあかされるメキシコ北部

カリブ海の北に位置するメキシコの地図化は、シボラの黄金伝説を媒介に進められた。一五三九年、ピサロのインカ征服に参加したエルナンド・デ・ソト（一四九六？―一五四二）は、一五三八年に七隻の船、六〇〇人の乗組員を率いてフロリダにあると信じられていた「シボラの七つの都」の黄金を捜し出すための探検に出発した。

「シボラの七つの都」とは、以下のような伝説に基づいた架空の都市のことである。スペインでは、一二世紀、イスラーム教徒がポルトガルとの国境に近いスペイン内陸部のメリダを征服した際に、七人の司教が聖遺物を隠すために地球上のどこか隠された場所に七つの町をつくったという伝説が生まれた。それらの架空の町のうちシボラとキビラは極めて富裕になり、町全体が黄金と貴石でできていると言い伝えられていたのである。にわかには信じがたいような話だが、それがメキシコ北部に住むプエブロ族の、太陽にきらめく集落の噂と結び付くことになる。粘土とワラを混ぜた煉瓦で作られた家からなる集落が、煉瓦に混ざっていた雲母のために太陽光を受けてキラキラ光って見えたことから、伝説のシボラに違いないという噂が生まれたのである。探検を組織したデ・ソトは、結局、黄金の都を発見することはできなかったが、一五四一年に、ミシシッピー川を発見した。

メキシコからは、一五四〇年、フランシスコ・バスケス・デ・コロナードという二九歳の青年が、「太陽にきらめく集落」シボラへの探検に出る。コロナードは、リオグランデ川の上流において、東の方にキビラという膨大な量の黄金を産出する国があるという情報を得た。急遽方針を変更したコロナードはテキサス地方の北東部に至り、さらにカンザスにまで至ったが、やはり、キビラを発見できずに終わった。しかし、シボラとキビラの黄金伝承が、北アメリカの探検を進捗させたのは確かであった。

八、銀がつないだ新大陸とヨーロッパ

セビーリャに流れたポトシの銀

ここで、この時代に「海上の道路」の拡張に伴って「第二の世界」から始まった地球規模の物流について見ておくことにしよう。新大陸とヨーロッパ、そしてアジアとの経済的結び付きを生み出し、経済の世界化の土台をつくったのは、新大陸で掘り出された安価な銀だった。大量に産出された銀の輸送のために「海上の道路」が整えられ、海図のさらなる集積が進んだのである。

大航海時代、新大陸の鉱山から掘り出された金・銀は、五分の一がスペイン国王に属するものとされていた。一六世紀前半には、カリブ海の島々、メキシコ南部、中央アメリカ、コロンビアなどで金が採掘されたが、一六世紀中頃になると金の産出量は激減してしまった。種々の黄金伝説が新大陸の征服の原動力になったが、金はそれほど多くは産出されなかったのである。しかし、一五四〇年代になると、ペルーのポトシ、メキシコのサカテカスなどで銀山が発見され、一六世紀後半には大量の銀が掘り出される時代に入った。大量の銀は、大西洋のハイウエーを通って通商院のあるスペイン・セビーリャへと運ばれ、スペイン王室の豪奢な生活を支えたのはもちろんのこと、ジェノヴァ商人などを通じてヨーロッパ全土に流れた。宗教戦争の戦費として浪費されたのである。

一五四五年に発見されたペルーのポトシ銀山（現在はボリビア）では、インカ帝国の住民を使った強制労働制度（ミタ制）により、安価な銀が掘り出された。鉱山労働は苛酷をきわめ、一〇〇万人の先住民が命を落としたとされる。ポトシの鉱山町は富士山よりも高い標高四〇〇〇メートルに建設されたにもかかわらず、二〇年から三〇年の間に当時のパリと肩を並べる人口二〇万人の大都市に成長し、一七世紀になると西半球最大の都市になった。

一五五二年、水銀アマルガム法による水銀精錬法と水車を使った銀鉱石の破砕などにより、膨大な量の銀が掘り出されることとなった。諸説あるが、一六六〇年までに約一万五〇〇〇トンという桁違いの量の銀がセビーリャの通商院に流れ込んだとされる。そのうちの約四〇パーセントがスペイン王室の収入になり、残りはジェノヴァ商人などによりヨーロッパ中にばらまかれた。一五九五年にスペインに駐在したヴェネツィアの大使、ジョヴァンニ・ヴェンドラミンは本国に宛てて、一五三〇年以降、アメリカ大陸から八〇〇〇万ドゥカード（一ドゥカードは金三・四九グラム）に価する金銀がスペインにもたらされ、そのうちの二四〇〇万ドゥカードがジェノヴァ商人のものとなったと報告している。一五七五年以後の二〇年間、スペインはまさに黄金時代を迎えたのである。

「第二の世界」が引き起こした経済変動

新大陸の安価な銀の輸送ルートを追ってみると、一つはキューバのハバナ港に集められた後、大西洋を横断してヨーロッパへ運ばれる経路、もう一つは後述するようにメキシコの太平洋側の良港アカプルコ経由でアジアへと大量に運ばれる経路があった。新大陸の銀が、三つの世界を一つに結び付けたことになる。

大航海時代までヨーロッパの銀は、南ドイツのチロル地方の銀が大部分を占めていた。しかし、その年産額がせいぜい約三〇トンだったのに対し、一六世紀後半に新大陸からスペインに流入した銀の量は年間二〇〇トンを越えた。旧インカ帝国の強制労働制度を利用して掘り出された大量の安価な銀は、大西洋を横断する年間約一〇〇隻のスペイン船によりヨーロッパにもたらされ、一五〇〇年以降の一〇〇年間に、ヨーロッパの銀の値段を実に三分の一にまでおし下げた。そのため、物価が三倍以上に急騰する「価格革命」という超インフレが西ヨーロッパに広がる。ヨーロッパ経済は新たな成長の可能性を手に入れることになる。

大西洋では初期には一〇〇トン前後の貿易船が使われていたが、海賊に対する対策もあって一六世紀中頃になると五〇〇トンから六〇〇トンの大型船が用いられるようになり、更に一〇〇〇トン以上の船型が細長く、喫水が浅く、速度が早い、大型商船のガレオン船も登場するようになった。ヨーロッパでは通商量が増し、ネットワークが大西洋に広がるなかで、経済の中心が中欧・南欧から大西洋岸に移っていく。また、大量の安価な銀により購入されたインド、東南アジア、中国の物産の流入も加わって、新たな拠点港市としてフランドル地方のアントウェルペンが著しい経済的繁栄を見ることになった。

九、海図化・地図化された北アメリカ

アジアにつながる北の海峡の探索

大航海時代の後半に後発ながら「第二の世界」に乗り出したイギリス、オランダ、フランスにとって、大西洋からアジアに至る道は遠く、しかも海図はポルトガルに独占され、アジアへの航海の要所も押さえられてしまっていた。それだけではなく、太平洋経由のルートも、後述するようにスペインの支配下にあった。そこで、イギリス、オランダは、「第二の世界」の中核となるカリブ海の北の偏西風の海域から「アジア（実際には新大陸）」を目指すしかなかった。大西洋

と太平洋をつなぐ幻の海峡が、北アメリカ沿岸の海図を次々に彩ることになる。

イギリス人は、新大陸の北部にアジアに至る未発見の海峡があると考え、コロンブスの航海が成功した直後から、アジアに抜ける航路の発見に努めた。しかし、強風が吹き募り、周期的に悪天候が襲う北大西洋の航海は非常に難しかった。アジアにつながる海峡を発見しようとしたジョヴァンニ・カボートが、航海の最中に命を落とすことになったのは先にも書いた通りである。

その後、セビーリャで活動していたイギリス商人のロバート・ソーンは、一五二七年に「スペインはインド諸国と西の海を発見し、ポルトガルもインド諸国と東の海を発見したが、まだひとつ発見すべき航路が残されている。それは北方航路である」と述べ、大西洋と太平洋を、東回り、西回り、北極圏直行の三ルートにより結び付けることができると主張した。そうしたなかで、中国への進出を望む絹商人の後援を受けたフィレンツェの航海士ジョヴァンニ・ダ・ヴェラツァーノ（一四八五―一五二八）は、フランス王フランソワ一世（位一五一五―四七）の下で、一五二四年、地図職人の弟ジロラモと共にカタイを求めて北アメリカの沿岸を南のフロリダから北のニューファンドランド島まで北上する航海を行い、アジアへの海峡を探索した。結局、ヴェラツァーノは新しい海峡の発見に失敗した。そうすると彼は、新たにヴァージニアとノースカロライナの間にアジアの海につながる海峡があると予測し、未来に希望をつないだ。ジロラモの地図では、北アメリカのノース・カロライナのあたりに想像上の地峡が描かれ、「この東の海から西の海が望見できる」と注記されていた。その後、地図製作者たちはこのジロラモの地図を信じ込み、アメリカ大陸の北方の大部分を占めるヴェラツァーノ海とアジアに抜ける海峡を約一世紀もの間、描き続けることになる。

やがて北アメリカの中緯度地帯には海峡が存在しないことが明らかにされると、今度は高緯度地帯に海峡があるのではないかと考えられるようになった。オランダの地図製作者メルカトルは、北極海域を横断して大西洋から太平洋に航行できると確信し、北極点の周辺に四つの水路と航行可能な外洋を描いている。

一五七六年、太平洋に至る北方航路に関心をもっていたイギリス人、ハンフリー・ギルバート(一五三七頃—八三)は、北アメリカのセント・ローレンス川からカリフォルニア湾まで北アメリカを横切る海峡を海図上に描き、北緯六〇度付近にもアジアに抜ける海峡があると主張した。ギルバートは、温暖な地域にある海峡を通れば、モルッカ諸島への距離がスペイン人の航路よりも短くなると説いた。そうした「北西航路」の航行が可能であるという主張に基づいて、北アメリカを東西に貫く海峡の探索が繰り返し試みられた。イギリス東インド会社とヴァージニア会社の出資を受けた航海士ヘンリー・ハドソン(一五六〇頃—一六一一)は、一六一〇年から翌年にかけての探検で北部に広大なハドソン湾を発見したが、アジアに通じる海峡はなかった。当時は入江が海峡と勘違いされ、人々に淡い期待を抱かせ続けたのである。

北アメリカ大陸を横断する架空の海峡の出口が存在しないことの最終的な確認は、後述する一八世紀末のジェームズ・クック、ジョージ・バンクーバーの北アメリカの太平洋岸の探検まで待たなければならなかった。

私掠船の拠点作りからのアメリカ植民

一六世紀のイギリスでは、大西洋からアジアに抜ける水路探索の基地の確保、自国内の貧しい人々の植民、さらにはカリブ海を中心に勢力を拡大するスペインを牽制する目的で、北アメリカの大西洋岸に植民地を建設する動きが強まった。進出の論拠になったのが、先にも触れたイギリス王の支援の下に行われたカボートの探検だった。フロリダから北緯六七度にいたる広大な大西洋沿岸はすべてイギリスに先占権があると主張されたのである。

一五八四年、植民の特許状を得たエリザベス一世（位一五五八―一六〇三）の寵臣ウォルター・ローリー（一五五二―一六一八）は、翌年に現在のノース・カロライナの沿岸のロアノーク島に従兄弟が率いる約七五人の植民者を送り、エリザベス一世にちなんでヴァージニア植民地と命名した。ローリーは、自らはイギリスを離れることはなかったが、ロアノーク島をカリブ海からスペインに向かう銀船を襲う私掠船の根拠地にしようと策謀していた。「第二の世界」の要、カリブ海に対する影響力を北方から強めようとしたのである。ちなみに「私掠船」とは、戦争状態にある敵国の船を襲い、略奪する許可状を国王から得た船のことである。イギリスでは正規の海軍を補うものとして位置づけられていた。

だがローリーの植民活動は、食糧の補給が十分にできないなどの理由で、中途半端に終わってしまった。植民者は、一年後、カリブ海でスペイン船の襲撃に成功したキャプテン・ドレークが指揮する私掠船に乗り、帰国している。八七年、再度一一七人がロアノーク島に送られたが、一五八八年のスペインとのアルマダ海戦に備える必要などから補給が続かず、植民は再度失敗に終わった。

ローリーは、南アメリカでのエル・ドラドを求めるオリノコ川流域の探検事業を積極的に推進したり、「海を制する者が世界を制す」という言葉を残すなど、海外に目を向けた拡張論者であった。彼の頭の中には、カリブ海の周縁にあたる北アメリカにイギリスの勢力圏を築いてスペインに対抗しようという思惑が渦巻いていたのである。

その後、一六〇七年、ロアノーク島の北西のチェサピーク湾に注ぐジェームズ川のほとりに作られたジェームズ・タウンが、イギリスの最初の永続的植民地になった。それに続いて、大西洋岸に一三の植民地が作られることになる。

それらの地に入植した住民たちは、先住民が「山の向こうに大きな海がある」と話したことを真に受けて、陸路、河川、海峡を使えば、アジアに行けるのではないかと真剣に期待していた。そうした噂をやはり真に受けたイギリス政府は、大陸を通り抜け、北あるいは北西の海域に進出することを、植民地の特権として認めている。

マンハッタン島とヌーベル・フランス

イギリスと同様、後発国としてスペイン、ポルトガルと競い合う関係にあったオランダは、アムステルダムの半官半民会社だった東インド会社を使って太平洋に通じる北西航路の開発を目指した。一六〇九年になると、イギリスの航海士ヘンリー・ハドソンを雇い入れて、探検に当たらせている。

ハドソンは、自国のイギリスがジェームズ・タウンを建設して北アメリカの中央部でアジアに至る水路を発見しようとしているとの情報を得ると、それに対抗するため、一六〇九年ハドソン川がアジアにつながるか否かを調査するために、オールバニーにまで逆上った。そこで彼は、この地域が毛皮の取引に有望であることを見いだし、毛皮交易所を設置する。オランダ議会に提出された一六一四年製のオランダ東インド会社の地図には、オランダがハドソン川流域にニュー・ネーデルラント植民地を領有することがはっきりと書き込まれている。

一六二一年に設立された半官半民のオランダ西インド会社は、ブラジル北東部に植民地を作り、ブラジルの砂糖農場の粗糖を買い入れて精製し、ヨーロッパ市場に販売する事業を軌道に乗せた。やがてサトウキビ農場の経営にも手を出すがうまくいかず、一六五四年にブラジルの足場を失うと、北アメリカのニュー・ネーデルラントに勢力を集中する。一六二六年、オランダ西インド会社は、六〇ギルダーの商品と引き換えに先住民からハドソン川河口のマンハッタン島を購入してニュー・アムステルダムと命名し、ニュー・ネーデルラントの首都とした。だがこのニュー・ネーデルラントは、一七世紀の後半、オランダが英蘭戦争（一六五二―七四）に敗れることによってイギリスに譲渡され、オランダは北アメリカの植民地を失ってしまうことになる。一六六四年、ニュー・アムステルダムはニューヨークと改称された。

一六六〇年代になると、イギリス、オランダよりもさらに遅れをとったフランスも、カナダ東部からアジアに至る北西水路の開発、ビーヴァーの毛皮の獲得、先住民のキリスト教化をめざし、毛皮取引の拠点ヌーベル・フランス（新フランス）の形成に乗り出した。一六八二年になると、探検家のカブリエ・ド・ラ・サール（一六四三―八七）はミシシッピー川を下って河口に達し、ミシシッピー川流域の広大な領域をルイ一四世の名を冠してルイジアナとし、フランスの植民地にした。

ラ・サールは、ルイジアナの地政学上の重要性を示すために、ミシシッピー川を実際よりも西寄りに位置付け、スペインの植民地メキシコに近いと説いた。彼はミシシッピー川の三角州に植民地を築こうとして、一六八四年、四隻、三二〇人の移民を乗せてフランスを出港した。しかし地図が不正確だったために三角州にはたどりつけず、結局、テキサスに植民するはめになった。彼の死後、この地は先住民との間の毛皮取引を中心に、カナダ、ルイジアナにまで植民地建設が進められるほど発展していくことになる。メキシコ湾に注ぐミシシッピー川の河口のニューオリンズは、フランスの経済拠点になった。

しかし、やがてフランスは、英蘭戦争で勢力を拡大したイギリスとの間でフレンチ・インディアン戦争（一七五五―六三）を戦い、それに敗北。北アメリカのすべての植民地を失ってしまった。このように北アメリカでは、イギリス・オランダ・フランスが、アジアへの海峡の発見、勢力圏の拡大を巡って長期間争ったが、そうしたなかで多くの北アメリカの地図・海図が集積されていった。

第五章　遅れて登場する「第三の世界」

一、太平洋の輪郭を明らかにしたマゼラン

「第三の世界」は圧倒的な海の世界

新大陸の西に広がり中国と接する「第三の世界」は、太平洋という巨大な海洋が大部分を占める特殊な世界である。太平洋は、地球の全ての陸地を呑み込むだけでは足らず、更にアフリカを加えた位の広さをもっている。帆船が航海できる「海上の道路」を作るには、余りにも広すぎる海だったのである。しかも、太平洋は新大陸のさらに西に位置していたために、一五一九年から二二年にかけてフェルディナンド・マゼラン（一四八〇頃―一五二一）の航海がなされるまで、ヨーロッパ人の視野には入らなかった。太平洋の存在を明らかにしたマゼランの航海が、「第二の世界」と「第三の世界」の配置を一挙に明らかにすることになる。

太平洋の西辺には、北から南へ、ベーリング海、オホーツク海、日本海、黄海、東シナ海、南シナ海といった比較的狭い付属海が連鎖し、南・北アメリカ大陸で大西洋と、大・小スンダ列島、

オーストラリアでインド洋と区切られている。日本列島とはとても馴染み深い太平洋だが、アメリカ大陸から見ると茫洋たる大洋が連なるだけであり、ヨーロッパが西から「第三の世界」をイメージするのは困難だった。「第三の世界」の発見には、当然にアメリカ大陸が新しい大陸であるという認識が前提になるが、「プトレマイオスの世界図」が定着させた伝統的イメージがそれを妨げていた。

ヴァスコ・ダ・ガマがインド航路を開発した後、ポルトガルのインド洋の「海の帝国」の形成が急ピッチで進められた。ポルトガルは、一五一一年に東南アジアの経済上の要衝マラッカを征服し、その後モルッカ諸島への進出を果たして香料を確保した。そうしたなかで、地球は球体なのだから、スペインとポルトガルの境界線は大西洋だけではなく、アジアにも設定されなければならないという主張がなされるようになった。トルデシリャス条約による境界線の延長線上に、アジアの「対蹠境界線」があるという考え方である。

スペインにしてみれば、コロンブスが到達した「インディアス」は、一五一〇年代には未だポルトガルの「海の帝国」のような権益をもたらしてはいなかった。そこで、「プトレマイオスの世界図」の「インディアス大半島」を南米大陸と重ね合わせたスペインは、大半島を越えた先の湾内のモルッカ諸島との香料貿易を目論んだ。話は多少前後するが、一五一〇年代末のスペインでは、依然として大西洋はアジアとつながる単一の海と考えられており、太平洋は全く視野に入っていなかったのである。

南アメリカは「インディアス大半島」なのか

一四九二年のコロンブスの航海以後、海図製作者や航海士は、「プトレマイオスの世界図」を継承する伝統的な世界像と大航海時代に新しく獲得された地理的知識をどのように整合させるのかという難問に直面していた。当時は、大別すると、次のような三種類の世界図が存在していたのである。

（一）一五〇〇年に描かれた「ホアン・デ・ラ・コーサの世界図」のように、探検により発見されたアメリカ大陸を描いたものの、アメリカ大陸とユーラシアの関係を曖昧にした世界図

（二）一四九〇年頃に描かれたヘンリクス・マルテルスの世界図、マゼランが依拠した一四九三年に作成された「マルティン・ベハイムの地球儀」などのように、アメリカ大陸を「インディアス大半島」とみなし、そこを越えると「黄金半島」との間に「シヌス・マグヌス」という大きな湾があり、その湾にモルッカ諸島が存在するとした世界図

（三）アジアとヨーロッパの間に独立したアメリカ大陸を描いた、一五〇七年に作成された「ヴァルトゼーミュラーの世界図」

これらの三種類の世界図は、いずれも過渡期の世界図だった。最も革新的な「ヴァルトゼーミュラーの世界図」でも依然として「プトレマイオスの世界図」が下敷きになっており、太平洋の彼方のアジア部分には、インディアス大半島が描かれていた。当時の海図、地図は、“world”の

イメージが大きく転換する時代を反映して、混沌とした状況にあったが、「ヴァルトゼーミュラーの世界図」のような革新的な世界図はあくまでも少数派だった。コロンブスが考えたように、「プトレマイオスの世界図」が描いた枠組みに、新たに獲得された地理的情報が組み込まれるのが一般的だったのである。

フェルディナンド・マゼランは、スペインの海図とポルトガルで任務についていた時期に目にしていたアジアの海図に基づいて、南アメリカを「インディアス大半島」と見なし、大半島の南端を迂回すれば、簡単にモルッカ諸島に行けると考えていた。西から航行する方が、喜望峰を迂回するよりも早いと信じたのである。しかし、実際には、新大陸の西には、広大な太平洋が控えていた。

二、突然に姿を現した「第三の世界」

東南アジアで活躍していたマゼラン

インディアス大半島を迂回してアジアに航行するという発想は、大航海時代の申し子、マゼランの特殊な経歴によりもたらされたともいえる。そこで、まず、マゼランの前半生を簡単に見ておくことにする。

一四八〇年頃、ポルトガル北部のポルト付近の小貴族の家に生まれたマゼランは、コロンブスが大西洋を西に航海した一四九二年、ポルトガル宮廷の小姓になった。マゼランは、いわばコロンブスの航海やヴァスコ・ダ・ガマの航海の成功の息吹をシントラの宮殿で感じながら成長したのである。

ヴァスコ・ダ・ガマによりインド航路が開かれると、ポルトガル王室はインド商務院を中心にアジアの香料貿易を国営化し、インド洋の要地に商館を作って貿易ルートの安定化を図った。一五〇五年になると、王マヌエル一世はフランシスコ・デ・アルメイダ（一四五〇―一五一〇）を初代のインド総督に任命し、二一隻の船と二一〇〇人の船乗り、兵を与えてインドに派遣した。当時は、ポルトガル王室の歳入の約四分の一が香料貿易に依存する状態にあった。

アルメイダの遠征に、二五歳のマゼランは、弟、従兄弟のセーランと共に参加した。マゼランは、この航海で副舵手として経験を積むことになる。インド西岸のコチンに拠点をおいていたポルトガルは、一五〇九年、インド北西部の小島ディウの沖合の海戦（ディウ沖海戦）で、エジプトのマムルーク朝の海軍を破り、インド洋の覇権を握ることになる。マゼランもこの戦闘に参加した。しかし、戦闘で、マゼランは全治五カ月の重傷を負ってしまう。

戦闘の傷が癒えたマゼランは、第二代インド総督のアルブケルケ（一四五三―一五一五）の下でドアルテ・パチェコ・ペレイラ（?―一五三三）が率いる四隻のポルトガル艦隊に乗り組み、マラッカ王国への最初の遠征に参加した。

当時、マラッカ海峡の最狭部に面するマラッカ王国は、東南アジアの交易センターとして殷賑を極めていた。インドで香辛料の重要な産地が東南アジアにあることを聞き取ったポルトガルは、スペインが西回りで到達する前に東南アジアを自国の勢力圏に組み入れる必要があったのである。しかし、この時のマラッカ攻撃は失敗に終わった。ただマゼランは、戦功により船長に昇進することになる。

一五一〇年、ポルトガルはインド西岸に交易拠点のゴアを獲得すると、翌年に再度、マラッカを攻撃し、今度は攻略に成功した。マゼランはその活躍が評価されて一隻のカラベル船を与えられることになった。だが、それ以上にマゼランにとって大きかったことは、後の「世界周航」にも同行するマレー人の奴隷を獲得したことだった。つまりマゼランは、東南アジアの情況を知るための貴重な情報源を手に入れたのである。

一五一三年、マゼランはポルトガルに戻ったが、すぐにまた約四〇〇隻の艦船を動員したモロッコの大攻略に参加し、アザムールの戦いで右足が不自由になる戦傷を負うことになった。だが、不幸はそれだけでは終わらなかった。マゼランは戦利品を不正に流用して私腹を肥やしたという嫌疑まで掛けられてしまったのである。帰国後、容疑こそ晴れたが、マゼランを嫌う王マヌエル一世の冷遇に耐えられず、結局、宮廷を去ることになった。

香料貿易参入を策したフッガー家

さて、一六世紀初めにスペイン・セビーリャの通商院を牛耳っていたのは、フォンセカという貴族だった。フォンセカは、コロンブスの第二回航海の際の準備責任者でもあった。彼は、コロンブスの事業が充分な成果をあげていない状況下で、インディアス大半島と考えられていた南アメリカ経由でモルッカ諸島への新航路の開発を考えていた。

ところが、当時の海の世界では先行したポルトガルが圧倒的優位に立っており、スペインには任に耐えられるような人材が皆目見当たらない状態だった。そこで、ポルトガルの事情に詳しい商人クリストバル・アロの助言を受け、フォンセカはインディアス大半島を南下してモルッカ諸島に航海するリーダーとして、練達のポルトガル人航海士、エステヴァン・ゴメスをリクルートした。しかしゴメスには、モルッカ諸島への航海プランを立てられるような能力はなかった（ゴメスはマゼランの航海に、一船長として参加している）。そうした時に、セビーリャ通商院で働いていたポルトガル人、デュアルテ・バルボーザがうってつけの人物がいるとして、かっての友人のマゼランをフォンセカとアロに紹介することになる。アロは、もともとはドイツのアウグスブルクの巨商フッガー家のリスボンの代理人だったが、イタリア商人との利権争いに敗れて、活動の場をセビーリャに移し、実力者のフォンセカに取り入っていた。モルッカ諸島での貿易利益を求めるアロと背後のフッガー家が、マゼランの航海の資金源になったのである。

モルッカ諸島への航海を要請されたマゼランは、モルッカ諸島がスペインの支配海域に属するか否かが微妙だったこともあって、ポルトガルから同行した友人の天地学者（コスモグラファー）ルイ・デ・ファレイロが同行することを条件に申し出を受諾した。ちなみに、「天地学」とは大航海時代に流行した学問で、宇宙と地球の構成、地誌、航海術などを複合する学問である。マゼランはファレイロの説を取り入れ、モルッカ諸島はアジアの境界線のスペイン側の海域に位置すると主張していたのである。マゼランの航海はモルッカ諸島の領有を目指す側面も持ち、モルッカ諸島が境界線のスペイン側にあるか否かが大きな問題だった。

つまりマゼランの航海は第一に商業ルートの開発の航海だったが、それとともにモルッカ諸島がスペインの勢力圏に属するという地理的仮説を実証する航海でもあった。ファレイロは、そうした地理的仮説を補強するための、重要なパートナーとみなされたのである。

しかし、実際のところ、マゼランの航海の準備過程で主導権を握ったのはフォンセカとアロだった。彼らにとってみれば、香料貿易で利益をあげることこそが最優先課題である。マゼランの盟友ファレイロは、結局、準備段階で外されてしまい、船団幹部の大半もフォンセカが推薦した人物により占められることになった。モルッカ諸島での貿易利権を争う、暗闘と駆け引きが裏では行われていたのである。当時のスペインでは、資金調達は航海者自身にゆだねられるのが普通だったが、マゼランの航海に関しては商人アロと背後のフッガー家に一任されており、利権もアロに集中するような仕組みがつくられていた。こうした事情もあって航海のために最終的に調達されたのは、五隻の老朽船と、寄せ集めで規律の低い二八〇人（一説によると二六五人）の乗組員だった。

マゼランの船団の航海費用が極力切り詰められた理由のひとつは、モルッカ諸島がもしかしたらスペインの支配海域に属していないのではないかという疑問が今一つ消し去れないためでもあった。モルッカ諸島では既にポルトガルが香料交易を行っており、余程の論拠がなければ、スペインがモルッカ諸島での香料貿易に参入することは難しかったのである。しかし、ポルトガルにしてみれば、同国人のマゼランが国益を損なう航海を行うことに危機感を強めていた。暗殺を含む様々な妨害工作が試みられたという。

モルッカ諸島を目指す通常航海

結果的に「第三の世界」の発見につながったマゼランの航海も、最初は旧来の「世界図」に基づく通常の航海として始まった。かってのコロンブスの航海と同様に「プトレマイオスの世界図」に対しては、いささかの疑いもさし挟まれていなかったのである。一五一九年八月、セビーリャを出港したマゼランの船団は、航海の準備を整えるため、まずは一二〇キロ先にある船舶の修理港サンルーカル・デ・バラメーダに寄港した。そして、一五一九年九月二〇日、正式に航海に出る。

マゼランの船団は、かってポルトガル王室に仕えていた海図製作者ディオゴ・リベイロなどのポルトガル人の海図に基づき、短期間で南アメリカの南端を経由し、モルッカ諸島に行けると踏んだ通常の航海だった。リベイロは、当時、セビーリャの通商院で海図の作成に携わっていたポルトガル人である。航海のための海図の製作者も、ポルトガルからリクルートされたのである。

スペインの船団には全て、海図、航海記録の作成、発見地での修好と貿易が義務づけられていた。通常の貿易を目的としたマゼラン船団でも、やはりそうした体制が整えられたのである。ちなみにマゼラン船団は、モルッカ諸島での交易に備え、各種の布地、真鍮と銅の腕輪、鈴、ナイフ、鏡、ガラス細工など膨大な量の商品を積載していた。モルッカ諸島は世界有数の香料産地であり、特にテルナーテ島とティドーレ島は莫大な利益を生み出すチョウジとニクズクの世界的な産地として知られていた。航海には、大きな商業利益が見込めたのである。

さて、カナリア諸島から南西に針路をとったマゼランの船団は、ブラジルのリオ・デ・ジャネイロ付近までは無事な航海を続けた。そこからモルッカ諸島へのルートを探りながら南下し、ラ・プラタ川を経て一五二〇年三月三一日にパタゴニアのサン・フリアン湾に入港、越冬した。と、そこまではよかったのだが、その後は困難の連続になった。所詮は寄せ集めの乗組員、彼らは辿りついた南アメリカをインディアス大半島と思い込んでおり、そこを越えればせいぜい二、三日でモルッカ諸島に着けるという簡単な航海を想定していたのである。それが思わぬ困難な航海になると、乗組員は約束が違うとして不満を強めた。船団に、不穏な空気が一気に広がることになる。中世の海事法では、自分の生命を危うくするような航海は拒絶できるとの規定があった。そこでまずは、スペイン人の幹部たちによる反乱が起こることになる。ポルトガル人のマゼランの指揮に対するスペイン人幹部の不満もあった。しかし、反乱が起こると、マゼランは素早い行動に立ち上がり、鎮圧に成功する。だが反乱は、苦難に満ちたその後の航海の序章に過ぎなかった。

突然に現れた未知の大海

南下を続けた船団は、一五二〇年一〇月、ようやくインディアス大半島の南端の海峡（マゼラン海峡）に入る。マゼラン海峡は狭い水路で潮流が早く、暗礁が散在する航海の難所だった。マゼラン船団が全長五六〇キロのこの海峡をわずか三八日間で通過できたことは、まさに奇跡と言ってよかった。海峡の出口は「第三の世界」の入り口に当たっていたが、もちろんマゼランにはそうした認識はなく、モルッカ諸島が浮かぶ、プトレマイオスの世界図に描かれたシヌス・マグヌス（大きな湾）の入り口と考えていた。マゼランは期待を込めて、海峡の出口を「待望の岬」と命名している。

マゼラン海峡の南部はフエゴ島だった。船団のほとんどの乗組員はただの島と見なしたが、「プトレマイオスの世界図」の「未知の南方大陸（テラ・アウストラリス・インコグニタ）」のイメージに支配されていた船に同乗した海図製作者は、先入観に基づいてフエゴ島を「未知の南方大陸」の一部分として海図上に書き込んだ。

難事は絶えなかった。マゼラン海峡で、大量の食糧を積んでいたエステヴァン・ゴメスが指揮するサン・アントニオ号が脱走し、スペインに引き返してしまったのだ。残された艦船は三隻となり、食糧もわずか三カ月分に減ってしまった。

何とか強風が吹き募る偏西風の海域を抜けて船団がモンスーン海域に入ると、一転して海は穏やかになった。インディアス大半島の先のシヌス・マグヌスの幻影にとらわれていたマゼランは、目的地が近いと考えて上機嫌だった。その海に「平和な海（El Mare Pacificum）」と命名したほどである。苦労が報われる時が近いとぬか喜びしたのである。

船団は、ペルー海流と南西モンスーンを利用して高速で北上した後、今度は針路を西に変えた。マゼランが用いた「海図」では、岬を越えると島が点在するシヌス・マグヌスに入るはずだったのだ。しかし、行けども、行けども、島影は発見できず、茫洋とした大洋の航海が続くだけだった。そうしたことから、「プトレマイオスの世界図」に基づく世界像は大きく揺らいだ。南アメリカは、インディアス大半島ではない。自分たちは、「世界図」にない未知の大洋を航海しているに違いないという疑念が限りなく広がった。実のところマゼランの船団は、偶然にも不幸な航路をたどっていたのである。もう少し南に針路を取っていれば、タヒチ島、サモア島などに遭遇できていた。しかし、島と出合わなかったことで、未知の大洋のイメージは一層鮮烈になった。

船団は、一一月二八日、マゼラン海峡を通過した後、翌年の三月六日、マリアナ諸島にたどり着くまで、実に三カ月余りにわたる大海の航海を続けた。水も食糧も腐ってしまう、限界を超えた航海だった。航海に同行したヴェネツィアの航海士、アントニオ・ピガフェッタ（一四九一—一五三四）は、「一五二〇年一一月二八日、われわれはあの海峡を通過し、平和な海のなかに飲み込まれた」と記録している。

平穏な海の航海が続いたが、内実はまさに地獄の航海だった。食糧の欠乏と飲料水の腐敗に苦しんだ乗組員は、帆の包装材の革まで口にせざるを得なかった。最も貴重な食材はネズミであり、何と一匹が半ドゥカード（金一・八グラム）という高値で取引されたという。生鮮食糧と飲料水の欠乏で一月の中頃には、壊血病などにより乗組員の三分の一以上が動けなくなってしまった。

一月二〇日、マゼランは怒りにかられて頼りにならないでたらめな海図を投げ捨て、海に向かって怨嗟の声を上げたという。マゼランは、いわば憶測により描かれた海図に裏切られてしまったのである。海図があてにならないことが、地獄の航海につながったのである。

三、命懸けの航海と引きかえに

マゼランとリベイロ

マゼランが用いた海図・地球儀にモルッカ諸島を描いたのは、当時、ポルトガルで著名な海図製作者として知られていたディオゴ・リベイロの外、ペドロ・レイネルとジョルジェ・レイネルの親子だった。彼らはマゼランと同様にかってはポルトガル王に仕え、リスボンで地図製作者兼航海審査官の役職についていた。彼らが、モルッカ諸島に至る航路情報をスペイン王に提供したのである。しかし、リベイロなどの新大陸に関する知識は乏しく、新大陸をインディアス大半島とみなし、そこを迂回する航路は喜望峰経由の航路より短いと計算していた。ちなみに、ディオゴは、マゼランやコロンブスの息子のフェルナンドの親友でもあった。

マゼランは、海図の誤りを命懸けの航海で実証したが、ディオゴ・リベイロは追悼の意を込めて、親友の業績を後にしっかりと世界図上に書き留めた。彼が、王室付きの天地学者として、セビーリャ通商院の標準海図を改訂する役職についていたからである。リベイロが、一五二九年に描いた世界図は、アジアの広がりが誇張されている点を除けば、諸大陸の輪郭と「第一の世界」・「第二の世界」・「第三の世界」の分布がほぼ正確に描かれていた。太平洋についてはマゼランの航海の成果とスペイン人探検家による南アメリカ、中央アメリカの探検の成果を取り入れ、

「第三の世界」を概観する、最初の世界図となっている。現場での苦闘が、実のところ三つの「世界」を確定させたのである。

太平洋横断とマゼランの死

豊富な経験を持つ航海者、マゼランは、天体観測で緯度を測り、等緯度航法により太平洋の航海を続けた。困難な航海の最中も、マゼランは、アジアの対蹠分界線の位置を明らかにしようと試み、要所要所で不確かながら経度の測定を継続した。航海者、海図製作者としてのプロ意識を捨てなかったのである。

幸運なことに、マゼランの船団は、一月二五日、トゥアモトゥ諸島の北端のプカプカ島（マヒナ環礁）に到達できた。そこで船団は一週間滞在し、ウミガメ、海鳥の卵で栄養を取り、スコールの水を飲料水として確保した。しかし、その後も困難な航海が続き、三月四日にはとうとう食糧が底をついてしまった。

三月五日、餓死寸前の乗組員を乗せたマゼランの船団は、マリアナ諸島のロタ島に到達した。ようやく飢餓の海域を抜けたのである。マゼランはそこを「ラテン帆の島」と命名した。やがてグアム島が発見されると、マゼランは四〇人の武装兵を上陸させ、四〇軒から五〇軒の家を焼き払って食糧を調達した。

三月二八日、船団はモルッカ諸島では全く食糧が得られないという事前の情報を得ていたこともあり、北に針路を取ってフィリピン群島のサマール島に至った。マゼランが先にマラッカで購入したマレー人奴隷が現地の住民にマレー語で語りかけ、フィリピン群島に到達したことが確認されたのである。それは、「第二の世界」と「第三の世界」の存在が同時に明らかにされた決定的瞬間でもあった。

四月七日、セブ島に至ったマゼランは、セブ島の王が付近の首長の中で最も有力であると知り、スペイン人の常套手段である布教を開始した。そして、セブ王を初めとする五〇〇人を改宗させると、周辺諸部族に対して、セブ王への服従とキリスト教への改宗を求めた。マゼランは急遽、それ以上の航海を中断し、ポルトガルに対抗できる勢力圏をフィリピン群島に築こうと考えたのである。

しかし、マゼランは、セブ島付近のマクタン島の王ラプ・ラプを武力で服従させるために四九名の武装兵力を率いて上陸した際に、逆に一〇〇〇人の兵に迎え撃たれ、命を落とすことになる。マゼラン亡き後、多数の乗組員を失った船団は、三隻の船を維持することは不可能と判断し、セブ島でコンセプシオン号を焼却した。乗組員はトリニダード号とビクトリア号に分乗して出港し、一一月八日、ついにモルッカ諸島に到達する。ティドレ島でようやく多くのチョウジを買い込んだが、欲張ってチョウジを積み過ぎたトリニダード号が浸水し、途中で放棄された。船長ファン・セバスチャン・エルカーノ（一四八六—一五二六）が指揮するビクトリア号一隻のみが、六〇人の乗組員を乗せ帰国の途につくことになったのである。

直ちには商業ベースに乗らなかった太平洋

ビクトリア号は、喜望峰、ヴェルデ岬諸島を経て、壊血病と栄養失調で息たえだえになった乗組員を乗せ、一五二二年九月六日サンルーカル港に到着。数日後に、ようやくセビーリャに戻った。出発時に二八〇人だった乗組員は、三年間の航海で一八人に激減していた。しかし、エルカーノが持ち返ったチョウジ、ニクズク、白檀などは七八八万八六八四マラベディで売却され、船団の派遣に費やされた費用を上回った。かえすがえすも残念だったのは、苦労の末、マゼランが航海の途上で得た、要所要所の貴重な航海記録が雲散霧消してしまったことである。エルカーノを含む帰還者の中に航海中の反乱に加担した乗組員が多かったこと、反乱で粛清された者の中に王の側近やセビーリャ大司教の縁者が多くいたことが、海図全体の保存に災いしたのである。ただビクトリア号の帰還で、地球が球体であり三つの「世界」から構成されていることだけは図らずも実証された。

ビクトリア号の帰還を受けて、スペイン王室は太平洋横断航路の定期化を目指すことになった。太平洋にしっかりとした「海上の道路」を築き上げようとしたのである。スペインはポルトガルの抗議を無視し、大貴族のロアイサを指揮官、エルカーノを補佐官とする新たな船団を組織して太平洋に送り出した。しかし、船団はマゼラン海峡を通過するだけで四カ月半も費やしてしまい、ロアイサもエルカーノも壊血病により太平洋上で命を絶った。南アメリカの南端を迂回して「第三の世界」を横断する航海の定期化が帆船時代にはいかに困難であるかが、改めて明らかにされたのである。大西洋と広大な太平洋を結び付ける航海を商業ベースに乗せるのは、当時の航海技術ではまだまだ無理だった。

しかしマゼランの航海は、太平洋を中心とする「第三の世界」の存在を初めて明らかにし、地球の広さと陸地と海の分布を明確にしたことで、世界史的な意義を持った。考えてみると、コロンブスもマゼランもどちらも同じく、全く役に立たない「プトレマイオスの世界図」に基づく机上で作られた海図により航海を行ったのだ。だが、コロンブスの航海が穏やかな大西洋のモンスーン海域の約八〇〇〇キロの航海だったのに対し、マゼランの航海は強烈な偏西風の海域を含む約三万五〇〇〇キロと四倍以上の大航海だった。コロンブスが開発した航路は大西洋の幹線ルートになったが、マゼランの航路はその困難さの故に実用化されることがなかったのである。「第三の世界」の「海上の道路」は、後述するように中緯度に位置するメキシコ、ペルーの太平洋岸から作り直されることになる。

売られたモルッカ諸島

エルカーノがセビーリャに帰着したことによって改めて地球が球体であることがはっきりした。そうしたことから東半球にも西半球のトルデシリャス線と同様の境界線を引かないと、スペイン、ポルトガル両王の世界分割が実効性を持たないことが明らかになったのである。同時に、スペインが支配する南アメリカが「インディアス大半島」ではないこと、太平洋を横断してモルッカ諸島に行くには大変な時間がかかることも判明した。

もっとも、ポルトガルが東回りでモルッカ諸島に行く航海も決して楽ではなかった。ゴアとモルッカ諸島の往復には二三カ月から三〇カ月もの日数がかかっていたのである。

一五二四年、スペインとポルトガルの地図・海図製作者の会議が開催された。香料貿易で大きな利益が見込めるモルッカ諸島がどちらの勢力圏に属するかが話し合われたのである。しかし、当時はまだ正確な経度の測定技術がなく、モルッカ諸島の経度の測定も推論によるしかなかった。会議では、ポルトガルが「モルッカ諸島はトルデシリャス条約で定められた大西洋の境界線から丁度一八〇度へだたる経線の四三度西に位置し、ポルトガル圏に属する」と主張したのに対し、スペインは「境界線から三度東に位置しているので、スペイン圏に属する」と主張した。

膠着状態が続いたが、結局スペイン王が譲歩することで決着がついた。スペイン王カルロス一世がモルッカ諸島の権利を、ポルトガル王に三五万ドゥカードで売り渡したのである。こうしてチョウジ、ニクズクの産地のモルッカ諸島は、ポルトガルの勢力下におかれることになった。一五二九年、サラゴサ条約が結ばれ、モルッカ諸島の東一七度に対蹠境界線が設定された。その結果、「第三の世界」がポルトガルとスペインの勢力圏に分割され、その大部分がスペインの勢力圏となった。太平洋は最初、スペインの支配する海とされたのである。この条約によりオーストラリアもスペインの勢力圏に含まれることになった。ただしスペインは、オーストラリアに対しては興味を示すことはなかった。

世界図にマゼランの航路を描かせた皇帝

マゼランの航海をスペイン王としてバックアップした神聖ローマ帝国皇帝カール五世（スペイ

16世紀、神聖ローマ帝国皇帝カール五世が皇太子フェリペに贈った、バティスタ・アニェーゼによる豪華な地図帳

ン王としてはカルロス一世）は、一六歳だった皇太子のフェリペ（後のスペイン王フェリペ二世）に地図帳を贈った。当時、ヴェネツィアで活躍していたジェノヴァの地図製作者バティスタ・アニェーゼに、一五四三年から四五年にかけて描かせた豪華な地図帳である。そこにはマゼランの世界周航ルートを描いた地図も収められていた。

ちなみにアニェーゼは、一五二七年から六四年にかけて活躍した、繊細で優美な装飾用の地図を作成する職人として知られていた。彼が作成したとされる七〇点以上の地図帳が現存している。

ただし、その多くはポルトガルの海図・地図を模写した装飾的なコピーだった。

皇太子フェリペに贈られた世界周航

を描いた「地図」は全体が楕円形に描かれ、カナリア諸島に本初子午線を置き、アジアの東端を左、大陸部分を右に描いている。

「地図」のアジア部分は「プトレマイオスの世界図」の枠組みにより描かれており、それにポルトガルの海図のアフリカとスペインの海図の南・北アメリカ大陸が組み合わされていた。

海洋部分では、スペインの誇りであるマゼランが発見した大西洋、太平洋、インド洋をつなぐ世界周航の航路が描かれ、同時にスペインの富の源泉であるスペインのカディス港からカリブ海、パナマ地峡を越え、太平洋をペルーに至る「銀船」の航路が描かれていた。当時は、ペルーのポトシ銀山が発見されたばかりの時期だったのである。

王族や貴族たちの間で最新知識により描かれた地図を贈り合うことは、当時の流行だった。フランスの国王、アンリ二世（位一五四七―五九）が皇太子の時代に贈られた、フランスの地図製作者ピエール・デセリエの「ドーファン地図」などは、今でも芸術的価値が高いものとみなされている。

四、定期化したマニラ・ガレオン貿易

中緯度からの太平洋横断の試み

マゼランのモルッカ諸島への航路の開拓が空振りに終わった後も、スペインはモルッカ諸島と

の香料貿易の利益を諦めなかった。マゼランが試みた偏西風海域を経由する大航海は難しいが、モンスーン海域からの航海は比較的容易に違いないと考えたのである。スペインは太平洋のモンスーン海域に面したメキシコからモンスーンを使ってフィリピン群島に至り、モルッカ諸島と交易するための航路の開発を繰り返し試みた。

一五二七年、コルテスの従兄弟としてメキシコ征服にも参加したサーベドラ・イ・セロン（？—一五二九）が、北東モンスーンを利用すれば二週間でフィリピン群島に行けるのではないかとして航海を試み、ミンダナオ島にたどり着いた。彼は、マゼランが作成した海図により航海したとされる。北緯二〇度前後のモンスーン海域に位置するメキシコ沿岸から北緯一五度のフィリピン群島への航海は、北東モンスーンを利用すれば比較的容易だったのである。

しかし、太平洋横断航路の定期化を妨げていたのは、フィリピン群島から帰るための安定した航路が見つからないことだった。太平洋からメキシコに吹き付けるモンスーンが弱かったためである。サーベドラも帰還できず、漂着したハワイ群島で命を落としている。

一五四一年、メキシコ副王は、太平洋を下り東インド諸島に航海することを航海士ルイ・ロペス・デ・ビリャロボス（一五〇〇頃—四四）に命じた。ビリャロボスは、翌年に四隻の船を率いてルソン島の南岸に至り、さらにサマール島、レイテ島にまで達した。彼はこの群島に、スペイン皇太子のフェリペ（後のフェリペ二世）を称える意味あいからフィリピン群島と名づけている。しかし先住民の抵抗が強かったため、植民地化は諦めざるを得なかった。ビリャロボスは、先住民との争いに敗れてポルトガル勢力圏のモルッカ諸島に逃れたものの捕縛されてしまい、その地で獄死している。

その後一五四〇年代になると、ペルーのポトシ、メキシコのサカテカスなどで大銀鉱山が発見され、セビーリャの通商院は莫大な銀を手にした。やがてスペインは、そうした安価な銀を太平洋を横断してアジアに持ち込み、交易できないかと考えるようになる。果たして、太平洋に「海上の道路」を建設することができたのか。

一五六四年一一月、スペイン王フェリペ二世（位一五五六―九八）の命を受けた征服者ミゲル・ロペス・デ・レガスピ（一五〇二―七二）は、五隻の艦船、五〇〇名の兵士を率いて、メキシコの西海岸から冬の北東モンスーンに乗って航海に出た。レガスピは太平洋を九三日間航海し、マリアナ諸島に一時上陸した後、六五年二月にセブ島に上陸した。レガスピは、七〇年五月、イスラーム教徒が支配し、中国、東南アジアとの貿易で賑わう良港マニラを征服する。しかし、メキシコに戻る航路が発見されていないため、フィリピン群島の支配は不完全だった。

太平洋横断航路を拓いたウルダーネタ

課題となっていたフィリピン群島からメキシコに戻る「海上の道路」を発見したのが、修道士、航海士のアンドレス・デ・ウルダーネタ（一五〇八―六八）だった。

ウルダーネタは、ビスケー湾に面したバスク地方の出身である。一五二五年、一七歳のウルダーネタは、ロアイサが率いる七隻、四五〇人以上の乗組員からなるモルッカ諸島に向かう航海に参加した。この時の航海で水先案内人になったのが、マゼラン死後の船団を引き継ぎ、世界周航をなしとげたエルカーノだった。しかし、航海は悲惨な結果に終わり、ロアイサとエルカーノは太平洋上で命を落とした。辛くも生き残ったウルダーネタら二四人は、モルッカ諸島に到達したものの、ポルトガル人に捕らえられ、八年間、モルッカ諸島で拘留された後にスペインに帰国した。その後、ウルダーネタは海の世界から足を洗い、一五五三年、アウグスティヌス修道会に入り、五七年には聖職者になった。

しかしウルダーネタの転機が、その晩年に訪れる。一五六〇年、スペインは、サラゴサ条約でスペイン圏とされたフィリピン群島に向けての船団を新たに組織した。六〇歳を越えていた老ウルダーネタは王命により遠征に参加させられ、太平洋を往復するルートの発見に努めることになる。ウルダーネタは、一五六四年、レガスピの遠征に船長として参加。現地でレガスピからフィリピンからメキシコに戻る航路の開拓と、フィリピン植民地への増派要請をメキシコに届けよという命を受けとって、一五六五年六月一日、セブ島のサン・ミゲルを出港した。

その際にウルダーネタは、大西洋の航海のイメージを下敷きにして太平洋に幹線となる「海上の道路」を開発しようと考えていた。熱帯からの海流に乗ってモンスーン海域を北上し、偏西風を利用してメキシコに戻るルートを考えたのである。大西洋でカリブ海からスペインに戻る際には、フロリダ沖からメキシコ湾流に乗ってアゾレス諸島まで北東に進み、そこから偏西風に乗りスペインに帰るルートが既に拓かれていた。指令を受けたウルダーネタは、太平洋を西から東に吹く偏西風海域に入るために、黒潮に乗って日本列島の東岸を北緯三九度位まで北上する方法を考え出した。その試みは、予期した通りの成功をもたらすことになった。ウルダーネタが指揮するサンペドロ号は四カ月と八日の日数を掛けて太平洋を横断し、カリフォルニアのメンドシノ岬（サンフランシスコの北三〇〇キロ）付近にたどり着いたのである。その後、一行は、無事、メキシコ南部の良港アカプルコに帰還した。約二万キロに及ぶ、大航海だった。こうして「第三の世界」に長大な「海上の幹線道路」ができあがり、改めてアメリカ大陸とアジアが結び付けられたのである。コロンブスに匹敵する業績を残したウルダーネタの質素な顕彰碑が、アカプルコに建てられている。

「ウルダーネタの航路」は、セビーリャの通商院の標準海図に載せられ、メキシコのアカプルコとマニラを結ぶマニラ・ガレオン貿易が、以後、一五六五年から一八一五年に至る二五〇年間続けられることになった。いうまでもなく、この「海上の道路」を示す海図はスペインにより厳重に秘匿されたのである。

五、「第三の世界」の幹線ルートによりアジアに流れる銀

太平洋の幹線航路とマニラ・ガレオン貿易

セビーリャの通商院の管理下で行われた新大陸の安価な銀をアジアに輸送する「マニラ・ガレオン貿易」は、空前の大航海になった。風に恵まれても往復四カ月、風に恵まれなければ往復七カ月という長期の航海が強いられたのである。そのために、大型船が必要になった。豊富なフィ

リピンの木材を使い、船長が四〇メートル以上、平均一七〇〇トンから二〇〇〇トンのガレオン船が建造され、アカプルコとマニラの両港から三隻ずつ（一五九三年以降は二隻ずつ）出港して太平洋を横断する貿易に携わることになる。

新大陸の銀が集まるマニラ港には、台湾海峡を横断し、南シナ海を南下した福建商人が中国の絹、陶磁器、漆器などを大量にもたらし、東南アジア商人は香辛料、象牙をもたらした。大量の貿易品のなかで特に大きな比重を占めたのが中国の絹だったことから、ガレオン船は「ナオ・デ・チーナ（中国船）」とも呼ばれた。

イスラーム教徒が支配していたマニラが征服された時に、マニラは既に中国商人の交易圏に組み込まれており、四〇人の中国商人と二〇人の日本商人が住み着いていた。既にアジアには、福建から台湾海峡を経由してフィリピン群島からスラウェシ島、マカッサル海峡、ジャワ海、マラッカ海峡に至る交易路が拓かれていたのである。スペイン人が新大陸からもたらした圧倒的に安価な銀は、そうした東南アジア交易圏の有力商品になった。多くの福建商人が絹、陶磁器、薬材をマニラに運び、銀と交換した。

かっての「プトレマイオスの世界図」には、西の果てのカナリア諸島から東の果ての曖昧なセリカ（中国）までの空間が描かれていたが、一五六五年のマニラ・ガレオン貿易の開始により太平洋に恒常的な「海上の道路」が通じ、新大陸と中国の間に横たわる「第三の世界」の存在が明らかにされた。「プトレマイオスの世界図」に代わる、地球規模の「世界」のイメージがようやく形成されたのである。

中国に滔々と流れ込んだ銀

新大陸からマニラに運ばれた銀の価格は当時のアジアの銀価の約三分の一に過ぎず、スペイン人は中国の絹、陶磁器、漆器、東南アジアの香辛料を大量に購入することができた。儲けが極めて大きかったことから、新大陸で産出される銀の三分の一が、太平洋を越えてアジアに運ばれることになった。こうして、アメリカ大陸と中国の間に銀と絹・陶磁器が取り引きされる太いパイプができあがる。

マニラ貿易の主要商品が福建商人がもたらす絹製品だったために、中国には税を銀で納める明代後期の一条鞭法、清代の地丁銀というように、税制を変革させる程の大量の銀が新大陸から流れ込んだ。またマニラでは、中国商人の居住許可税、関税など中国商人からの税収が、マニラ政庁の収入の二割から二割五分を占めていた。

喜望峰を迂回する東回りの貿易路は、一六世紀はポルトガル、一七世紀はオランダの制圧下にあったが、西回りで太平洋と大西洋を結ぶ長大なルートがスペインの主要な貿易路になった。マニラからメキシコのアカプルコに運ばれた絹製品や陶磁器は、カリブ海に面したベラクルス港からキューバのハバナ港に運ばれ、その後メキシコ湾流に乗って大西洋を横断し、スペインのセビーリャに運ばれた。太平洋と大西洋の「海上の道路」が一つにつながったのである。

マニラ・ガレオン貿易で利用された太平洋を横断する「海上の道路」は、銀により結ばれる世界経済の幹線でもあった。ウルダーネタの航路開発の世界史的意義は計り知れないものがある。

第六章　三つの「世界」を定着させたフランドル海図

一、世界の海を変容させたオランダ

モンスーン海域で結びつきを強める世界

一六世紀にスペインがマニラ・ガレオン貿易の航路と大西洋横断航路を接続したことで、世界史の舞台は地球規模に拡張された。「第一の世界」、「第二の世界」、「第三の世界」の「海上の道路」が、モンスーン海域でひとつながりになったのである。他方、ポルトガルも一五世紀末の喜望峰発見を境に、「第二の世界」と「第一の世界」をつなぐ「海上の道路」を拓いていた。さらに一七世紀になると、新興勢力のオランダ、イギリスなども「公海の自由」を掲げて、モンスーン海域に幅広く進出するようになる。

もともと小国だったポルトガル、海洋国家に転身しきれなかったスペインは、多数の商船を有する海運大国のオランダ、私掠船から海軍の創設に向けて力を注いだイギリスにやがて敗れ去って行く。他方オランダ、イギリスの新興勢力が旧勢力を圧して行く過程で、「プトレマイオスの世界図」の修正が進められ、四つの大陸と三つの大洋の組み合わせからなる新しい世界像が次第に姿を現すことになる。

大航海時代には羅針盤を使って大洋を航海する際に役立つ世界図が未だ作られておらず、改訂された「プトレマイオスの世界図」が利用されていたが、やがて新しい視点に立った世界図がフランドル地方に誕生する。印刷業の興隆もあり、オランダでは「海上の道路」を地球規模で記録するための海図・地図が大量に発刊され、海図、地図製作を産業化させた。船乗りたちにオープンにされた三つの世界を複合する海図が、海上交易を飛躍的に拡充させたのである。

新しい海の世界を拓く先達になったのが、オランダ独立戦争（一五六八—一六〇九）によりスペインの植民地からの独立を果たした、新タイプの商人国家オランダだった。オランダは、ポルトガル、スペインをはるかに凌ぐ海運力を生かして、大西洋、インド洋に急速に進出した。ポルトガルやスペインが航路を統制し、王室が海図を厳重に管理する「点と線」の交易を行ったのに対して、オランダは、半官半民の特許会社の下で多数の商船を自由に交易に参加させ、商船が海図を共有する「面」の交易を実現させたのである。

普及する印刷海図

オランダ、イギリス、フランスなどが勃興すると、ローマ教皇の権威を背景とするポルトガル、スペインの二大国による海洋支配の体制は急速に崩れていった。商人たちが自由に世界の海に乗り出す時代の到来である。一六〇九年、オランダの法学者フーゴー・グロティウス（一五八三—

一六四五）は『自由海論』を著し、海洋の専有は許されず全ての国家は海上貿易のために国際領域としての海を自由に使用できると唱え、新興諸国の自由な航行権を主張した。オランダはそうした主張の下に世界の海に進出したが、その前提となったのが、水路誌、海図の公開だった。オランダの水路誌、海図出版の初期に活躍した人物がルーケ・ヤンスゾーン・ワゲナーである。ワゲナーは一五八四年に『航路の鏡』という北アフリカからスカンジナビア半島に至る大西洋とバルト海沿岸の詳しい案内書を発刊し、九二年には対景図付きのヨーロッパ沿岸の水路図『航海の宝』を発刊した。ワゲナーの水路誌は地図帳形式になっていたことから、ヨーロッパの船乗りたちに重宝がられて「ワゴナー」の愛称で普及し、八八年には英訳本が出るほどだった。

一七世紀になると、マニラ・ガレオン貿易関係の海図などの一部の例外を除き、世界の「海上の道路」の在りかを示す海図の公開が幅広く進められた。海図はもともとは手書きが普通だったが、一六世紀の初めにはイタリアで木版海図が出版されるようになり、一五四〇年頃になると銅版海図が始まった。そうした銅版技術はただちにオランダにも伝えられ、瞬く間に普及していく。ヨーロッパの貿易の中心が地中海から大西洋岸に移った（この時期の「商業革命」による）こともあり、海図の需要の大きいオランダが、イタリア諸都市に代わり銅版の海図製作の中心の地位を担ったのである。

かくして地図製作者と彫版職人が協力し、海図、地図の出版が大規模化するが、それに先んじてオランダが海運大国になっていく過程をまず簡単にみていくことにする。

二、ニシン漁と造船とフランドル海図

アントウェルペンの繁栄と印刷業

大航海時代のヨーロッパ経済の中心になったのがフランドル地方だった。ヨーロッパ経済の中心がイタリアから北海に面した低湿地に移動したのである。フランドル地方で最初に栄えたのは、スヘルデ川の河港、アントウェルペン（アントワープ）だったが、一六世紀末になるとアントウェルペンは急速に衰え、オランダのアムステルダムに中心が移動する。

アジアとの香料貿易を軌道に乗せたポルトガルは、未だヨーロッパに自らの販売網を持っていなかった。そのために、ポルトガル王室はアントウェルペンに、胡椒、シナモンなどのアジアの特産品を持ち込み、売りに出した。一五〇一年以降、ポルトガル船がアントウェルペンにアジアの物産を運び込むようになると、スペイン商人、ヴェネツィア商人、ライン川で活躍するケルン商人などが集まった。一六世紀中頃には、アントウェルペンは一日に何百隻もの船が出入りするアルプス以北で最大の商業都市に成長を遂げることになる。フィレンツェの外交官フランチェスコ・グイッチャルディーニ（一四八三―一五四〇）は、アントウェルペンの活況について「一日に何百もの船舶が出入りし、毎週二〇〇〇もの馬車がやってくる」という報告を残している。

大航海時代以前にヨーロッパ経済をリードした北イタリアのヴェネツィア、ジェノヴァが、ヨ

ーロッパの各都市に商館を設けて商人を派遣したのに対し、ポルトガル人がもたらす香辛料が集まるアントウェルペンは、ヨーロッパ各地の商人を自市に集める新しいタイプの経済都市になった。また、宗教審問の嵐が吹き荒れるスペインから追放されたユダヤ人の多くを吸収したのも、新興都市アントウェルペンだった。

一五四九年、パリからそうしたアントウェルペンに移住した一人のフランス人がいた。クリストフ・プランタン（一五二〇頃—八九）である。彼がアントウェルペンで起こした印刷工房は、やがて印刷機一六台、職人八〇人以上を擁するフランドル地方最大の印刷、出版社に成長を遂げた。この時代には、パリ、リヨン、ヴェネツィアがヨーロッパの印刷業の中心だったが、アントウェルペンはそれらの都市と肩を並べるようになっていく。プランタンは、三四年間に、実に約二四五〇点もの書籍を出版している。

海図の印刷、出版も盛んに行われるようになった。後述するアブラハム・オルテリウス（一五二七—九八）はアントウェルペン生まれであり、一五七〇年にアントウェルペンで最も古くから出版業を営んでいたジリス・コッペンス・ヴァン・ディーストの下で、「プトレマイオスの世界図」の世界観を全面的に革新する世界地図帳『世界の舞台』を刊行している。ちなみに当時の地図はとても高価であり、製本・彩色されていない『世界の舞台』でも印刷工の一カ月の給与に相当したとされる。

しかし、アントウェルペンの繁栄は半世紀も続かなかった。スペインに対するフランドル地方の独立戦争が起こると、スヘルデ川の河口をスペイン軍に封鎖されたアントウェルペンは急速に没落していったのだ。さらに、その後を商人国家オランダの都、アムステルダムが継承することになるが、オランダは一五八五年以来アントウェルペンの復興を阻止するためのスヘルデ川河口の閉鎖を続けた。

ニシンが出現させた海運大国

ヨーロッパの一七世紀は、「オランダの世紀」といってもいいだろう。活発な海運と中継貿易を背景に、アムステルダムには新大陸の銀、アジアの香辛料、ヨーロッパ各地の物産が集まった。一六五〇年、オランダが所有する船舶数は一万六〇〇〇隻、船乗りの数は一六万三〇〇〇人に達したと推定されている。オランダが所有する船舶数はイギリスの四倍から五倍に達し、イギリス、スペイン、ポルトガル、ドイツ諸邦を合わせた数を上回ると言われた。オランダ人は重くかさ張る積荷を運ぶため、喫水が浅く、平底で三本のマストをつけた一〇〇トンから九〇〇トンの「フライト船」という標準化された貨物船を大量に作った。フライト船は積載量が多く、小人数での操船が可能だったために、他国の半分程度の安い運賃で貨物を運ぶことができた。それにより、オランダ商人がヨーロッパの海を制覇することになったのである。

また、オランダ船が安い船賃を維持することができた秘密の一端は、効率の高い造船業にあった。オランダの造船業は、実に年間二〇〇〇隻という造船能力を誇っていたのである。造船所はノルウェーから安価な木材を購入し、造船工程の標準化、製材機やクレーンの使用などにより生産コストを低く抑えた。一七世紀末のオランダの造船コストは、イギリスに比べて四〇パーセントから五〇パーセントも安かったと言われている。その結果、オランダでは船主の経費が大幅に軽減されることになったのだ。オランダの海運業の状況は次のような記述から理解することが出来る。

一六三四年にはオランダは三万四八五〇の船を持っていた。そのうち二万は、四通八達している内水航行に使われていた。あとの一万四八五〇のうち六〇〇〇はバルティック貿易に、二五〇〇は北海に、一〇〇〇はラインとマース河の航行に使われた。英、仏等との貿易には一五〇〇隻、スペイン、アフリカ北岸、地中海には八〇〇隻、アフリカ、ブラジル、東西インドには三〇〇隻、ロシア、グリーンランドには二五〇隻、残りの二五〇〇隻は種々の方面に使われていた。まさにヨーロッパの海運を一手に引き受けた大海運帝国であった。（岡崎久彦『繁栄と衰退と―オランダ史に日本が見える』文藝春秋社）

このように安価な船の大量生産が「オランダの時代」を築く原動力になったのである。では、オランダで造船業が盛んになったのは何故なのだろうか。謎をたどっていくと、ヨーロッパで「冬に食べる魚」として好まれた体長約三〇センチの大衆魚、ニシンにまでたどり着くことになる。

ニシンは、一四世紀頃にはバルト海の入り口に位置するデンマーク領の狭い海峡部に産卵のために群れをなして押し寄せた。無数のニシンの群れに剣を差しても、剣が沈まないほどだったと言われる。そうした大量のニシンがリューベックなどハンザ同盟のドイツ商人により塩漬けにされ、樽に詰められてヨーロッパ各地に販売された。ハンザ同盟の盟主リューベックが繁栄したのは塩漬けニシン、塩漬け用の塩の売買を通じてであり、一四世紀末にデンマーク王がノルウェー王、スウェーデン王とカルマル同盟という同君連合を結び、事実上スカンジナビア三国の支配者になったのも、ニシン利権でデンマーク王の力が卓越していたためだった。

ニシンは一月から三月にかけて北海西部の漁場で多くのオランダ漁船の流し網漁で大量に捕獲され、塩漬け、酢漬けなどにしてヨーロッパ各地に送られ、オランダの富裕化の源になった。例えば、一六一〇年に、オランダでは二〇〇〇隻ものニシン漁船が稼働しており、約二万人がニシン漁に従事していたという。一六六九年には、ニシン漁とニシンの加工に従事する人口が四五万人に及んだとみなされている。

それでは、なぜヨーロッパで大量のニシンが食べられたのだろうか。ヨーロッパでは、イエスが荒野で断食の修行に励んだことにちなんで、復活祭前の四〇日間は、祈り、断食、喜捨を内容とする節制が求められた。肉を断つことが求められたのである。四旬節に入る前の祭りは謝肉祭（カーニヴァル）と呼ばれるが、その語源は一三世紀のラテン語、カルネ・ウァレ（肉よ、さらば）にあったとの説がある。冬から春にかけての時期に肉が去った食卓に登場したのが、塩漬けニシンだったのである。全ヨーロッパでニシンが食べられるのだから大変な量になる。そうした膨大な需要がオランダのニシン漁を活性化させ、ニシン漁のための膨大な数の漁船がオランダの造船業と海運業を急成長させたのである。

ニシンは気まぐれな魚で、突然ぱたっと今まで訪れていた産卵場所を訪れなくなる。日本でもかってニシン漁で栄えた小樽、留萌、増毛などが急に衰退した例があるが、原因は同じである。デンマーク領に押し寄せていたニシンが急に姿を消すと、今度は主なニシン漁場は外洋の北海に移ることになった。沖合でニシンを取るしかなくなったのだが、それがオランダに幸いした。

一七世紀のアムステルダムの富裕層はニシン漁が富の源泉であることをよく知っており、口ぐせのように「この町は、ニシンの骨で建てられた」と自慢したと言われている。

アジアへの航海を強いられたオランダ

一五七八年、二四歳のポルトガル国王セバスティアン一世（位一五五七―七八）がモロッコとの戦争で戦死し、ポルトガルの王統が途絶えた。壮絶な戦いで、王の死体も見つからなかったといわれる。そうしたなかで隣国スペインの国王フェリペ二世（位一五五六―九八）は、母親がポルトガル王マヌエル一世の娘であったことを理由にポルトガルの王位継承を主張し、一五八〇年にポルトガル王位を兼ねることになった。その結果、スペインの領土は、メキシコ、ペルー、カリブ海、ブラジル、アフリカ沿岸、フィリピン、ゴア、マラッカ、マカオというように世界の全域に及び、スペインは「太陽の没することのない帝国」と呼ばれるようになった。フェリペ二世は、一五八四年に日本からの天正遣欧使節団を歓待した王でもある。

フェリペ二世は「異端者に君臨するくらいなら命を百度失うほうがよい」という言葉で知られるほど、異端に対しては不寛容だった。カトリックによる国家の統合を目指していたのである。

そうしたことから、宗教審問によりカトリックを強要するスペインと、プロテスタントが多い植民地ネーデルラントの関係は一挙に悪化することになった。一五七九年、フランドル地方の北部諸州はフェリペ二世と戦うための軍事同盟、ユトレヒト同盟を結成し、スペインとの戦争の幕を切って落とした。しかしフェリペ二世がポルトガル王位を兼ねると、それまでポルトガルがフランドル地方に運んで来た胡椒、肉桂などの香辛料が途絶えてしまった。フェリペ二世の露骨な宗教政策の結果、香辛料を積載したポルトガル船が入港しなくなったのである。アムステルダムは深刻な経済危機に直面した。諸都市の商人を引き付けていたアジアの香辛料を、自前で調達しなければ、衰退するしかなかったのである。

ちなみに、フランドル地方の北部七州は、八〇年間の戦争を経て、一六四八年のウェストファリア条約でネーデルラント連邦共和国として独立が認められた。七州のうちホラント州が連邦経費の半分以上を負担するほど強大だったので、ホラントが連邦の通称となった。「オランダ」という国名は、ホラントのポルトガル語名に由来する。一六四八年に独立が承認される以前にも「独立」の実態があったので、本書ではそれ以前においても「オランダ」という呼称を用いることにする。

アジアへの道を拓いた海図と冒険心

オランダ人のアジア進出は、ポルトガルが海図を厳重に管理していたこともあり、大変に困難だった。船はあるけれども、海図と航路情報の欠乏のために手も足も出なかったのである。オランダ人は海図を持たないという障害を何とかして乗り越えなければならなかった。

そうしたなかで、オランダ人リンスホーテン（一五六三―一六一一）は、ゴア大司教の従者として一五八三年から五年間インドのゴアに滞在し、インドとの交易情報の収集に努めた。彼が一五九二年に帰国した後、刊行した『東洋案内記』は、オランダ商人のアジアへの案内書になった。この書には、一枚の貴重な海図が収められて広く役立てられた。その海図は「東」が上部に置かれ、地名がポルトガル語で表記されており、「ポルトガル人の水先案内人が使用している最も正確な海図」という注が付されている。そうしたことから、この海図がポルトガル人を買収して写させたものだったことが明らかになる。こうした海図は、オランダ人がアジアをイメージする際に大きな役割を果たした。

また、オランダの商人のコルネリス・デ・ハウトマン（一五四〇―九九）も、海図と航海情報の獲得に寄与した人物だった。彼はポルトガルのリスボンに滞在していた時、金銭トラブルを起こして投獄された際に獄中でインド航路の情報を聞き出し、一五九四年、帰国した。時まさに、アジア情報が喉から手がでるほど希求された時期であった。一五九六年、ハウトマンは、自らがリスボンで得た情報、海図、地理学者プランシウスとリンスホーテンの後押しを受けて、商人長として四隻の船と二四九人の乗組員を率い、アジアに向けての冒険的な航海に乗り出した。

ハウトマンの船団は喜望峰まで南下し、ポルトガル勢力を避けるためにマダガスカル島の北まで北上してから東北東に針路を取り、六〇〇〇キロのインド洋を横断してスマトラ島に至った。その後、スマトラ島とジャワ島の間のスンダ海峡を南から通過し、約一四カ月の航海の後、西部ジャワのバンタムに到着している。船団はそこで香辛料を購入し、一五九七年、オランダに戻った。一隻の船を失い、二四九人いた乗組員が壊血病で八九人に減少する難航海だったという。しかし、このハウトマンの冒険的な航海は、オランダ人がアジアに向かう一連の航海の端緒になった。ハウトマンが使ったポルトガル人の海図やプランシウスの作成した「東インド諸島」を描いた地図が、船乗りたちがアジアに向かう際の導きの糸になったのである。

ハウトマンは、一六〇〇年に刊行された銅版の世界図に、自らの航路を書き込ませている。また、彼はジャワ島の幅が狭いことを実見し、ジャワ島が「プトレマイオスの世界図」に描かれている「未知の南方大陸」の一部ではないことを明らかにした。プトレマイオスが描いたようにインド洋は「未知の南方大陸」により閉ざされているわけではなく、航海可能な広大な海がインド洋の南に横たわっているという情報を公にしたのである。

こうしてオランダ人も、アジアへの「海上の道路」の開発に参加することになった。海図と航路情報があれば、アジアへの航海もそれ程難しくはない。ハウトマンに続けとばかり、アジアに向けての船団が次々に組織された。一五九六年から一六〇一年のわずか六年間に一五の船団、六五隻のオランダ船がアジアに赴いている。

冒険心が旺盛なオランダ人は、他方でマゼランが試みたように太平洋を西に航海してモルッカ諸島に行く試みにも臆することなくチャレンジしていった。ポルトガル人、スペイン人が数十年かかって成し遂げたことを、オランダ人はわずか数年間で成し遂げてしまったのである。一五九八年には、アジアへの航路を開発するためにかつてのマゼランの世界周航の航路をたどって世界一周をめざす二つの船団が派遣された。ロッテルダムから五隻の船で出港したヤコブ・マフーの船団とヘレーから四隻の船で出港したオリヴィエ・ヴァン・メールトの船団である。後者は、首尾よく成功し、大量の航路情報をオランダにもたらした。

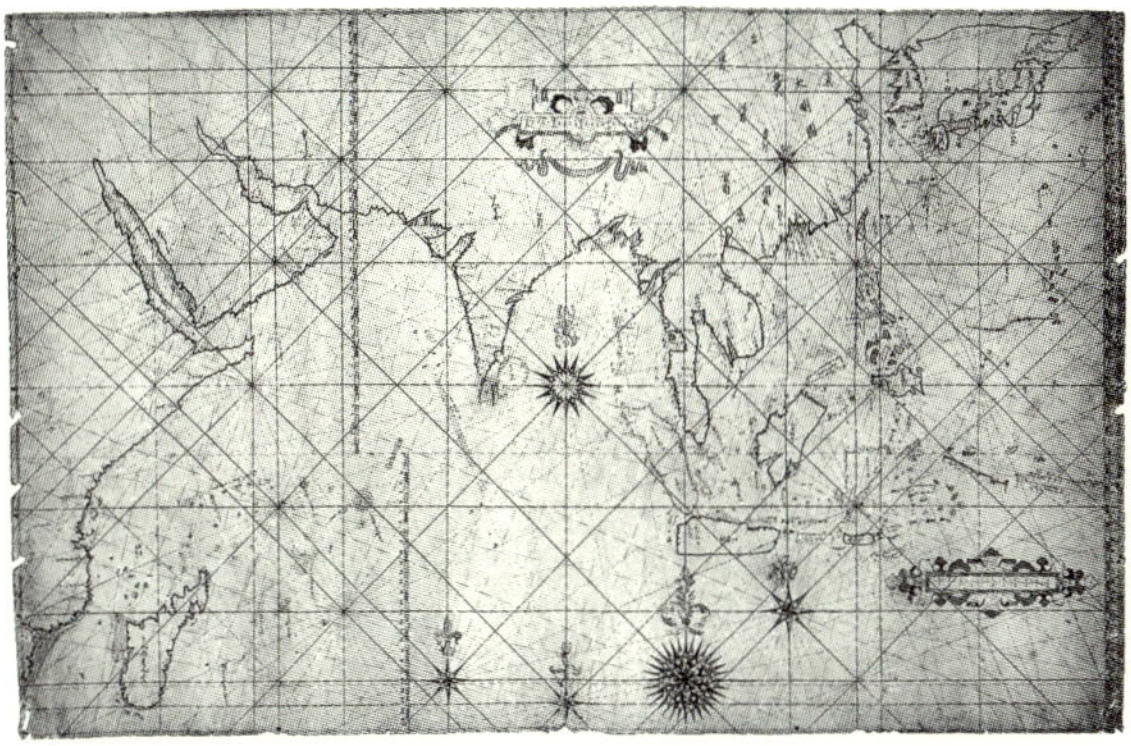

17 世紀、朱印船貿易で使われた「東洋諸国航海図」（東京国立博物館所蔵　Image: TNM Image Archives）

一五九八年、ヤコブ・マフーの船団に加わりロッテルダムを五隻の僚船とともに出港したエラスムス号（後に日本ではリーフデ号と呼ばれる）は、マゼラン海峡を通過した後、悪天候により他船と別れ別れになり、一一〇人いた乗組員のうち生存者がわずかに二四人という厳しい航海を経て、九州の豊後（現在の大分県）に漂着した。漂着した船は、大坂、浦賀に回航され、生存者のオランダ人ヤン・ヨーステン（一五五六頃―一六二三）やイギリス人のウィリアム・アダムス（一五六四―一六二〇）は、海外貿易に熱心な徳川家康に江戸幕府の外交顧問として取り立てられ、朱印船貿易に対する助言を行うことになる。オランダ人の冒険的な太平洋横断航海はいち早く日本の歴史とも結び付いたのである。

ちなみに、日本では一六〇四年に徳川家康により朱印船制度が整えられていた。一六〇四年から一六三五年までの三二年間に、約三五〇隻の船が日本から台湾、ベトナム北部・中部・南部、タイ、カンボジャ、ルソン島などに派遣されている。この朱印船が用いた海図も、実はポルトラーノだった。朱印船がポルトガル人やオランダ人を水先案内人として雇ったことから、ヨーロッパのポルトラーノが日本に伝えられたのである。やがて、そうしたヨーロッパのポルトラーノは羊皮紙や厚手の和紙に模写され、地名も仮名で書き改められて和製の海図になった。この頃に朱印船で使われたポルトラーノは、十数点が現存している。その一つ東京国立博物館所蔵の「東洋諸国航海図」（一五九八年製）はポルトガル製のポルトラーノで、インド洋・ベンガル湾・南シナ海・東シナ海の航路が描かれているが、東南アジアの部分は特に拡大されたかたちになっている。しかし日本列島の北部は曖昧に描かれている。一七世紀になると、日本人の船乗りの手で沿岸航海用の海図も作られるようになった。

東インド会社と「四〇度の轟き」

アジアへのルートが拓かれると、オランダ諸都市の商人がわれもわれもとアジアに向けて船を出し、今度は逆に香辛料の過剰供給による値崩れが問題になった。そうした中で、過当競争を避けアジア貿易の利益の独占を図るために生み出されたのが、一六〇二年、有力商人が共同出資してアムステルダムで設立された東インド会社（VOC: Vereenighde Oost Indische Compagnie）である。オランダ東インド会社は世界初の株式会社とされるが、喜望峰からマゼラン海峡に至る広大な地域での貿易、植民、軍事の独占権を、オランダ連邦議会から保障されていた。

東インド会社の創設者の一人でもある、地図製作者プランシウス（一五五二―一六二二）は、ポルトガルの海図を多数手に入れてインド航路に精通していたが、羅針盤を使った等緯度航法に役立つ海図を多数作成し、会社の成長に貢献した。彼は一〇〇枚以上の海図、地図を作り、オランダのアジア進出を積極的に支えた。オランダ東インド会社の躍進は、優れた海図が基盤になっていたのである。

オランダ東インド会社は、多数の武装船舶と強力な海軍力を背景にポルトガル（当時はスペイン王がポルトガル王を兼ねる）の交易ネットワークを奪い取り、ジャワ、スマトラ、モルッカ（香料）諸島、マラッカ、セイロンなどをその勢力圏に組み込んだ。

一六一九年、東インド会社はジャワのバタヴィア（現在のジャカルタ）に拠点を築き、モルッカ諸島、スラウェシ島、スンダ諸島、マラッカ、シャム、セイロン島、インド東岸・西岸に支店を設けて、チョウジ、ナツメグ、肉桂などの取引を独占して、巨利を上げるまでになった。東インド会社の組織制度は、各地の商館に長官を置き、長官は年に一度モンスーンに乗ってやってくる会社の船に積載するための産物の入手、保管を行った。オランダ人らしい律義さで、東インド会社には膨大な量の東インド総督からの報告文書、本国からの指令文書、各商館の日記などが保存されている。一六一四年から一七九四年までの約一八〇年間の公文書、約三〇〇〇冊が残されている。当然のことながら、海図の蓄積も膨大になった。

王室が貿易の担い手になったポルトガルとは異なり、商人が運営の担い手となるオランダ東インド会社は合理的な経営で効率よく利益をあげた。三・五パーセントの利子の支払いが約束されていた会社の株式配当は規定をはるかに越え、一六〇六年には七五パーセントにも達している。好配当が評判になり、わずか六年間で東インド会社の資本額は、四・六倍に増加している。

一六〇二年から九六年までの間、東インド会社が株主に支払った配当は約二〇パーセント以上が維持され、時には五〇パーセントを越えることもあった。最盛期の一六六九年を見ると、東インド会社は戦艦四〇隻、商船一五〇隻、一万人の軍隊を擁する一大企業に成長している。

オランダ東インド会社は、ポルトガルとの摩擦を避けるため、一六一〇年に「吠える四〇度」として恐れられた南半球の偏西風海域を通ってジャワ島に至る「ローアリング・フォーティー(四〇度の轟き)」と呼ばれる航路を開拓した。他国の船乗りが恐れる偏西風を逆手にとり、強い追い風を利用する高速航路をアジアに拓いたのだ。北海でのニシン漁の体験が荒れた海を恐れない勇気と技術を与えたのである。

アムステルダムを出港したオランダ船はスコットランドの北を経由して大西洋を南下、ヴェルデ岬の南から大きな円を描くような航路をとって喜望峰で休養。その後、南緯三六度と四二度の間の偏西風海域を東進し、約八五〇オランダ・マイルを進んでサンポール島、ニュー・アムステルダム島に至り、そこから南東モンスーンを利用して北上し、スンダ海峡経由でジャワ島のバタヴィアに至った。全体として、八カ月間から九カ月間に及ぶ大航海だった。オランダは新たな「海上の道路」を繁栄の基礎に据えたのである。

メルカトル図法の登場

オランダ人がアジアの海に押し寄せた時代、海図産業でもオランダが優位を占めた。丁度その時期は印刷技術が進歩し、銅版の海図が羊皮紙、犢皮紙の海図に変わって行く時代だった。航海も近場の航海から、アジア、アメリカ大陸との間の大洋を横断する航海が主流に変わる。しかし、未だ羅針盤を使って大洋を航海するための海図のかたちが定まっていなかった。従来のポルトラーノは、球体の地球の長距離の航海には不適切だったのである。そうしたなかで、フランドル地方では、後述するメルカトル図法が登場し、世界図と海図が統合された。新しいタイプの地図が生み出されたことが、フランドル、強いていえばオランダの海図がヨーロッパを制した有力な理由になった。一六世紀中頃から一七世紀中頃には、「フランドル派」と総称される海図、地図製作者が大活躍する。

航路が地球規模に拡大すると、丸い地球を平面化する投影法により球体の地球を地図化するための工夫が必要になった。そうした時代の要請に応えた新しい海図製作の動きをつくり出したのが、フランドル派の基礎を築いたルーバンの天文学者ゲンマ・フリシウス（一五〇八―五五）だった。フリシウスは、ルーバンの大学で医学を学んで医学教授になったが、若い頃から地球儀や天体観測機器の工房を開いており、天文観測器具の改良や地球儀の製作の面でも知られていた。フリシウスの研究の影響で、やがてフランドル独自の海図、地図を作成しようとする気運が高まっていく。そのフリシウスの助手を務めたのが、正角円筒図法（メルカトル図法）という新しい地図作製技法を開発し、フランドル派の海図、地図の隆盛を招いたゲラルドゥス・メルカトル（一五一二―九四）だった。

メルカトルの技法は、遠距離の地点を結ぶ航程線（等角航路）を地図上で直線で示すことを可能にしたという点で、画期的だった。羅針盤で舵角を一定に保てば、船は地図上の航程線をたどれたのである。メルカトルが新たに開発した「正角円筒図法」は、「投影法」により球形の地球を平面に写し取ろうとする「プトレマイオスの世界図」と、実際の航海に役立つポルトラーノとを結合させた新たな技法とみなし得る。しかし、沿岸航海では相変わらずポルトラーノが有効であり、メルカトルが海図と地図の作成の原理を公開しなかったこともあって、メルカトルの海図、地図の普及には思いの外に長い時間がかかった。「メルカトルの海図」が一般化するには、ダッドリー（一五七四―一六四九）が一六四六年から翌年にかけて製作した海図集『海の神秘』がイタリアで刊行されるのを待たなければならなかった。それ以降、「メルカトル図法」の呼称が生まれ、「メルカトル海図」が急速に普及することになる。

画家フェルメールが描く海図製作者

海図がそのまま航海での使用に耐え得る精度を獲得するには、同時に望遠鏡、四分儀などを利用する緯度測定技術の洗練、水深測定技術の進歩、作図技術の標準化などが必要だった。海図には、航海に必要な諸情報が取り込まれなければならなかったのである。一七世紀に入ると、海図職人が航海に同行して専門的な観測と海図の作成を行うようになる。一定の形式に則った標準的な作図が行われるようになるのである。

一七世紀は、ポルトガル、スペインに代わってオランダ人、イギリス人などが新タイプの海洋国家を作り上げる時代となったが、海図、地図の面ではオランダが断然他国を圧することになった。船乗りたちを世界の海に誘う海図職人は、時代の花形職業でもあったのである。オランダの繁栄期は、オランダの「海図・地図の時代」だったといってもいいだろう。

一七世紀を代表するオランダのデルフト出身の画家、ヨハネス・フェルメール（一六三二―七五）の作品に、一六六九年に描かれたガウンのような衣服を身にまといコンパスを右手に海図に向かい合う、有名な海図製作者の絵（『地理学者』）がある。

フェルメール作『地理学者』（1669年。床に海図が無造作に広げられ、背後の棚には地球儀が置かれている）

その絵では、床に海図が無造作に広げられ、人物の背後の棚には数冊の本とインド洋を正面に向けた地球儀が置かれ、壁にはヨーロッパの海図が掛けられている。海図職人は窓から差し込む光に顔を向けて、遠い海に思いをはせているような構図になっている。女性を主に描いた寡作の画家フェルメールが残した男性の単身像は、この海図製作者と天文学者の二点しかない。

三、新時代を拓いたメルカトル図法

世界図化する海図

海図は、最初頻繁に船が往来するヨーロッパ近海で整えられていったが、やがて大洋、新たに開拓された海域にも広がっていくことになった。一七世紀は商船が大西洋やインド洋を越えて航海する時代であり、海図も広い海域をカバーしなければならなくなった。各海域の海図と、それらを結び付ける総合的な世界図が共に必要になったのである。

この時代、船乗りは他者に役立つように自らの航路を海図上に記録しなければならないということが、不文律になっていた。同時に船乗りにとって、自分の名が海図上に記されることは何よりの栄誉になったのである。

海図が大規模に再編される一六世紀後半から一七世紀が、オランダ海図の黄金時代だったことは先にも述べた通りである。そうしたオランダ海図の時代を支えたのが、これも先述した「メルカトル図法」だった。メルカトルが考案したのは、球体の地球に円柱状に紙を巻き、地球の中心に光源をおいて球体の地表を平面上に投影した後に展開するという新図法だった。地表の一部のみを平面化するプトレマイオスの「円錐図法」を改良して、地表全体を投影する図法（「正角円筒図法」）に切り替えたのである。プトレマイオスが、地中海とエリュトラー海という狭い海域を対象にしたのに対し、メルカトルは「第一の世界」、「第二の世界」、「第三の世界」の全体を作図対象としたのである。

メルカトルが描いた世界図

メルカトルは、一五一二年、アントウェルペンに近いフランドル東部にドイツ人の子として生まれた。若くして両親と死別したメルカトルは大伯父の世話になりながらルーバン大学に進学し、そこで数学者ゲンマ・フリシウスに幾何学、天文学、地理学を学んだ。卒業後、メルカトルは海運業全盛の時代の風潮を受けて、アストロラーベ（測天儀）、地球儀などの製作、地図や海図の彫版の仕事を始め、二四歳の時に早くもその腕前が認められるようになった。

メルカトルが育った時期は、一五一七年に始まる宗教改革の動きがフランドル地方に広がり、それに対する宗教審問が強められた時代だった。進取の気性に富んでいたせいか、メルカトルは一五四四年に異端の疑いで逮捕され、数カ月間入牢を余儀なくされている。

その後、出牢を許されたメルカトルは難を逃れるために家族と共にドイツのデュイスブルクに移住し、プロテスタント諸侯の庇護の下で地図製作に専念できるようになった。新しい地球像を描こうとするメルカトルにとってこの時代は、決して安穏な時代ではなかったのである。

一五六四年、メルカトルは「ヴァルトゼーミュラーの世界図」を継承し、アメリカ大陸の中・南部の太平洋側の海岸線までを書き込んだメルカトル図法による世界図を発刊した。一五六九年

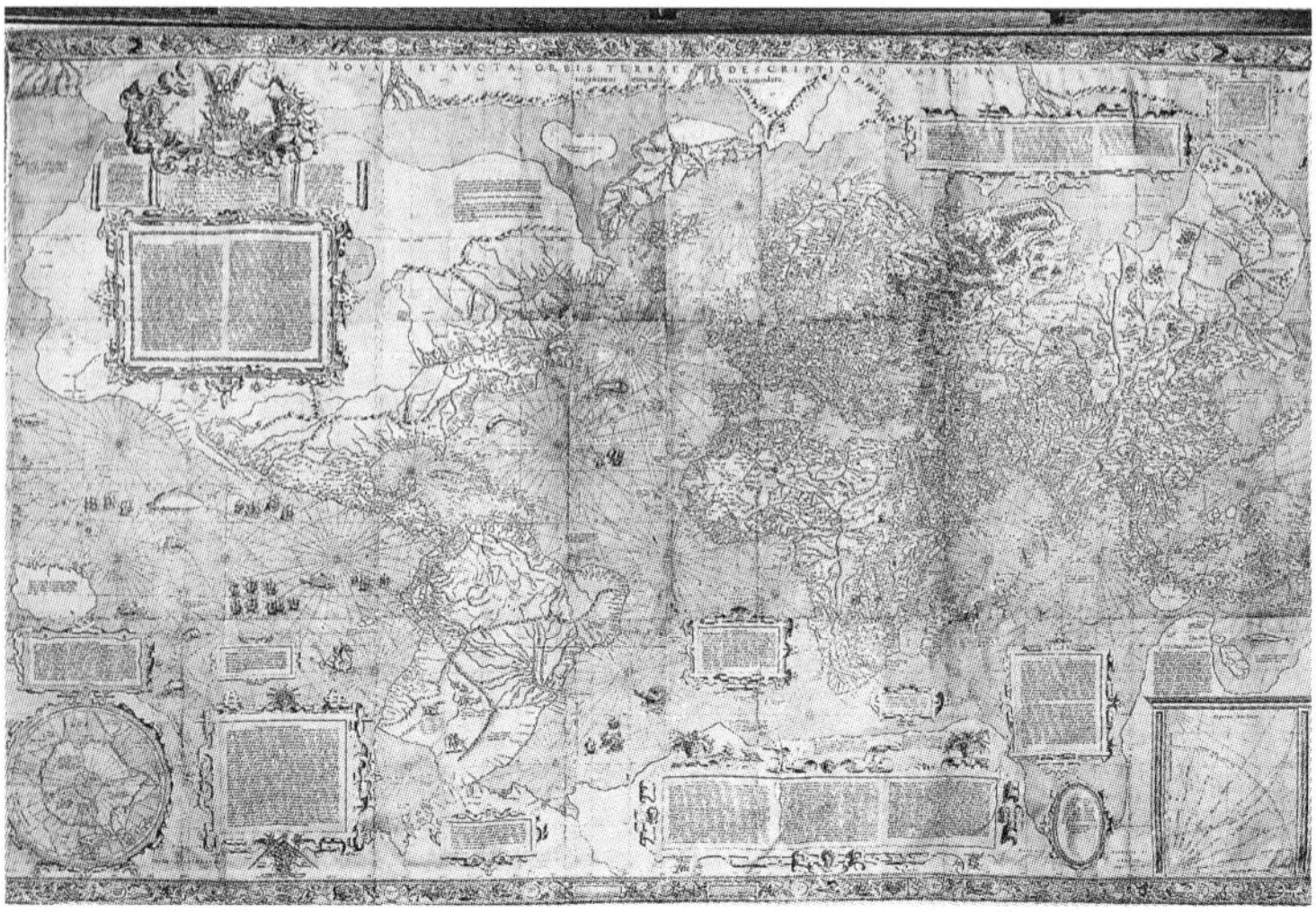

1569年、オランダの地図製作者メルカトルによる縦1.3×横2メートルの「世界図」

になると、後にメルカトルの代表作になる、一八枚の地域図を総合する縦が約一・三メートル、横が約二メートルの世界図を完成させている。大西洋を中心におき、海中に三二の航程線が伸びる多くのコンパス・ローズを配した「世界図」は、「航海者に最適の新世界地図」と題され、大洋の航海の安全に資することを目的としていた。

「世界図」では全体としてユーラシアがかなり正確に書き改められているが、東アジアの部分は基本的に「プトレマイオスの世界図」を継承していた。中国の部分では本来南部に位置するマンジが「北」に、北に位置するカタイが「南」に描かれるというような誤りもある。また、かなり大きめにジパング島が描かれている。アメリカ大陸はユーラシアに比べてかなり大きめに描かれており、特に北アメリカ部分は、東西に大きく膨らんでいる。

さらに、アジアとアメリカの両大陸は「アニアン海峡」で隔てられていた。両大陸の東西の間隔は極めて狭く描かれており、その分、太平洋の幅が大西洋よりも狭くなっている。地図の下の部分には、プトレマイオス以来の巨大な「未知の南方大陸」が東西に伸び、地図の上部にも別の大陸が大きく描かれていた。

「メルカトルの世界図」は、赤道から高緯度地帯にかけての緯線間の変化がかなり曖昧で、実際の航海には使いにくかった。しかし、一五九九年、イギリス人のエドワード・ライトが緯線間距離の計算表を作成して以後、海図として広く航海に用いられるようになっていく。

四、オルテリウスの『世界の舞台』による世界像の革新

オルテリウスの『世界の舞台』

メルカトルと同時代の人物で、近代的な地図帳の製作者として知られるのがアブラハム・オルテリウス（一五二七―九八）である。

オルテリウスは、銀の売買で栄えたフッガー家やヴェルザー家が勢力を振るった南ドイツの経済都市、アウグスブルクの名門の出身だったが、アジアの物産と新大陸の安価な銀の流入で繁栄するアントウェルペンで生涯を過ごした人物である。富裕な家に生まれたオルテリウスであったが、一五四七年には地図の刷り師ギルドに入っている。最初は骨董商だった父親の影響を受けて、

オルテリウスは古書と古美術の商人としてフランス、イタリアなどを股にかけて広く商売した。彼にとっての転機は、一五六〇年にメルカトルと一緒にフランスのロレーヌ、ポワティエを旅行したことだった。その旅の途中でメルカトルから世界各地の地図を一冊の本にまとめる構想を打ちあけられ、以後オルテリウスは、メルカトルの手法を踏まえた総合的な世界地図帳の編纂を目指すようになる。

オルテリウスは独学の人で、実際の地図製作者としてよりも、地図の編纂、出版業者として評価を得た。目ききの彼は、多くの海図・地図製作者の力を総合して、新しい世界像を描き出したのである。彼は一五七〇年に、七〇葉の地図を五三頁の地図帳にまとめた『世界の舞台』を編纂し、アントウェルペンで刊行した。それは世界図、四大陸図、四〇葉のヨーロッパ地域図、八葉のアジア・アフリカ図からなる画期的な世界地図帳であった。オルテリウスは、様々な地図を寄せ集めることで世界を再構成する手法をとった。それぞれの地図製作者の名は、はっきりと地図帳に記録されているが、初版で八七名、最終的には一八三名に及んだ。時代の総力を結集した地図帳『世界の舞台』は、やがて一四〇〇年もの間、世界図として君臨し続けた「プトレマイオスの世界図」に代わる標準的な世界図の地位を獲得することになった。

『世界の舞台』はヨーロッパで大評判になり、同年中に四回にわたって版を重ねるほどだった。その後、ラテン語、ヨーロッパ諸国語にも翻訳されて、一六一二年までに四〇数版が出版され、ヨーロッパに新たな世界像を普及させた。

『世界の舞台』は印刷された地図として、メルカトルの技法を普及させる役割を果たしたといっ

1570年、アントウェルペンの地図編纂者アブラハム・オルテリウスが刊行した地図帳『世界の舞台』

てもいいだろう。ちなみに一五九〇年に帰国した天正少年使節団（一五八二―九〇）は、ヴェネツィア付近の大学都市パドヴァでオルテリウスの『世界の舞台』や「海図」を贈られて日本に持ち帰っている。オルテリウスの世界地図帳は、発行後二〇年という極めて早い時期に日本にも伝えられていたのである。

『世界の舞台』で名声を得たオルテリウスは、その後、一五七五年にスペイン国王フェリペ二世からお呼びがかかり、お抱えの地理学者になった。

狭く考えられていた「第三の世界」

オルテリウスの『世界の舞台』は大航海時代の諸情報を集大成した世界図と言ってよかった。『世界の舞台』には、南・北アメリカが世界図上にしっかりと位置づけられており、新しい世界像の定着に貢献している。しかし誤りも多かった。太平洋を中心とする「第三の世界」については未だかなり曖昧であり、巨大な「未知の南方大陸」が大きな比重を占めていた。マニラ・ガレオン貿易の海図をスペインが秘密にしていたこともあって公には知られておらず、太平洋に関しては「プトレマイオスの世界図」の情報が変形されながらも根強く生き残っていた。広大な太平洋は依然厚いベールに覆われており、全容が解明されていなかったのである。

オルテリウスは、一五八九年、「太平洋（Maris Pacifici）」という、その名の通り太平洋を扱った最初の銅版の地図を『世界の舞台』に収めた。太平洋では既にスペインがマニラ・ガレオン貿易の航路を開いており、ポルトガルがマラッカ海峡、台湾海峡経由で日本に至る航路を開いていた。しかし、南北の偏西風海域においては航海が困難なこともあり、情報が極端に不足していた。

先に述べた地図「太平洋」では、南の「未知の南方大陸」と平行して長く伸びる北アメリカ大陸が描かれ、南・北アメリカ、「未知の南方大陸」、アジア大陸に囲まれた狭い内海として、太平洋が描かれている。実際の太平洋は地表の全ての陸地を飲み込む世界最大の海なのだが、地図「太平洋」では実際とは比較できない位の狭い海として描かれている。

「太平洋」には、太平洋の南東の部分に船首と船尾で祝砲を放ちながらマゼラン海峡から姿を現すマゼラン船団のビクトリア号の大きな絵が配されている。太平洋をマゼランが拓いた海と見なしていたためである。マゼラン海峡は、巨大な「未知の南方大陸」と南アメリカ大陸の間の狭い

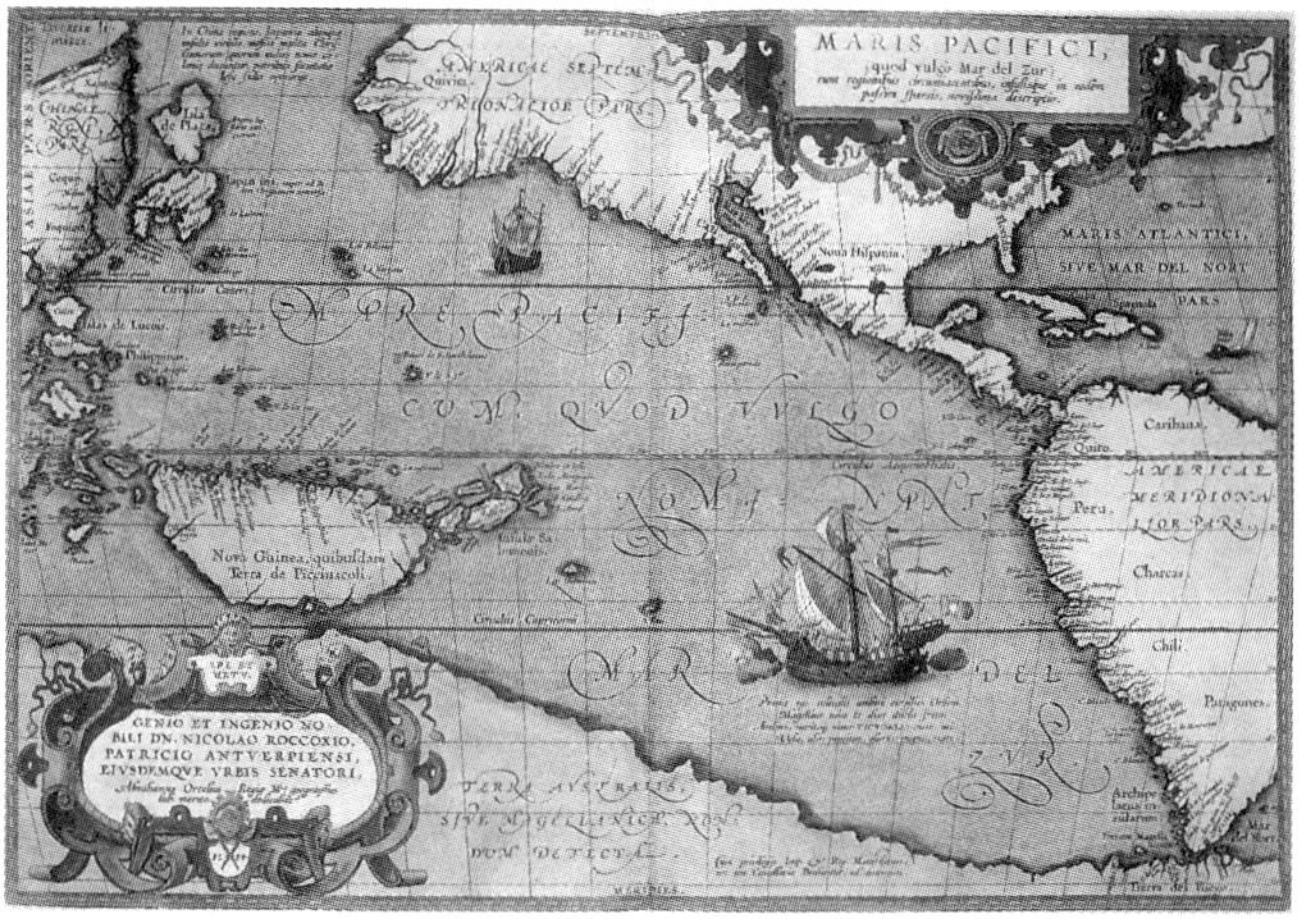

オルテリウスの『世界の舞台』に収められた、地図「太平洋」（太平洋が比較にならないほど狭く描かれている）

海峡として認識されていた。

また、太平洋上のソロモン島やニューギニアは、ずば抜けて巨大な島として描かれている。一五六七年、海の彼方の黄金の国を求めてスペインの航海士アルバロ・デ・メンダーニャ（一五四一―九五）はペルーのカヤオ港から二カ月半航海し、南太平洋のソロモン諸島を発見した。それが地図上に反映され、前述の「太平洋」ではソロモン島が太平洋のほぼ中央に大きく描かれている。メンダーニャは、太平洋中に、アワチュンビ、ニナチュンビという二つの宝の島があるという情報を得て、探検航海に出たのだった。ところが、あにはからんや、航海の末、南太平洋のメラネシアにたどり着いたのである。メンダーニャは、その海域の島々が『旧約聖書』でソロモン王に黄金と財宝を提供したとされる島々に違いないと判断して、ソロモン諸島と命名した。

オルテリウスの『世界の舞台』の「ルイス・テライシュの地図」に描かれた日本列島

地図「太平洋」では、ソロモン島は実際の位置よりも経度にして五〇度も西に描かれており、その分太平洋が狭くなっている。ソロモン諸島のすぐ西には、極めて大きな島としてニューギニア島が描かれている。発見間もない時期だったこともあろうが、「第三の世界」はまだまだ曖昧な状態だったのである。

それに対して、マゼランが上陸したグアム島はほぼ正確に描かれている。レスティガ・デ・ラドロネス（スペイン語で「泥棒の岩」、マゼランの船団が島民に色々な物品を盗まれたことから命名）と島名が記され、ほぼ同緯度の西方にフィリピン群島、その南にヨーロッパ商人の垂涎の土地だったチョウジ、ナツメグの産地のモルッカ諸島が描かれている。

「太平洋」の北西部分には幅の広い海峡を挟んで中国の海岸部が描かれ、その東にかなり大きな本州、四国、九州からなる日本列島が配されている。本州の西には「銀山」と記されており、列島の周辺には「日本がキリスト教に改宗する」とか、「イエズス会がキリスト教の布教を目指して中国に向かう」というような記述もなされている。本州の北には「イスラ・デ・プラタ（銀の島）」と名付けられた蝦夷島（北海道）が描かれ、本州と蝦夷島の東にはすぐもう北アメリカ大陸が迫っている。

ポルトガル人は、一五四三年に種子島に至り、五七年頃には広州湾のマカオに居留地を確保し、一五七一年には長崎に商館を設けている。しかし、日本情報はまだまだ不正確に伝えられていたようである。ただこれが、一五九五年にオルテリウスが刊行した『世界の舞台』に収録されたポルトガル人「ルイス・テライシュの地図」になると、奥州以南の本州、四国、九州の海岸線がかなり正確に描かれている。とはいえ、列島の西に細長い島として朝鮮半島が描かれ、列島が大陸と九〇度の位置に東西に描かれていた。日本列島の正確な地理情報が得られるのは、まだまだ先の話なのである。

五、金銀島から解明が始まった「第三の世界」の北部海域

スペインの金・銀島探索

解明が進んでいなかった北の偏西風海域に属する北太平洋の探索の開始にも、「黄金の島」ジパング伝説が深くかかわっていた。

一五一一年、マラッカ王国を征服したポルトガル人は明との勘合貿易にマラッカ王の使節団を偽って参入しようとしたが果たせず、当時、中国沿岸で勃興していた密貿易ネットワークを利用して日本列島と結び付くようになった。一五四三年、ポルトガル人が種子島に漂着して鉄砲を伝え、戦国時代の戦争の仕方を大きく変える契機になったのはよく知られた話だが、そのポルトガル人を乗せていたのが明の密貿易商人王直が率いる乗組員百余人の大型ジャンクだったことについてはあまり知られていないかもしれない。

一五四八年になると、ポルトガル商人が拠点とする浙江の密貿易港リャンポー（双嶼）が明軍の攻撃により壊滅し、その翌年、イエズス会の宣教師フランシスコ・ザビエルが来日している。ザビエルの後を継いだイエズス会は、九州の大名とポルトガル船を結び付けるエージェントとなり、ポルトガルの対日貿易が本格化することになった。

日本にやってきたポルトガル商人は最初、自分たちの目を疑った。なぜなら「黄金の国ジパング」である日本が、大量に産出される銀で明から有り余っているはずの金を購入していたからである。当時の日本は、石見の大森銀山が発掘されて間もない時期であり、世界的銀産国になっていた。その銀により、明から生糸、絹、木綿と並んで、金を購入していたのである。そうした矛盾を目のあたりにしたポルトガル人の間に新たな噂が生まれた。日本列島の東方海上に、豊富な金を産出する金島と銀島が存在するという噂である。もしかしたらジパング島は、日本列島の東方沖合にあるのかも知れない。

それをスペインの宮廷に伝えたのが、長期間マニラに滞在したことがあり、宮廷に影響力を持つ天文・地理学者コロネルだった。コロネルは根拠もないのに、日本列島の東方海上の北緯三五度に銀島、北緯二九度に金島があるという、断定的な情報を宮廷に伝えたのである。

スペイン王フェリペ三世（位一五九八―一六二一）は、日本列島の東方海域が、マニラ・ガレオン貿易の航路に当たっていたこともあり、金・銀島の情報に強い関心を示した。一六〇九年、早速、メキシコ副王に金・銀島の探索を命じることになる。

メキシコ副王の命を受けて、コロネルが空想した金・銀島の探索に当たったのが、メキシコの商人、セバスティアン・ビスカイノ（一五四八―一六一五）だった。ビスカイノはカリフォルニア沿岸の探検と海図の作成で、既に多くの成果を上げていた老商人だった。ちなみに、クジラの繁殖地として世界的に有名なメキシコのバハ・カリフォルニア半島中央部のビスカイノ湾は、ビスカイノにちなんだ命名である。

一六一一年三月、ビスカイノの船はメキシコのアカプルコを発ち、六月に浦川（現在の浦賀）に入港した。その後、徳川家康から日本沿岸の測量許可を得て、一一月から奥州沿岸の測量に従事している。マニラ・ガレオン貿易の航路が黒潮に乗って日本沿岸を北緯四〇度位まで北上して偏西風に乗る航路をとっていたスペインにとっては、日本沿岸の海図の作成は願ってもないことだったのである。一二月二日、ビスカイノは現在の大船渡沖を航行中に、慶長三陸地震にともなう大津波に遭遇するが幸いにも被害はなく、その後、九州沿岸まで広い海域を測量した。マニラ・ガレオン貿易の中継港を探っていたビスカイノは、水浜（現在の宮城県石巻市雄勝町水浜）が良港になるであろうという報告書を、伊達政宗に提出している。彼の海図では、そこを「サン・ディエゴ」と記していた。

一六一二年、ビスカイノはいよいよ金・銀島の探索に取り組むが、暴風にあって探索を中途で断念せざるを得なくなり、金・銀島は発見されないままに終わった。この後、ビスカイノは幕府にメキシコに帰るための船の建造を申し入れるが断られ、伊達政宗の命で建造された五〇〇トン級のサン・ファン・バウティスタ号で、一六一三年にフランシスコ会の宣教師ルイス・ソテロ（一五七四―一六二四）、支倉常長が率いる慶長遣欧使節団と共にメキシコに戻っている。

太平洋の北の果てを誤認したフリース

ビスカイノが失敗した金・銀島の探索を引き継いだのが、オランダの東インド会社だった。一六四三年、会社の命を受けた船長マールテン・フリース（一五八九―一六四七）が率いるカストリクム号、ブレスケンス号からなる二隻の船、一一六人の乗組員がジャワ島のバタヴィアから日本列島の東方海域に赴き、金・銀島の探索にあたった。この船団の探索範囲には日本列島の北の韃靼海（後のオホーツク海）も含まれていた。アジアとアメリカの間に海峡があるのか否かは、当時は分かっておらず、その海域の観測が大きな課題になっていた。

ちなみに、アジアとアメリカを隔てる海峡を最初に地図上に描いたのは、イタリアの地図製作者G・ガスタルディだった。彼は一五六二年に製作した地図で、海峡のアジア側を「アニアン地方」と名付けた。「アニアン」とは、マルコ・ポーロの『東方見聞録』にある「アニウ」に由来する地名とされる。実際のところアニウは「金・銀が豊か」と記された雲南地方の阿寧州を指し

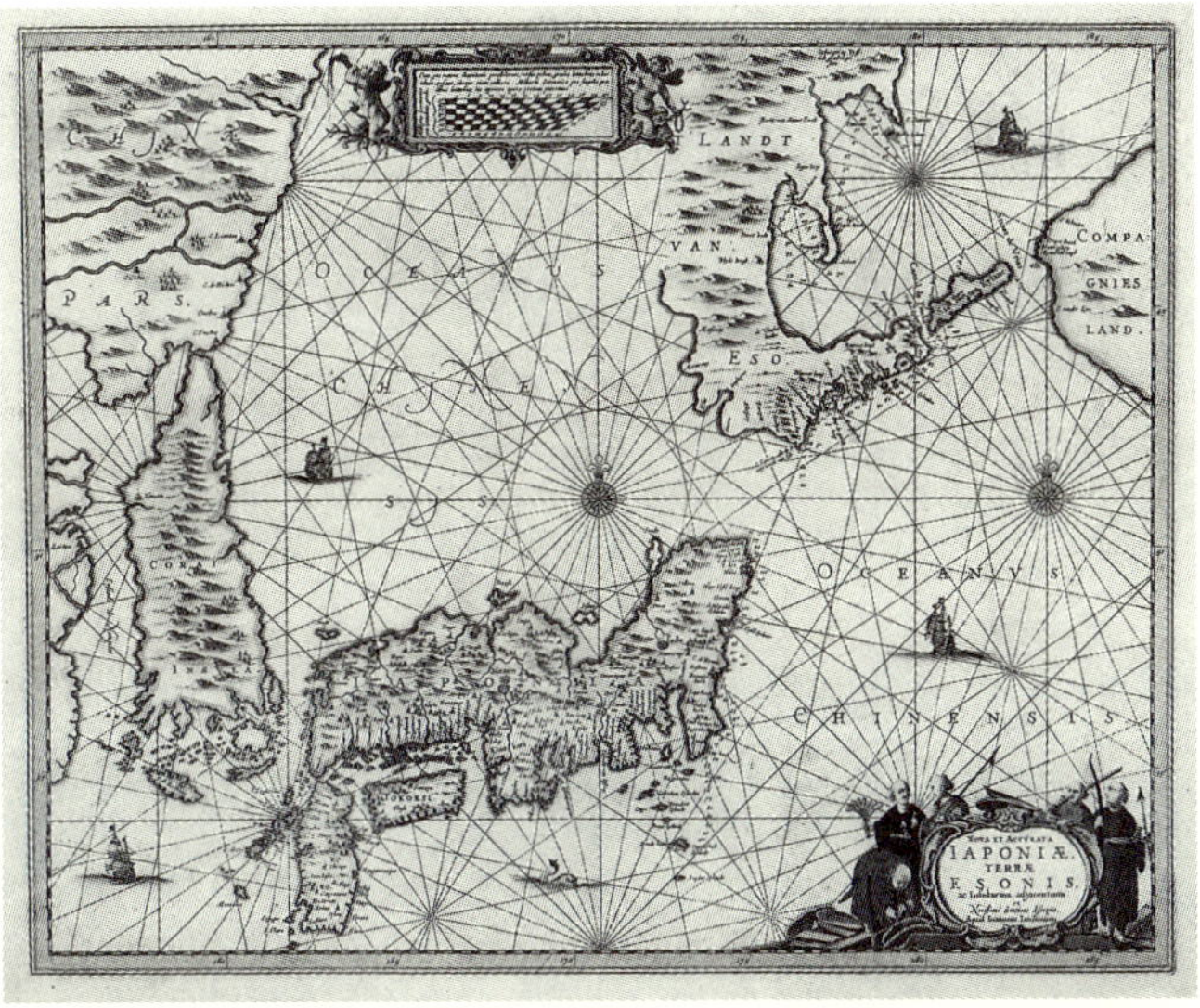

17世紀中頃、オランダ東インド会社の船長マールテン・フリースが手書きで作った「海図」（ハーグの国立文書館蔵）

ているので、全くのこじつけということになる。しかし一五六四年に作成された「メルカトルの世界図」でも、このアニアン海峡の名が踏襲されている。つまりは濃霧と強風が支配する「アニアン海峡」の海域には、なかなか船が立ち入れなかったということである。

さて東インド会社の命を受けたフリースは、北上して濃霧の根室海峡を通過し、オホーツク海に入った。フリースはその海域こそが韃靼海であると断定し、千島列島のエトロフ島とウルップ島の間に横たわるエトロフ海峡をアジア大陸とアメリカ大陸を隔てる「アニアン海峡」と見なし、新たにフリース海峡と命名した。エトロフ島を「スタテン・ラント（国の島）」、ウルップ島をアメリカ大陸の一部と考えて、「コンパニース・ラント（会社の島)」と命名している。「東インド会社の土地」との意味である。

濃霧の海域での航海を強いられたフリースは、本州とエゾ（北海道）の間の海峡を広げ過ぎてしまい、エゾを北の樺太、東の千島列島南部とくっつけて、一つの半島と見なした。巨大なエゾが、エトロフ島を挟んでアメリカ大陸と向かいあうようにイメージしたのである。フリースが作ったこの手書きの海図は、現在、ハーグの国立文書館に保存されている。フリースの曖昧な「海図」は、一六五〇年頃から印刷地図に組み込まれ、ヨーロッパに広く流布した。

濃霧と強風が支配するオホーツク海の航海は難しく、長い間、フリース海峡が太平洋の北部でアジアとアメリカを結ぶ海峡とみなされ続けたが、実際の状況は不明のままで時が流れた。フリースは航海の帰路に金・銀島の探索も行ったが、言うまでもなく発見されなかった。

ピョートルとベーリング海峡

オランダ人の探検を継承し、太平洋の北の果てに位置する海峡の実態を最終的に明らかにしたのが、二〇年間以上、ロシア海軍に勤務していたデンマーク人のお雇い外国人、ベーリング（一六八一―一七四一）だった。

国家歳入の過半を毛皮の販売に頼る毛皮大国ロシアは、一七世紀に約半世紀余りの短期間でシベリア征服をなしとげたが、その後を受けた皇帝ピョートル一世（位一六八二―一七二五）は、オランダ、イギリスという海洋大国に憧れ、北方戦争でスウェーデンを破ってバルト海の覇権を握ると、内陸部のモスクワから海に面したサンクトペテルブルクに都を移した。彼は海軍を創建し、海洋国家への道を模索する。

一七二三年、ピョートルはウィルスターという指揮官に二隻の船団を率いさせ、大西洋から喜望峰を迂回して、マダガスカル島からムガル帝国に航海することを命じた。だが、ウィルスターの船団は暴風のためにバルト海を出ずして航行不能になり、航海は失敗に終わる。そうしたこともあり、大洋に出るにはシベリアの北の海域からアジアに向かう方が手っ取り早いと考えたピョートルは、翌々年、死を迎える三週間前に、北極海経由で中国、インドとの貿易ルートを拓くための海峡の探検を命じた。その任務を託されたのが、ベーリングだったのである。

ベーリングの第一次航海（一七二五—三〇）は準備不足もあって失敗に終わったが、第二次航海（一七三四—四三）は少なからぬ成果をあげた。ベーリングは、一七四一年、カムチャッカ半島のペトロパブロフスク港を出て探検の途につき、ベーリング海峡の存在を明らかにした。長い間、不明確だったアジアとアメリカを隔てる海峡の実態が明らかになり、幻の「アニアン海峡」は姿を消した。曖昧だった「第三の世界」の北部海域にようやく一縷の光が差し込むことになったのである。

六、「世界図」から消えた「未知の南方大陸」

「未知の南方大陸」登場の背景

「プトレマイオスの世界図」に巨大な大陸として描かれた、インド洋、大西洋、太平洋にまたがる「未知の南方大陸」は、古代からルネサンス期の地図にそのまま引き継がれていた。

古代のモンスーンを利用するインド洋の航海が、紅海・アラビア半島とインド半島の間で行われたために、域外の南インド洋が、長い間、未知の海域として取り残されてきたためである。数学的、天文学的に考えると、北半球の大陸塊に対応する巨大な陸地が南半球に存在しなければ、均衡がとれないと考えられたこともあって、その未知の海域には巨大な大陸が存在しているに違いないと想像され続けた。「地球」という言葉があるように、古代は陸地中心に地球がイメージされていたのであり、南北の陸地のバランスがとれていると考えた方が、理論的に正しいとされたのである。

かっては「未知の南方大陸」は赤道付近に北限があると考えられていたが、バルトロメウ・ディアスの喜望峰発見によって大陸は南方に押し下げられ、マゼランの航海によって更に南緯五二度にまで押し下げられた。しかし、喜望峰やマゼラン海峡、ホーン岬の南の海域は、海が通年大荒れする偏西風海域で航海や探検が極めて困難だったことから、「未知の南方大陸」の探索は遅々として進まなかった。

こうして「プトレマイオスの世界図」の「未知の南方大陸」のイメージは、誇張されたまま存続することになった。一五六九年の「メルカトルの世界図」でも「未知の南方大陸」は温帯にまで北上し、南北アメリカよりも広く、インドやアメリカ大陸の近くにまで伸びているように描かれていた。

スペイン人による「未知の南方大陸」の探索

ポルトガルに比べ、太平洋のモンスーン海域に面してメキシコ（ヌエバ・イスパーニャ）とペルーの二つの副王領を持ち、マニラ・ガレオン貿易を行っていたスペインは「未知の南方大陸」の探索に着手しやすい事情があった。しかし、メキシコから赤道を越えて南半球に南下しようとすると、南東モンスーンに押し戻されてしまい航海が困難だった。

そうしたことから、ペルーの太平洋岸最大の港カヤオが「未知の南方大陸」の探検の拠点となった。当時はポトシ銀山の銀をはじめとするペルー、ボリビア、アルゼンチンの産品がアンデス山脈を越えてカヤオに集められ、その後、船でパナマに運ばれ、パナマ地峡をパナマからカリブ海側の港ポルトベロにまで陸上を移動し、最終的にキューバ島のハバナ経由でヨーロッパに運ばれていた。

一五六七年一一月一九日、「未知の南方大陸」に『旧約聖書』のソロモン王に献上された黄金を産出する金山があると考えたスペイン人アルバロ・デ・メンダーニャ（一五四一―九五）は、二隻の船を率いてカヤオ港を出港し、翌年二月一日にニューギニアの東のソロモン諸島に到達した。メンダーニャはそれから二五年以上たった一五九五年に、第二回のソロモン諸島の探索に取

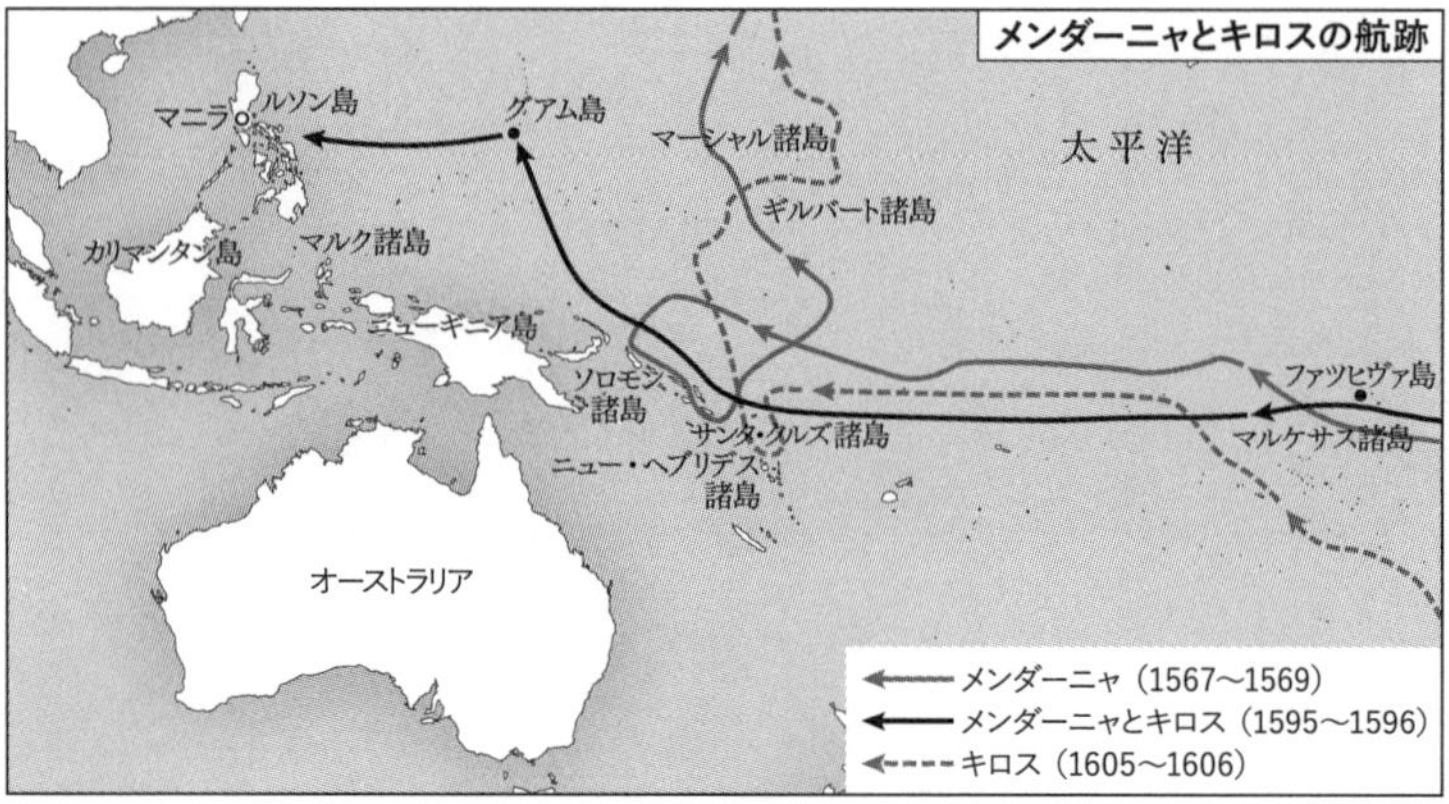

メンダーニャとキロスの航跡

り組む。その目的は移民であり、メンダーニャの船には、移民として四〇〇人の男女が乗せられていた。しかし、不確かな海図、おぼつかない航海技術のために、ソロモン諸島は再発見できずに終わった。

その後、ポルトガル人キロス（一五六五—一六一五）は、苦労してスペイン王に「未知の南方大陸」を発見する航海の計画を売り込み、「第二のコロンブス」になろうとした。国王の勅許を得たキロスは、一六〇五年一二月二一日、ペルーのカヤオを出港し、太平洋の島々を経て、一六〇六年五月三日、ソロモン諸島の東のニュー・ヘブリデス諸島に到着した。そして、島々の中で最大の島を「未知の南方大陸」の本島に違いないと推測し、「オーストラリア・デル・エスピリッツ・サント」と名付け、この大陸から南極までをスペイン王の領土と宣言した。彼はその島に厳しい規律を確立して、理想的な新エルサレムを建設しようと試みる。しかし、先住民の抵抗に遭うと、キロスは後事を副官のルイス・バエス・デ・トーレス（一五六五頃—一六一三頃）に託して、早々に引きあげてしまった。結局、キロスが「南方大陸」と思っていたのは、比較的大きな島に過ぎなかったのである。しかし、海図製作者たちは「キロスの発見」を引き継ぎ、南太平洋の島々を「母なる大陸」の子供とみなす過りを犯したのである。

キロスから後事を託されたトーレスは、その島々からニューギニアとオーストラリアの間のトレス海峡を航行し、ニューギニア島を迂回してマニラに至ったが、その後のトーレスの足跡は不明になってしまった。トーレスの一行がこの海域で作成した海図と報告書は、スペインの公文書館に保存されている。こうしたスペイン人の一連の航海により、「第三の世界」の赤道以南のメラネシアの島々が明らかにされていったのである。

オランダ人とオセアニア

スペイン人が太平洋の東に位置するペルーから「未知の南方大陸」の発見に努めたのに対し、喜望峰から東方に直進して偏西風を利用する航路を拓いたオランダ東インド会社は西から東へ探索を進めた。

オランダ人は偏西風が吹きすさぶ北海でニシンの流し網漁を基に海運業を成長させたこともあって、「吠える四〇度」と呼ばれる、強風が吹きすさぶ南半球の強風海域を恐れなかった。そうしたオランダ人が、喜望峰の南、南東に位置すると考えられた「未知の南方大陸」の発見に取り組むのは当然の成り行きだった。

一六〇五年、ニューギニア南岸の調査に向かった海図製作者ウィレム・ヤンスゾーンが、ジャワ島のバンタムから出発して最初にオーストラリアを発見し、「ニューホラント（新しいオランダ）」と命名した。一六一五年になると、指揮官のヤコブ・ル・メールと船長ウィレム・コルネリスゾーン・スホーテンが率いる探検船が南アメリカのマゼラン海峡の南のフエゴ島の更に南東を航行して、ホーン岬を発見した。その結果、メルカトルなどの世界図が描いている「未知の南方大陸」が、マゼラン海峡の南には存在しないことが明らかになった。

その後、「未知の南方大陸」が存在するとされた海域へのオランダ人の航海がくりかえされ、「新しいオランダ」と呼ばれるオーストラリアの沿岸の状況が次第に明らかにされていった。

オーストラリアがニューギニアとは別の大陸であることを明らかにしたのは、オランダ人の探検家アベル・タスマン（一六〇三―五九）だった。タスマンは、一六四二年に、タスマニア島とニュージーランドを発見。四四年になると、ヨーク岬半島とオーストラリア西部の沿岸を航行している。しかし、船上からオーストラリアを見ると荒涼として魅力のない土地に見えたためにオランダ人は余り興味を示さず、オーストラリアは約一世紀にわたってそのまま放置されることとなった。

オランダの落日とイギリスの台頭

このように、オランダ人は「第三の世界」の北部・南部の未知の海域の解明に大きく貢献した。しかしオランダの繁栄も、長くは続かなかった。

一六五一年、イギリスのピューリタン革命を主導したクロムウエル（一五九九―一六五八）が、海外に亡命した王党派の策源地になっているオランダに打撃を与えるための航海法を出すと、中継貿易への依存度が高かったオランダの海運は大きなダメージを受けることになる。航海法には「いかなる貨物も、イギリス船によるのでなければ、アジア、アフリカ、アメリカにおけるイギリス領を相手に貿易することはできない」、「いかなる外国船も、イギリス沿岸貿易に従事することはできない」などの規定がなされていた。

その後、三度に及ぶ英蘭戦争（一六五二―五四、一六六五―六七、一六七二―七四）、度重なるフランスの侵攻などによりオランダは急速に国力を消耗し、一八世紀になるとその衰勢はますます顕著になった。他方、海軍に守られたイギリスの海運業は順調な成長を遂げた。例えば、イングランドの諸港から出港するイギリス船の総トン数は、一六六三年から六九年の間の年平均九万三〇〇〇トンが、一七〇〇年から一七一二年の間の年平均二七万四〇〇〇トンというように約半世紀で三倍に増加しており、一七七四年には七九万八〇〇〇トンとさらに三倍に増加した。

イギリス、デンマーク、ノルウェーなどとの競争が激化して漁業が衰退したことも、オランダの造船業の停滞をもたらし、イギリスの造船業に遅れをとることになった。海運業の衰退により、その後、地図、海図製作の面でもオランダはイギリスに主導権を譲り渡すことになる。

第七章　イギリス海図と一体化する世界

一、科学の時代と地図・海図の精密化

経線・緯線の測定とメートル法

一七世紀後半から一八世紀にかけて、測量技術の急速な進歩により地図も海図も実測により正確に作られるようになった。測量が繰り返されるなかで、「海上の道路」の精度も、一気に高まっていく。

科学的な測量はフランスから始まった。重商主義の立場から商業の活性化と航路の拡充が富国強兵の前提になると考えた財務総監コルベール（一六一九―八三）は、科学の振興を重視し、ルイ一四世（位一六四三―一七一五）が下賜した一万二〇〇〇リーブルの基金をもとに一六六六年に科学アカデミーを創設した。

科学アカデミーは、地球の大きさを正確に測定することを重要なテーマとして取り上げ、一六六九年、天文学者ジャン・ピカール（一六二〇―八二）に経線の弧の長さの正確な測定と地球の

円周値の計算を命じた。ピカールは、パリからフォンテーヌブローまでの距離を、長さが変化しないように乾燥してニスを塗った細長い棒を使って丹念に実測し、一一・四キロの数値を得た。彼はそれを基線にして、パリ近郊からアミアンまでを三角測量して、緯度一度の長さを一一〇・四六キロと計算した。

地球が完全な円であるならば、経線・緯線はどこをとっても同じということになる。彼の計算に基づいて地球の半径を計算してみると、六三七二キロとなった。実際の値である六三五七キロと非常に近く、かなり精度の高い計算だったことがわかる。

同じ頃、イギリスのニュートンは、万有引力の法則により、地球は遠心力により赤道部分が膨らんでいるという説を唱えた。イタリア出身の天文学者ジャン・ドミニックとその息子ジャックのカッシニ父子（父＝一六二五―一七一二、子＝一六七七―一七五六）はこの仮説の証明にチャレンジし、ダンケルクからピレネー山脈までを三角測量している。そして、地球が回転楕円体であることを実証し、さらに南アメリカでも大規模な測量を行った。四代にわたる一世紀以上の歳月をかけたカッシニ一族の大掛かりな測量の結果、一七九三年に一八二図からなる縮尺八万六四〇〇分の一のフランスの大縮尺地図（「カッシニ図」）が完成している。子午線の正確な測定がなされることにより、海図の精度も大幅に向上することになる。

子午線の正確な測定の成功はフランス人の誇りとなった。フランス革命が起こると、理性を重視する啓蒙思想による世界観の再編が試みられ、一七九一年、国民議会は極点から赤道までの距離の一〇〇〇万分の一を一メートルとすることを決定した。現在、世界中に普及しているメートル法は、フランスで成長した科学的地球観に基づいて制定されたものである。一九一九年に開催された国際水路会議はメートル法の採用を正式に議決することになる。

二万ポンドが可能にした経度の測定

一八世紀以前には、船舶は太陽や特定の星の高度を観測して緯度を測り、羅針盤で方位を測定しながらの航行を行った。カッシニ父子により子午線の長さが正確に測定されてはいたが、その後も、船に関しては、経度の正確な測定なしには位置の確定ができなかった。

海図上には既に経度が記入されるようになっていたが、実際の経度の測定は船の速度と航続時間を計算し、本初子午線を基準にして計算する外なかった。時計による航続時間の正確な計測が、経度測定の基本だったのである。本初子午線からどの位のスピードでどの位の時間航行したかが分かれば、確かに経度は計算できるが、実際には不可能だった。というのは、当時、陸上で使われていた振り子時計が波と風の影響をもろに受ける船上では全く役に立たなかったからである。どんなに船が揺れても止まらずに正確に時を刻み続ける時計が作られなければ、海図上の経度は曖昧にならざるを得ず、船の位置の判断も不確実になった。

ちなみに大航海時代以降、船乗りは長い紐の先に重りをつけた木の切れ端を付け、船尾から海中に投じて紐を繰り出し、砂時計で時間を図った後で紐を引き寄せ、船の時速を推定するという方法をとっていた。こうした船の速力を測る道具はダッチマンズ・ログと呼ばれたが、紐に結び目（ノット）が作られたハンドログが広く使われるようになり、計測の便が図られた。そうした測定用具から、船が一時間当たりに進む距離が「ノット」と呼ばれるようになったのである。「一ノットは一時間に一海里進むことを意味する」と定義されており、現在では毎時一八五二メートルとみなされている。

一六七五年のこと、ロンドン郊外のグリニッジに王立天文台がつくられ、天文台上を通る経線がイギリスの本初子午線として設定されたが、航続時間が正確に計測できないことには、経度は確定できない。

一七〇七年、イギリス海軍の軍艦四隻がシリー諸島沖合で遭難し、二〇〇〇人の乗組員が命を落とすという海難事故が起きている。事故の原因は、艦船が経度を正確に測定できていなかったことにあった。その事故を機に、軍艦や商船の安全航海のためには正確な経度の測定が必要という認識が強まり、経度測定法の開発が求められることになった。こうした世論の要請を受けたイギリス議会は、正確な経度の測定法を開発した個人または団体に賞金を出すという議決を行う。賞金は、経度の誤差が一度以内ならば一万ポンド、四〇分以内ならば一万五〇〇〇ポンド、三〇分以内ならば二万ポンドと決められた。この時の二万ポンドは、現在の価値に直すとおおよそ一〇億円の大金である。イギリス中の学者や時計職人が、こぞって歴年の課題に取り組むことになった。

この懸賞に、自分の生涯を懸けてチャレンジした一人の人物がいた。ヨークシャーの貧しい大工の家に生まれ、叩き上げで時計職人としての腕をあげたハリソン（一六九三―一七七六）である。ハリソンは、一七三五年に最初の試作時計を作って以降、実に四分の一世紀の歳月をかけて一号機から四号機までの四つの船舶時計を試作し、一七六一年、揺れる船の上でも正確に時を刻み続ける時計を完成させた。

数度の実証航海の結果、ハリソンの時計の優秀さが明らかになり、一七七三年になって、ようやく庶民階級のハリソンに二万ポンドという大金が支払われることとなった。その三年後にハリソンは八三歳の生涯を閉じているので、船舶時計の開発にまさに一生を捧げたといってもいいであろう。

ハリソンの海洋時計により、本初子午線を基準とする正確な経度の測定が可能となった。その結果、海図に基づいて船舶が確実に航海できるようになる。後に述べるジェームズ・クック（一七二八—七九）の第二回、第三回の航海は、ハリソンの海洋時計を使って経度を測定しながら行われた科学的航海だった。この二度の航海が成功裡に終わったことにより、船舶時計の有用性が実証されたのである。ハリソンの海洋時計は、ギリシア神話の時間の神クロノスに因んで「クロノメーター」と呼ばれた。

二、カリブ海域の砂糖と産業革命

プランテーションの普及と海図の拡充

大西洋の「海上の道路」が安定した一八世紀は、ヨーロッパ人の新大陸への移住、黒人奴隷のカリブ海域への移入が急激に増加し、「第二の世界」の組み換えが激しく進んだ時代だった。新大陸が「第二のヨーロッパ」に大きく姿を変えていく。それは「第一の世界」のどこにも見られない、個性的な社会の出現だった。

一七世紀後半の新大陸の銀の枯渇によりヨーロッパへの流入量が減少したことが、「第二の世界」の構造を大きく変える契機になった。新大陸の鉱山資源が先細りとなり、新たな収益源としてヨーロッパ市場に売り出す商品作物を大量に生産する「プランテーション（plantation）」が広まったのである。プランテーションとは、工場生産の方式を取り入れて熱帯、亜熱帯の大規模農地に資本を投下し、黒人奴隷などの労働力を多量に投入して安価に生産された作物を、ヨーロッパ市場で安く販売するシステムである。大航海時代の天然痘の流行により先住民の大多数が死亡していたカリブ海域、新大陸では、プランテーションを普及させやすい特殊な状況があった。そこで「第二の世界」でプランテーションは爆発的に拡張し、西アフリカからの黒人奴隷の輸入を飛躍的に増大させた。プランテーションで作られた大量の商品作物がヨーロッパに運ばれることで、ヨーロッパ市場は急速に膨張することになる。

カリブ海域のプランテーションの主要作物はサトウキビだった。サトウキビを加工した砂糖は調味料として庶民の食卓にまで普及し、砂糖生産の激増が大西洋の三角貿易の規模を拡大させた。砂糖生産の中心のカリブ海、奴隷供給の中心の西アフリカ、手工業品の供給地のヨーロッパが相互に結び付きを強め、「第二の世界」が新たに構造化されていった。「海上の道路」の安定が経済成長の基盤になったのである。必然的に大西洋の各海域の海図の整備が、航路の定期化のために必要となった。その結果、大西洋の「三角貿易」の平均利益率は三割にも及んだ。

カリブ海域の砂糖生産は自給自足を土台とする従来の農業とは異なり、大量の商品作物の生産、流通、交換による新しい経済システムだった。それが、大西洋商圏、あるいは「第二の世界」から姿を現す「資本主義経済システム」なのである。「海上の道路」を安定させる海図の拡充が、資本主義経済の拡大の欠かせない前提条件になったのは言うまでもない。

資本主義はカリブの砂糖から

新大陸のプランテーションでは多くの商品作物が大量に栽培されたが、その中でとび抜けて重要な商品が先に述べたサトウキビだった。

サトウキビは、最初マデイラ島などの大西洋諸島、次いで一六世紀にはポルトガル植民地のブラジルで栽培されたが、一七世紀になるとオランダ人がガイアナで、イギリス人、フランス人が「第二の世界」の中核をなすカリブ海域の西インド諸島で栽培するようになった。

一八世紀にイギリス人がジャマイカで、フランス人がハイチで大量の砂糖を生産するようになると、砂糖は贅沢品から大衆的な調味料へと姿を変えていく。誰もが手に入れることのできる調味料になった砂糖は、コーヒー、紅茶、ココアなどの嗜好品と結び付いて販路を拡げていくことになった。かって砂糖はステータスを示す貴重な嗜好品だったが、大量生産により価格が下がると庶民も競ってこの甘い砂糖に飛びついた。安価になった砂糖は急速に消費量を増大させていく。

イギリスでは一人当たりの砂糖消費量が一六〇〇年の年四〇〇―五〇〇グラムから、一七世紀の約二キロ、一八世紀の約七キロというように急激に増加した。しかし、調味料だけでは砂糖の消費量に限界がある。そこで先に述べたように砂糖は次々にパートナーを探し出していくことになった。その役割を担わされたのが、コーヒー、紅茶、ココアなどの嗜好品、ケーキ、菓子などである。中国の紅茶やイスラームのコーヒーと結び付くことで、砂糖は順調に需要を増やしていった。オランダはアラビア半島のモカの独占を破って、ジャワ島、セイロン島でコーヒーの栽培を始め、コーヒーの販売競争に敗れたイギリスは中国からの紅茶輸入を本格化させた。ヨーロッパの食卓上で、カリブ海の砂糖、東南アジアのコーヒー、中国の紅茶、新大陸のココア・チョコレートが出会う現象を「食卓革命」と言う。

ちなみに、現在も砂糖消費量の増加傾向は持続しており、清涼飲料水、スナック菓子、加工食品などに添加されているのはご存じの通りである。サトウキビの生産量は、小麦、米などの主要穀物と肩を並べている。この現在に至る大量の砂糖消費の大元、一八世紀の「第二の世界」におけるサトウキビの栽培、砂糖生産の急伸が、いわば資本主義経済を出現させたのである。ヨーロッパ諸国は重商主義政策により「新大陸」の植民地での手工業生産を認めず、有利な条件で工業製品を売り付けることで経済のバランスをとっていた。しかし、砂糖生産が大規模化すると、毛織物を主産業とするヨーロッパ諸国の大西洋市場への輸出が伸び悩み、貿易収支のバランスが崩れた。そこでイギリス東インド会社は、後述するようにインド産のキャラコ（綿布）を大西洋市場に持ち込むことになる。インド綿布は大好評で、一七五〇年から七〇年にかけて、大西洋商圏へのイギリスの綿布の輸出量は約一〇倍に増加する。

砂糖生産と共存した奴隷貿易

サトウキビは一年半で成熟したために農場主（プランター）は作付け時期をずらすことによって、連続的に収穫を得ることができた。だがサトウキビには、刈り取った後、急速に甘みが落ちてしまうという致命的な問題点があった。そこで短期間での集約的な加工が求められることになった。砂糖の生産には多くの労働力の投入が必要だったのである。

しかし既にスペイン人が持ち込んだ天然痘の大流行により、カリブ海域では先住民が絶滅状態にあった。ジャマイカ島やハイチ島のサトウキビ生産が、西アフリカの黒人奴隷による多量の労働力で担われるのは故なきことではなかった。逆に奴隷さえ確保できれば、安価な農地を利用するサトウキビ栽培で莫大な利益が得られたのだ。奴隷貿易のための「中間航路」は、「第二の世界」の負の遺産の複合の上に成り立っていたのである。砂糖プランテーションでは一〇〇人程度の労働力があれば、年間八〇トンの砂糖生産が可能だったという。一六四五年のバルバドスの一イギリス人の手紙には、「黒人奴隷は一年半働かせれば元がとれる」と記されている。

一八世紀に砂糖生産が爆発的に増加すると、プランテーションの設備は大規模化し、奴隷の食糧は北アメリカのイギリスの植民地から買い付けられ、製糖のための諸設備や日用品はすべて貨幣で購入された。そして、生産された大量の砂糖はヨーロッパ市場で商品として売却された。すべてが貨幣で回る巨大な砂糖産業が、「第二の世界」のカリブ海で育っていったのである。利潤を追求するプランターが資本を投下して、労働力（黒人奴隷）、生産に必要な物資、食糧を購入し、生産された砂糖を市場で売却する資本主義システムの成立である。

イギリスの港、リヴァプール、フランスの港、ナントなどは、ヨーロッパを代表する奴隷貿易の拠点となり、銃器、繊維製品、ラム酒などを西アフリカに運んで奴隷を積み込み、ブラジル、西インド諸島に売却した。奴隷船は北東モンスーンとカナリア海流に乗ってヨーロッパから西アフリカに赴き奴隷を購入した後、南赤道海流に乗って西インド諸島で、南赤道海流とブラジル海流に乗ってブラジル南東部で、奴隷を売りさばき、帰路は南西モンスーンとメキシコ湾流に乗ってアゾレス諸島に至り、偏西風を利用してヨーロッパに戻った。

「第二の世界」が起こした産業革命

「産業革命」は、一七六〇年代以降イギリスで起こった綿工業の紡績部門から始まった機械の導入、蒸気機関の利用による生産の飛躍的拡大と、それにともなう経済・社会の大変動を指す。

イギリスから産業革命が始まるのは決して偶然ではなく、オランダ、フランスとの競争に勝利して大西洋商圏での覇権が確立され、貿易が急伸したことに起因していた。一七七〇年のイギリスの輸出の五四パーセントが織物、四四パーセントが金属などの工業製品である。

一七世紀末以降、大西洋商圏でのイギリスの主力商品は、毛織物から東インド会社がインドから輸入する「綿布（キャラコ）」に移った。しかし、ムガル帝国から大量の綿布を購入するだけの銀がイギリスには蓄積されておらず、自国での綿布生産が求められることになった。
しかしイギリスの毛織物業者は新参の綿業が伸びることで国内市場を失うことを恐れていた。毛織物業者の意を受けたイギリス議会は、一七二〇年、伝統産業である毛織物工業を保護するためにインド産綿布の国内での使用を禁止し、二二年以降になるとほとんどの綿布の国内使用を禁止した。それにより、イギリスで産出された綿布はもっぱら輸出用に振り向けられることになり、西アフリカでの奴隷購入の対価、またアメリカ向けの輸出商品になった。柔らかく丈夫で吸湿性に富む綿布はどこでも歓迎された。

こうしてインド産綿布の輸入禁止は、イギリス国内での輸出用の綿工業を育て、西インド諸島で栽培された綿花を原料とする綿布の生産が奴隷貿易港リヴァプールの後背地、ランカシア地方で盛んになった。大幅に増加する「第二の世界」の綿布需要は生産の効率化と大規模化を求め、やがて一七六〇年代以降に紡糸工程で機械と改良された蒸気機関が組み合わされるようになり、産業革命が始まったのである。

産業革命が進展すると、大西洋を取り巻くヨーロッパと南北アメリカに巨大都市群と産業社会が姿を現し、世界史をリードすることになる——そうした構図である。その後資本主義経済の成長に伴って鉄道網と蒸気船の航路が接続した高速ネットワークが地球上に張り巡らされるようになっていく。このように、近代社会は「第二の世界」の変化が原動力になって姿を現したのである。イギリスを先頭にヨーロッパ諸国は自由貿易と市場の開放を掲げてアジア諸国の変容を迫り、やがてアジアも大西洋商圏に組み込まれて行くことになる。

資本主義経済の進展に伴う国際貿易量の飛躍的拡大には、「海上の道路」の安全航行が前提になっていたのは言うまでもない。イギリス海軍を先頭に、商船団の安全航海を護る海軍力の強化、地球規模での「海上の道路」の拡充が進められ、海図の整備と体系化、船舶への海図の安価な提供が喫緊の課題になった。

三、「第三の世界」を海図化したジェームズ・クック

クックによるオーストラリアの発見

「第三の世界」の全容がほぼ明らかになったのは、なんと一八世紀の後半だった。産業革命が始まろうとする頃、太平洋のスケールと実態を明らかにする動きが急速に強まり、「第三の世界」の海図化が急速に進められた。その担い手になったのがイギリスの航海士、ジェームズ・クック(一七二八—七九)である。クックは、ポリネシアの島々の一部分を除く、太平洋のほぼ全体を海図化するという偉業をなし遂げた。

水夫からたたきあげで海軍士官(航海長)になったジェームズ・クックは、フレンチ・インディアン戦争(一七五五—六三)中のケベック包囲戦に航海長として参戦し、セントローレンス川河口の測量と海図の作成によりその手腕が評価された。一七六〇年代になると、強風が吹き荒れ、夏でも海霧に覆われるニューファンドランド島を五年間にわたって測量し、航行が困難な海域で

の海図の作成で功績を残した。クックが現場で身につけた優れた測量技術、海図の作製技術は、イギリス海軍本部、イギリス王立協会の注目するところになり、やがて新たなミッションがクックに与えられることになった。

一七六六年、王立協会は太陽の前面を通過する金星の観測を計画し、クックを観測船エンデバー号の船長として南太平洋に派遣した。観測の狙いは金星と太陽の距離の正確な計算だった。命を受けたクックは一七六八年にプリマスを出港、大西洋を南下して南アメリカ南端のホーン岬を迂回し、太平洋を横断する大航海の後にタヒチ島に到着した。そして三カ月間にわたり、王室天文官の金星観測を助ける使命を果たした。観測終了後、クックは海軍本部の指令で「プトレマイオスの世界図」以降謎とされて来た「未知の南方大陸（テラ・アウストラリス・インコグニタ）」の探検に転じることになった。探検の真の目的は、「未知の南方大陸」にあると考えられていた黄金の獲得だった。クックはタヒチ人を水先案内人として南方海域に乗り出し、ニュージーランドの南島と北島の間の海峡（クック海峡）を発見した。そして更に、ニュージーランドの海岸線を詳しく海図化する。

その後もクックは、オランダのタスマンにより発見されていたヴァン・ディーメンズ・ランド（タスマニア島）をめざして航行を続けた。だがその途中、暴風に流されてしまいタスマニア島には到達できず、オーストラリア南東部の岬から北上し、多種類の植物が繁茂するボタニー湾（植物の湾）に上陸した。それがクックの第一回の航海（一七六八―七一）である。

その後クックは、ニュージーランドやオーストラリアの更に南に「未知の南方大陸」が存在するに違いないと考える王立協会の依頼を受け、第二回航海（一七七二―七五）に出た。クックは喜望峰のはるかに南の高緯度の海域に針路を取り、七三年には南極圏に突入した。しかしやはり大陸は発見できず、「未知の南方大陸」が存在するとしたら南極圏内しかあり得ないことが実証されることになった。海の面積が八割を占める南半球の海洋世界が解明されて、「プトレマイオスの世界図」が決定的に変更されたのである。ちなみにこの第二回航海で、クックは帰路にイースター島、ニューカレドニア島などを巡り、南太平洋の状況を海図上に記している。またこの航海は、先に述べたようにクロノメーターを使った正確な経度の測定により行われた最初の科学的な航海でもあった。

航行が不能だった「北西航路」

ポルトガル、スペインに阻まれて、喜望峰経由、ホーン岬経由の航路から締め出されていたイギリス人は、ユーラシアの北の海域に短い距離でアジアに航行できるルートがあるに違いないと考え続けていた。そのルートは二つあるとされ、ヨーロッパから北西に航海して北アメリカ北岸を経てアジアに至る航路が「北西航路」、ヨーロッパから北東に向かいシベリアの北を通ってアジアに至る航路が「北東航路」と名付けられた。「北西航路」については逆方向の太平洋からのルートの探索も行われた。

話は大分遡るが、アステカ帝国を滅ぼしてメキシコを支配したコルテスは、一五三九年、部下のフランシスコ・デ・ウヨアに北アメリカ沿岸の探査を命じた。命を受けたウヨアは、アカプル

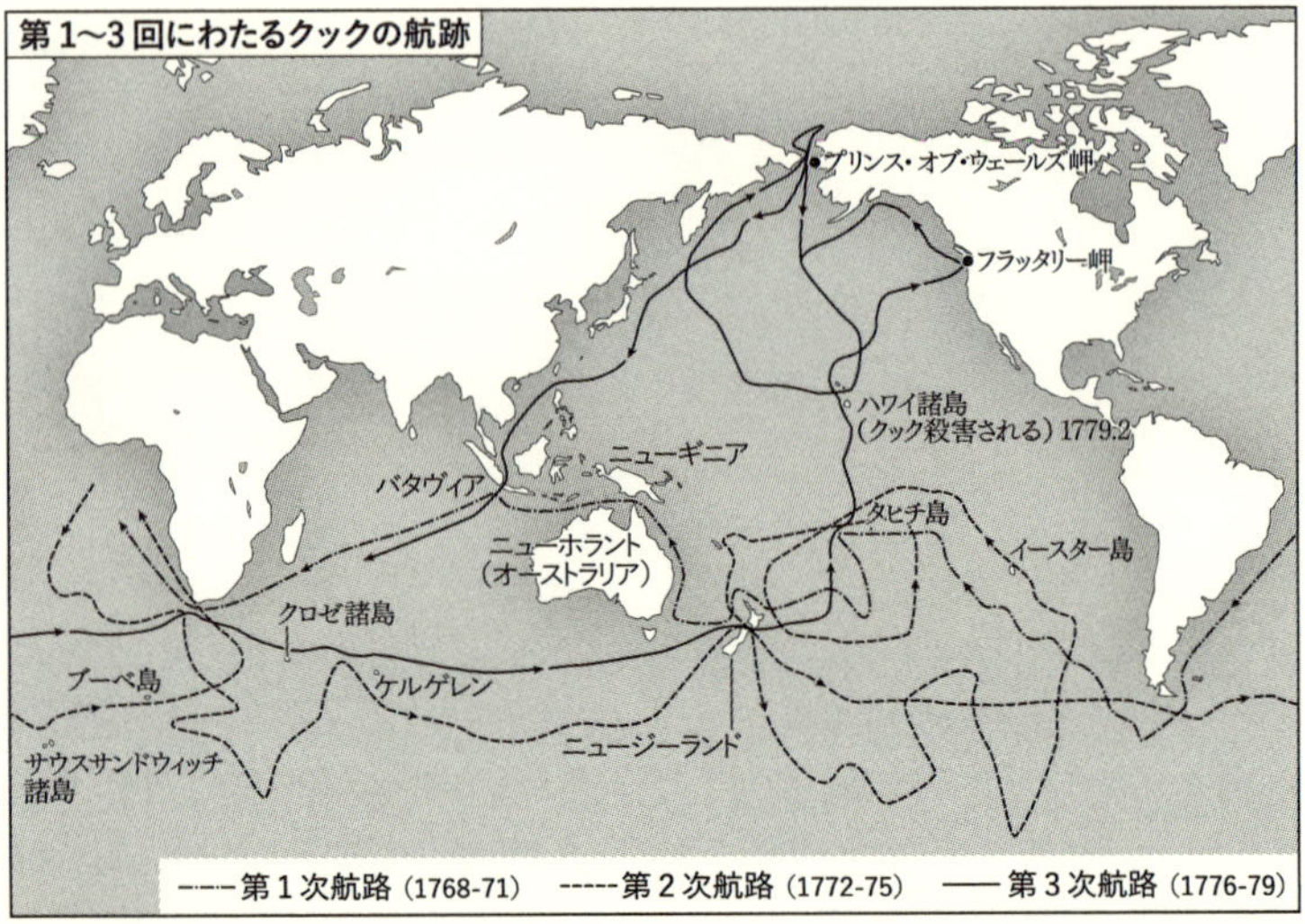

第1〜3回にわたるクックの航跡

コ港を出港してカリフォルニア湾を探査し、湾の最深部に達したものの、結局、成果をあげることができず帰還することとなった。だがその探検による曖昧な情報から、カリフォルニア半島は島とされ、カリフォルニア島と大陸の間の海峡は北アメリカ東岸のセントローレンス湾につながるアニアン海峡の南端にあたるという、誤った通説が生み出されることになった。

　何としてでも新航路を見いだしたかったイギリス政府は、一七七五年、北西航路の発見者に賞金を出すという一七四五年に議決されていた法案の期限を延長し、しかも賞金額を二万ポンドにまで引き上げた。二万ポンドの金額に誰もが目の色を変えた。イギリス海軍本部も例外ではなかった。この賞金を目当てに、引退していたクックに北西航路発見の探検を依頼したのだ。

　探検を引き受けたクックは、三度目の太平洋の探検に乗り出すことになる。この航海でクックは、ヨーロッパ人としては最初にハワイ諸島に到達している。だが、その後、ヌートカ湾（バンクーバー島の西海岸）を北上してアラスカ湾、アラスカ半島を迂回してベーリング海に入るまでは順調だったのだが、北緯七〇度まで進んだところで、氷山と氷に先を阻まれてしまった。クックは一度ハワイ諸島に戻って態勢を整えようとする。しかし、そこで島民との小競り合いにより、あっけなく戦死してしまう。残された乗組員は船長なき後も再度ベーリング海峡の調査に乗り出したが、北西航路は氷に閉ざされていることを確認したのみだった。

その後、一七九一年から九五年にかけて、クックの第二回の航海に参加したイギリスの海軍士官ジョージ・バンクーバー（一七五七―九八）は、ブリティッシュ・コロンビアを中心とする北アメリカの西海岸の海岸線をくまなく調査し、ベーリング海峡の南には北西航路につながる水路が存在しないことを最終的に確認した。結果、先に述べた北アメリカを東西につなぐ「アニアン海峡」の伝説は最終的に否定されることになった。

志半ばで不慮の死を遂げたクックだったが、彼は優れた測量士、海図製作者でもあった。クックがもたらした太平洋の情報と海図は信頼度が高く、それにより「第三の世界」の概要が確定されることになり、「プトレマイオスの世界図」に基づく「第三の世界」のイメージは一掃された。

フリンダースによるオーストラリア沿岸の海図化

クックと同様に叩きあげのイギリス海軍の軍人で、やはり「第三の世界」の解明に貢献した人物がいる。マシュー・フリンダース（一七七四―一八一四）である。彼がオーストラリア沿岸の全域の海図を完成させたのである。

フリンダースは、一五歳でイギリス海軍に入隊し、一七歳の時にはタヒチへの航海に参加。二一歳の時にオーストラリアのポート・ジャクソン（現シドニー）への航海に参加した。その間に彼は、現場で独学により航海術を学んでいった。

フリンダースは二四歳にしてタスマニア島の周辺を航行し、タスマニア島がオーストラリア大陸とつながらない島であることを確認した。二七歳になるとインベスティゲーター号の船長として、二年間、南西部からオーストラリアを一周し、精密な海図を作成した。だが、その後、不幸にもフリンダースはオーストラリア周航の帰路に船の水漏れのために、当時、イギリスと交戦中だったフランスのモーリシャス島への寄港を余儀なくされ、七年間拘束されることになる。

ようやくイギリスに帰国したフリンダースは、オーストラリア沿岸の精密な海図の集大成に明け暮れる。そして、一八一四年の死の前日に、二巻本の『テラ・アウストラリスへの冒険』という大著を発刊し、自らの探検と調査、海図作成の経過、水路誌などを公開した。同書で彼は、この時のオーストラリアの正式名称「テラ・アウストラリス」を、使いやすい「オーストラリア」に代えることを提言した。一八二四年のイギリス海軍法によりフリンダースの提言は受け入れられ、オーストラリアという大陸名が正式に採用されるようになった。

四、系統的な測量に基づくイギリス海図

自由貿易がつなげた「第一・第二の世界」

一八世紀後半になると、ヨーロッパ各国の経済は海外市場や植民地と深くかかわるようになり、地球全体をカバーする海図が必要不可欠になっていた。そうした状況下に、各国の軍隊は水路部を設置し、水路の測量と海図の整備を組織的に進めることになる。水路部の創設はフランスが一七二〇年と最も古く、ついでデンマークが一七八四年、イギリスが一七九五年、かって世界の海を支配したスペインが一八〇〇年と続いた。日本も、明治維新から間もない一八七一年に水路部を設置している。

産業革命の進展にともない圧倒的経済力を誇ったイギリスは、自由貿易政策を掲げて大西洋のみならず、インド洋、南シナ海、東シナ海というように世界の海に進出するようになった。「世界の工場」として圧倒的優位に立ったイギリスは、世界中に市場を広げ、鉄道・港湾というような産業社会のインフラを張り巡らせていった。大西洋を中心とする「第二の世界」とインド洋を中心とする「第一の世界」が、イギリスに従属させられるかたちで結び付けられたのである。

例えば、フランス革命とナポレオン時代に独立を失ったオランダが力を弱めると、一七九九年にはオランダ東インド会社が廃止されて、ジャワ島が一時的にイギリスに占領されることになった。イギリスは、同時期にオランダが支配していたマラッカを占領すると、イギリス領ペナン島、マラッカ、自由貿易港として新たに建設したシンガポールを結んでマラッカ海峡を自由経済の場に変え、またアヘン戦争（一八四〇―四二）に勝利すると、香港島を中国進出の足場として確保した。東南アジアから中国に、自由貿易のための「海上の道路」を拡げたのである。

産業革命は必然的にイギリス商船の数を増加させ、商船を護るための海軍力の増強を余儀なくさせた。海外に派遣されたイギリス戦艦の数を見ると、一七九二年は五四隻だったのが、一八一七年は六三隻に、一八三六年は一〇四隻、一八四八年は一二九隻と増加している。「ブリタニアは世界を制した」という言葉があるように「第二の世界」と「第一の世界」の海は、一九世紀初頭以降イギリス海軍の支配下に入った。イギリス商船が世界の隅々にまで進出し、植民地支配が進むと、大規模な測量に基づく海図づくりはますます急務となった。

海図需要の増加

一八世紀の後半以降、科学的測量が可能となり、それに基づく正確な海図の需要が増大していた。イギリスでは、海図の作成、販売は最初、民間会社によって担われ、ロンドンを中心に多くの海図製作会社が誕生した。

一八世紀末になると、スペインのマニラ・ガレオン貿易の海図が秘匿されていたのを例外に、ほとんどの国が船舶の安全航行を守るために海図を公開し、世界規模で航路情報の収集と蓄積が進められるようになった。各国が海図を共有し、世界中を安全に航海できるように協力しあう流れになったのである。その先頭に立ったのが、いうまでもなく自由貿易主義により世界中に市場を広げようとするイギリスだった。

イギリスでは、長い間一六〇〇年に創設された東インド会社が東インド貿易を一手に引き受けていた。そのためにアジア航路については東インド会社が内部に水路測量部を設けて海図の作成にあたっていた。イギリス海軍は、必要に応じて東インド会社から該当する海域の海図を購入していたのである。しかし、植民地が世界各地に及ぶようになると、植民地の支配、通商保護、遠方で戦われる海戦のために地球規模の正確で詳細な海図を備えておくことが必要になり、また艦隊支援のための測量技師の派遣も求められるようになった。軍艦が寄港するであろう海岸の測量や艦船の運行に役立つ航路の調査が必要になったのである。例えば、一七五四年に行われたセントローレンス川周辺の測量は、一七五九年のケベック占領の際に利用され大きな成果を上げている。

そうしたことからイギリスでは海軍を中心に、測量に基づく体系的な海図作りが進められることになった。イギリス政府は、先に述べたようにジェームズ・クックをニューファンドランド島とその北に位置するベルアイル海峡の測量に五年間従事させ、その後、手腕を買って太平洋の探検に派遣している。

一七七八年、系統的な測量に基づく海図を大規模に集めた『大西洋の海神』が、イギリス海軍の手で刊行された。著作は、セントローレンス川からフロリダの西海岸に及ぶ北アメリカ東岸の沿岸地域の海図、平面図、対景図が含まれる膨大なものであった。

「海図」作りを牽引する海軍水路部の創設

フランス革命中の一七九五年、フランスとの戦争の際に、イギリスでは悪天候と海図の不備による遭難で喪失した船舶の数が、戦闘により喪失された船舶の数の約八倍にも及んだ。未だ海図を作るための専門的測量船が存在せず、信頼に足る海図が乏しかったためである。また、民間の出版業者に海図の販売が委ねられていたことも問題で、よく売れる海図のみが販売され、重要な訂正部分を含む新しい海図でも古い海図が売り切れるまで補充されないということがしばしばあった。「海上の道路」の重要性が、いまだ十分には理解されていなかったのである。そうした状況を打開するため、枢密院令に基づいて、一七九五年にイギリス海軍に水路部が設立されることとなった。それまで海軍内では、測量技術者の地位は低かったが、枢密院令が出されると、重要な役職として改めて認知されるようになった。海軍の艦船の海外駐留の際に役立つようにと、海軍省に収集されている海図を整理し、保存しておくことが水路部創設の主旨だった。しかし、創設時の水路部では独自の測量も満足には行われず、既存の海図を溜め込んでいる単なる倉庫の観があった。

これではいかんと海軍本部は、年俸五〇〇ポンドで海図の保管、管理、航海に必要な情報の発刊を担当する水路部長（Surveyor General of the Sea）のポストを設け、責任を持って海軍水路部を管轄させることにした。これが功を奏し、海軍水路部が牽引することで、イギリスは測量に基づく海図を大量に発行し、オランダに代わって世界の海図業界を支配するようになった。

イギリス海軍の最初の水路部長は、ジェームズ・クックに第一回太平洋探検の指揮官の地位を奪われた王立協会の地理学者アレキサンダー・ダルリンプル（一七三七—一八〇八）だった。しかし、一八〇八年に彼が世を去ると、その職責は海軍士官により担われることになった。測量の方法は次第に標準化され、水路部は測量に基づいて、イギリス海峡の一連の海図、フランス西海岸、スペインの海岸の海図などを刊行していった。

イギリス海図を充実させたビューフォート

一八二九年、水路学者としても名が知れていた海軍の軍人、フランシス・ビューフォート（一七七四―一八五七）が水路部長になると、イギリスの存亡は海図により支えられる商船と海軍の航海にかかっているとの信念に基づき、管轄下にあった二〇隻の測量船を動員して厳密な測量マニュアルに基づく大規模な測量を行わせるようになった。ビューフォートの就任で、イギリスの海図の世界は装いを一新することになる。

ビューフォートは、一七七四年、アイルランドに生まれ、一四歳の時に東インド会社の見習い船員となってスマトラ沖の測量に従事した。彼は海軍に入隊した後も測量に対する関心が強く、一八〇五年、測量艦ウールウィッチの艦長としてギリシアの島々の観測に従事し、一八〇六年から翌年にかけて、川底が浅くて航路の確定が難しい南米のラ・プラタ川の観測を行いウルグアイのモンテヴィデオに入港するための海図を作成した。それが認められ、一八一〇年、測量艦フレデリックスティーン号の艦長になり、トルコ沿岸の測量に携わり、その成果を踏まえ、トルコの沿岸を航行する際には必携とされる『カラマニア』を発刊した。こうした業績により、ビューフォートは五五歳になって水路部長の座についたのである。

ビューフォートは、大英帝国が世界に勢力を伸ばす時代に必要な正確な海図を供給し続けることになる。彼は海図作りの心得として、船長たちに「第一に優先すべき目的は、島嶼、錨地、浅瀬、水深などを含めた湾の概略を知ること、正しい入港方式の確認で、最も深いところを選んで砂州をのりきるためのわかりやすい目印を船員に最もうまく伝えるためには、つねに視覚にうったえることが大切」という指示を与え、船から陸地のスケッチを行うことを奨励した。

一連の活動で、ビューフォートは「イギリスで最も優れた水路学者」という名声を得るまでになった。ビューフォートの下で、一八三五年までに最低の潮面を基準とする水深の表示、磁気偏差を付記した方位、標準化された底質表示、等深線、装飾性のない陸地表現などを特色とするイギリス海図の様式が完成した。

ビューフォートが水路部長だった時代にアジアでは、一八三四年に東インド会社の貿易独占権が撤廃され、東インド会社の船舶が売却されて石炭運搬船などに転用され、インド航路での自由競争も進んだ。アジアでの海図の整備はインド海軍が当たり、三八年には、インドからスエズ方面に至る海域の測量と海図の作製が終わり、中国ルートの海図作製が取り組まれた。アヘン戦争以後は、インダス川河口、モルジブ諸島からペルシア湾、ザンジバル島に至るアフリカ東岸、東はベンガル湾、マラッカ、スマトラなどの広い海域での体系的な測量、海図の作製が行われている。

クリミア戦争（一八五三―五六）が始まると、ビューフォートは退官時期を遅らせて、黒海、バルト海の海図作りに専念した。戦争の遂行にも正確な海図の作成は不可欠だったのである。一八五五年に八一歳で引退するまでに、ビューフォートは水路部に世界各地の新海図一五〇〇枚を刊行させ、イギリス海軍水路部（Admiralty Hydrographic Department）の海図は世界最高の海図として評価されるまでになった。手抜きをしない仕事が「海軍水路部のように安全（safe as an Admiralty Chart）」と言われるようになるほどに、海軍水路部の海図は絶対的な信頼を獲得したのである。

海図測量船ビーグル号とダーウィン

さて、多少余談となるが、生物学者チャールズ・ダーウィン（一八〇九—八二）が進化論の着想を得たのは海軍水路部の水路測量船だったのをご存知だろうか。世界規模で海図が必要とされた時代は、世界中の航路が測量し直される大測量時代でもあった。ダーウィンの進化論は、ある意味では地球の再発見の時代の副産物なのである。

ダーウィンが乗ったビーグル号は、一八三一年にプリマス港を出港した後、南アメリカの東岸を測量しながらフォークランド諸島、マゼラン海峡を経てアメリカの西海岸を北上し、当時は罪人を島流しにするための流刑植民地だったガラパゴス諸島に至った。そこから太平洋を横断して、ニュージーランド、オーストラリアのシドニーに至り、次いでインド洋を横断して、モーリシャス島、喜望峰を経て大西洋を北上した。さらに、ヴェルデ岬諸島、アゾレス諸島を経て、一八三六年にイギリスに帰着している。海図を製作しながらの五年にわたる世界一周の大航海だった。ビーグル号は、大規模な水路の測量と海図製作に従事した海軍の測量船だったのである。

世界中で水路を測量し、正確な海図を製作するイギリス海軍水路部の仕事量は膨大であり、規模の拡大が急速に進むこととなった。ダーウィンがイギリスに帰った直後の一八三七年から三八年に、海軍水路部は二隻の蒸気船を含む一三隻の船舶、七九六人の士官と水兵を管轄するのみだったが、一八四六年から四七年になると七隻の蒸気船を含む一九隻の船舶、一二二七人の士官と水兵を管轄する部署になっている。

一九世紀の中頃の一〇年間に、イギリス諸島の海岸線の大部分、地中海、アフリカ西海岸、西インド諸島、北アメリカ、南アメリカの西岸、オーストラリアの北西岸、グレートバリアリーフ、フォークランド諸島、アゾレス諸島、マデイラ諸島、中国の海岸部の測量が行われ、海図が作られた。こうした地道な努力が、ヴィクトリア女王（位一八三七―一九〇一）時代の「パックス・ブリタニカ」と言われる繁栄の基礎を築いたのである。すべての「海上の道路」は、イギリスに通ずである。一八六二年には、一四万枚のイギリス海図が印刷され、そのうちの七万五〇〇〇枚は外国で販売される状態になっていた。

自由貿易主義に基づく世界市場の形成を目指すイギリスは、航行の自由、安全を重視し、世界規模で海運の活性化のための正確な海図を供給し続けた。海図の販売に関しては、海軍本部はロンドンに総代理人を置き、イギリスの各港には総代理人が任命する副代理人が置かれた。

海図が訂正されると、代理人の手元にあるすべての印刷物と交換するためにロンドンから印刷された新たな海図が送られ、古い海図は水路部により処理された。もともと水路部の職員の給与を増やすために行われた外国商船への海図の提供だったが、海上交易の活性化のために海図の共有が必要不可欠なことが次第に明らかとなっていった。「海上の道路」の共有が、世界資本主義の土台になったのである。イギリス海軍水路部は世界各国の水路部に海図の共有を呼びかけ、アメリカ、フランスなどの支持を獲得した。世界規模で、イギリス海軍水路部の海図が普及するようになっていったのである。

本初子午線を巡る英仏の争い

こうして世界の共有財産としての海図が普及していったわけだが、ただこの時代、ひとつの大きな問題が残されていた。本初子午線をどこに置くかである。

一九世紀はナショナリズムの時代でもあった。海図の世界でも、それぞれの国がそれぞれ独自の本初子午線による海図をつくり、かっての「プトレマイオスの世界図」に見られたような共通の本初子午線は存在していなかったのである。フランスはパリに、スペインはカディスにというような具合で、一八八一年には一四種類の異なる本初子午線を持つ海図が出回っていた。基準になる本初子午線がバラバラでは、地球規模の交易にとって何かと不便になる。

だが、そうした分裂状況も正確な測量に基づくイギリス海軍水路部の海図への信頼が高まることで、克服されて行くことになった。ロンドン郊外のグリニッジ天文台を本初子午線とみなす海図が、「パックス・ブリタニカ」という国際環境の下で各国に浸透していったのである。

一九世紀後半には、貿易量や移民の数が激増し、ナショナリズムに基づく多種類の子午線に基づく海図の不便さが誰の目にも明らかになった。それどころか、海難事故も起こりかねない。そこで東西に経度五七度の広がりを持つ大国アメリカの呼びかけを受け、一八八四年一〇月、二五カ国代表の参加の下に、ワシントンで第一回国際子午線会議が開催されることになった。

会議では、ほぼ全会一致でグリニッジ天文台の子午儀の中心を通る線を本初子午線とし、経度は東西の両方向にそれぞれ一八〇度に分けられることが承認された。新たな統一された本初子午線の登場である。当時、世界の海を航行する船舶の七割以上はイギリス船であり、アメリカがグリニッジ標準時を基準に地方時間を設けていたこともあって、グリニッジが本初子午線になることは自然の流れになったのである。

ただしフランスだけは、パリがヨーロッパにおける陸上の標準時の座を獲得しつつあったこともあって、パリを本初子午線にすることを強硬に主張した。だが、結局、多数を得られず、一国だけ、棄権に回ることになった。その後もフランスは、ワシントン会議の決定には不服で、長くパリ天文台を基準にし続けた。ようやく二七年後になって、「パリ天文台の平均時に遅れること、九分二一秒」という表現で、グリニッジの本初子午線を実質的に認めることになる。

また、グリニッジが基準とされたことは長い間影響力を持ってきた「プトレマイオスの世界図」のカナリア諸島を本初子午線とする考え方、ポルトガルとスペインの覇権の時代に定められたヴェルデ岬諸島を基準とするトルデシリャス条約、サラゴサ条約に基づく経線を基準とする考え方を完全に廃し、ロンドン郊外のグリニッジを本初子午線とする時代に移行したことも意味した。

海図が標準化されて共用され、安全で経済的な「海上の道路」が確定されることで、地球の七割を占める海にグローバリゼーションを支えるネットワークができあがったのである。

五、大西洋からアジアへのルートを変更したスエズ運河

急接近するヨーロッパとアジア

話は少し遡るが、一八六九年、地中海のポート・サイードと紅海のスエズを結ぶ、約一六二キロのスエズ運河が開通した。その結果、大航海時代以降の喜望峰を経由して「第二の世界」と「第一の世界」が結び付くという従来の図式が変化し、地中海がインド洋と直結するようになった。

スエズ運河の開通で、イギリスのロンドンとインドのボンベイ（現在のムンバイ）の間の距離は五三〇〇キロも縮小され、航路が約三割に短縮された。しかしスエズ運河は、単なるアジアへの近道ではなかった。スエズ運河は「第二の世界」と「第一の世界」、アメリカ大陸、大西洋、ヨーロッパ、インド洋、アジアを結ぶ「海上の道路」の新たな要になった。姿を現した大動脈は、イギリスを先頭とするヨーロッパ勢力が覇権を確立するためのインフラになったのである。

スエズ運河は建設当初は公共性が強調され、「万人に対する中立の公道」、「万人がいかなる差別もなく利用できる公道」と称された。しかし、運河の建設費用は当初の予想の二倍にも膨らみ、建設に当たったエジプトは財政難に直面した。一八七五年、対外債務に悩んだエジプト大守イスマイールが手持ちのスエズ運河会社株（全株式の四四パーセント）を売りに出すと、イギリス首

相ディズレーリ（一八〇四―八一）は、ユダヤ人財閥、ロスチャイルドから借金をして、運河会社株を約四〇〇万ポンドで買い取り三人の取締役を派遣して、スエズ運河会社の実権を握ることになった。それ以後、イギリスが、スエズ運河という新しい大動脈の要を支配することになったというわけである。イギリス船を中心にスエズ運河を通過する貨物の量は、一八七〇年から第一次世界大戦の直前の一九一二年にかけて約六五倍にも激増している。

蒸気船の時代とエンパイア・ルート

一九世紀前半は、新興国アメリカで誕生した細長い船体と高いマストを特色とする高速帆船「クリッパー」の全盛時代だった。三本のマストに二〇枚程度の横帆を備えたクリッパーは、微風でも五ノットから六ノットの速度（一時間に九キロから一一キロ）で航行できた。そうしたことから、一八六〇年までは木造の帆船が一般的であり、木材資源の豊富なアメリカが世界の造船業をリードしていた。

しかし、その後、蒸気船への移行と木造船から鉄船への転換が進んでいく。鉄船は重量が木造船の四分の三、航行中の水漏れが少ない、火災に強い、船材がいくらでも調達できるなどの利点があった。一八七〇年代に「柔らかくて、強靱な」鋼鉄が従来の銑鉄に替わると、鉄船への移行が一挙に進んだ。一八六〇年にはイギリス船の三割が鉄船だったが、一九一六年になるとイギリスの総船舶の九七パーセントが鋼鉄船によって占められるようになる。風に頼らない船の普及は、より精度の高い海図への需要を増した。

また蒸気船には大量の石炭が必要であり、船の積み荷の大部分が燃料の石炭になってしまうために、貨物や人員を余り積載できないという難点があった。

そこで石炭を節約するための船舶用蒸気機関の改良が進められ、各地に石炭の貯蔵所を設け、石炭を補充しながら長距離を航行するシステムがイギリスにより生み出された。航行距離の長いインド洋や太平洋で蒸気船が航行するには、積み替え用の石炭の貯蔵所が必要不可欠になり、航路を守る海軍、石炭貯蔵所を守る海兵隊が重要な役割を果たすようになった。蒸気船時代の「海上の道路」には、石炭を補充するための中継拠点の確保が欠かせなかったのである。太平洋の島々などの植民地化が急速に進んだ理由の一端は、そこにあった。蒸気船の航行ルートが確定されるなかで、「第三の世界」の輪郭もできあがっていく。

一八七〇年代以降の帝国主義時代を「海」から眺めてみると、七〇年代から九〇年代まで続くヨーロッパの「大不況」を背景に、列強が石炭の貯蔵所のネットワーク、航路を確保するために、「海上の道路」の主導権を奪い合う時代だった。先に述べたように蒸気機関で動く商船や軍艦には、石炭の貯蔵所を各所に備えた「海上の道路」が不可欠だったからである。イギリスの三C政策とドイツの三B政策の対立も、つまるところは世界の海のネットワークを巡る争いであった。海上での不穏な空気が拡大して行くと、列強はいつどこで起こるかも知れない紛争に備えて、海図の整備に一層努めることになった。

他方帆船から蒸気船への転換に乗り遅れまいとする列強政府は、郵便物の輸送を汽船会社に請け負わせ、その代償として補助金を出すという方法で、帆船から蒸気船への移行をバックアップした。イギリスでは民間のＰ＆Ｏ社（ペニンシュラ・アンド・オリエンタル・スティーム・ナヴィゲーション社）が、ロンドンとインドのカルカッタの定期航路を開いた際にも、月一回の郵便輸送を行うことの見返りとして、政府が、多額の補助金を与えている。一八五八年、東インド会社が解散されると、Ｐ＆Ｏ社はイギリスの「帝国の道」（エンパイア・ルート）の新たな担い手となった。

変貌を強要された「第二の世界」

一九世紀、ヨーロッパでは都市化の動きが進み、都市人口の著しい増加がみられた。延べ人口が一億人も増加したのである。当然のことながらヨーロッパにとっては、新たな食糧供給源の確保が喫緊の課題となった。そんな中、風に左右される事なく大量の物資を運べる蒸気船、生鮮食品を腐らせずに輸送できる冷蔵船の出現が、大西洋を隔てる南・北アメリカの未開拓地をヨーロッパのためのプランテーション、大農場や肉牛の牧場に変えていった。大西洋を挟む「第二の世界」の分業体制が、急速に整えられたのである。膨張するヨーロッパは高速化された「海上の道路」により、食糧庫として南・北アメリカを従属させることになった。例えば、膨大な数のバッファロー（野牛）とそれを追う狩猟民インディアンの生活の場だったアメリカ中西部の広大な草原地帯が瞬く間に移民により開拓され、コンバインなどの機械を使い大量に小麦を生産する大農場、有刺鉄線で囲まれた大牧場へと姿を変えていったのである。西部の肉牛はカウボーイに追われて最寄りの鉄道駅まで移動した後、シカゴに送られて大量に屠殺、精肉された。南米のアルゼンチンからブラジル南部にいたる「パンパ」と呼ばれる大草原も、イタリア人移民などの手で牛、羊などの牧場に変えられ、ヨーロッパの大食糧庫に変貌を遂げた。

このように一九世紀のヨーロッパ人は、人口が希薄だった「第二の世界」の狩猟・採集社会への大規模な移住と開発を進め、自らに従属する大農場、牧場を一気に作り上げていったのである。

蒸気船が活性化させた北大西洋航路

風に左右されずに航行できる蒸気船の普及は、偏西風海域を含む広大な海域での大規模な移民を可能にした。一九世紀後半の大西洋は「移民の海」に変わり、ヨーロッパと南・北アメリカの結び付きが強まっていったのである。

一九世紀は、世界史上最大規模の海上の「民族移動」が行われた時代だった。一八二〇年から一九二〇年の一〇〇年間、ヨーロッパから三六〇〇万人がアメリカ合衆国などの北アメリカに、三六〇万人以上がアルゼンチンなどの南アメリカに、二〇〇万人がオーストラリア、ニュージーランドに移住し、アフリカ、アジアの各地にも移住が進められていった。世界のヨーロッパ化である。アジアではプランテーションや鉱山の労働者として多数のインド人、中国人がクーリー貿易により東南アジア、アメリカ、アフリカなどに運ばれた。

南北戦争後にアメリカ合衆国が急激な経済成長を遂げると、ヨーロッパとアメリカの双方向のモノ・カネ・ヒトの移動が進んで海運業が盛んになり、とくに北大西洋で「大型客船（passenger ship）」のための「海上の道路」が成長をとげることになった。

また客船の航路も世界規模の成長を遂げたが、その中心になったのはアメリカ大陸の新天地での成功（アメリカン・ドリーム）を夢見る人々が殺到した北大西洋だった。一躍花形航路になった北大西洋では、一八六〇年代以降、複数の船会社が共同で主催したあるコンペが行われるようになった。最も速い平均速力で大西洋を横断した船に、トップ・マストに細長いブルー・リボンをつなぐ権利を与えることにしたのである。ブルー・リボン賞である。最速船の所有は船会社にとっての最高の宣伝になった。

ヨーロッパからニューヨークに渡った移住者は、南北戦争が終わる一八六五年から九四年の間、年平均で、イギリスからは約一二万人、ドイツからは約一一万人に達した。一八九五年から一九一四年にかけてはイタリア人の移民が年間約一六万人にも及んでいる。

六、「第三の世界」開拓の流れをつくったマハン

西部開拓とアメリカの驚異的経済成長

二〇世紀、イギリスに代わり世界の海を制したのはアメリカだった。

太平洋の本格的な開発は大西洋よりも約三百数十年遅れてスタートする。アメリカが世界戦略として太平洋支配を目指した二〇世紀に入って、ようやく本格化したのである。広大な太平洋では、アメリカがシー・パワーにより中国市場につながる航路の開発に取り組んだことで、多くの

石炭の補給拠点が整備されて「海上の道路」が作られたことなどにより、「第三の世界」としての形を整えていくことになった。

アメリカは新しい国だった。一七七六年の独立宣言でイギリスから独立したアメリカは、一九世紀前半に急速に領土を拡大し、大陸国家としてのかたちを整えた。その後も、壊滅的なまでのダメージを受けた内戦の南北戦争（一八六一—六五）を乗り越え、大量の移民による西部開拓を軸に急激な経済成長を遂げていく。そうした国家形成の過程で、西部のフロンティア（未開拓地）の開発が経済成長の原動力になった。フロンティアの開拓が、いわば現在の大国アメリカの土台をつくったといえよう。

南北戦争後のアメリカは、経済が急激な成長を遂げる時代に入った。それは、西部の鉄道建設、未開拓地の大規模開発によりもたらされた。西部開拓のエネルギーは、リンカーン（任一八六一—六五）が南北戦争中に西部の支持を得るために出した「五年間西部の国有地に住み開拓に従事すれば登記費用を負担するだけで二〇万坪の土地を無料で与える」という自営農地法（ホームステッド法）が呼び起こしたものであった。まさにアメリカン・ドリームである。折から蒸気船時代に入ったこともあり、夢を求めた約三〇〇〇万人以上の移民が、ヨーロッパ各地から大挙して西部に押し寄せる。

そうした流れを受けて、アメリカは西部の鉄道建設などのインフラ整備を進め、あれよあれよという間に世界第一位の工業国に成長を遂げる。南北戦争後、小説家マーク・トウェイン（一八三五—一九一〇）の同名の小説からとられて、「金メッキ時代」と呼ばれる欲望が渦巻く経済成長の時代がやってきたのである。

「第三の世界」に未来を託せ

だが、一八九〇年の国勢調査でフロンティアの消滅が明らかになると、西部の開拓に依存してきたアメリカ経済も大転換期に直面することになった。

そうした転換の時代に、アメリカの新たな成長戦略を説いた一人の人物がいた。海軍大学校の教官、海軍大佐アルフレッド・セイヤー・マハン(一八四〇—一九一四)である。彼は「第三の世界」を中心とする新しい海の時代の指針となる『海上権力史論』を著してアメリカの更なる成長の方向を示し、名声を得ることとなった。

海洋大国となったオランダ、イギリスの歴史を研究したマハンは、植民地の支配、植民地と本国を結ぶ海上貿易が富の源泉になると結論付けた。マハンは、海を活用する商船隊とそれを護る艦隊をシー・パワー(Sea Power)として重視し、国土の地理的条件、国土面積、人口、国民文化(海洋性、航海技術)、政府の性質(政府の海洋戦略)がシー・パワーを決定すると主張した。またシー・パワーは、海軍力、商船隊、港湾施設、海図作製能力などが総合された力とみなされた。かつての「パックス・ブリタニカ」の時代も、シー・パワーにより築かれたものだと看破したのである。マハンの頭の中には、地表の七割を占める海洋世界の復権が強くイメージされていた。新しい「海上の道路」を地球上に張り巡らせば、世界の歴史を変えることができる。

マハンは時代の転換期にあって、蒸気船時代の石炭補給拠点を備えた新たな「海上の道路」をイメージし、そうした海の時代のリーダーシップを握るためにアメリカという国家がたどるべき道筋を明らかにした。アメリカが海洋帝国にのしあがるための「海図」を提示したのである。

先述したように、「第三の世界」は太平洋を中心とする広大な海洋世界であり、その広大さの故に帆船の時代には半ば取り残されてきた。ところが、蒸気船時代になると事情が変わってきたのである。太平洋の航海が今までよりずっと容易になったのである。そうした変化を受けてマハンは、地表の三分の一を占める「第三の世界」こそが二〇世紀のアメリカの生命線であると主張し、「第三の世界」とそれに接する中国市場に光を当てた。それ故に、マハンは「第二の世界」と「第三の世界」の結び目となるカリブ海を重視した。カリブ海こそが「第三の世界」の東の玄関口になり得ると考えたのである。

マハンは、「いま筆者の眼前には、北および南大西洋の一幅の海図がある。これには、主要な貿易路の方角を表す線と、各貿易路を通過する船舶のトン数の比率が線の太さで示されている」という有名な書き出しで、北大西洋からイギリス海峡、イギリス諸島から地中海と紅海経由でアジアに幹線航路の広い帯が伸び、その四分の一程度の太さの航路が喜望峰経由、ホーン岬経由でアフリカと南米の中間の赤道で出あっているとし、またナポレオン時代のイギリスの貿易の四分の一を占めた西インド諸島からイギリスへの航路もあるとして、グローバルな観点からの「世界図」を示してみせた。そして、一九世紀末の世界の「海上の道路」の規模と重要性を概観した後で、中米に地峡運河が開通されれば大西洋と太平洋が結ばれ、カリブ海域が世界貿易の中心になるであろうと力説した。マハンの海洋戦略は、アメリカが中米に地峡運河を開削し、シー・パワーを育成して「第三の世界」を勢力下に置き、それにより「第二の世界」での地位を高めようとするものだった。

アメリカの世界政策となった「第三の世界」進出

マハンは、アメリカの優位性を大西洋と太平洋という二つのオーシャンの中間に位置するという地政学的な条件に求め、アメリカは「第二の世界」と「第三の世界」を結ぶ海洋帝国への変身を図らねばならないと力説した。「アメリカは東洋、西洋の旧世界に面しているのであり、東洋が太平洋に、西洋が大西洋に接しているのに対して、アメリカは両大洋に面し、その波がそれぞれ西部、東部の両海岸を洗っているという唯一無二の地勢を有している」と論じている。つまりマハンは、アメリカが太平洋という新たな大洋を使ってアジアに幹線航路を築くことで「第三の世界」・中国という広大な後背地を獲得でき、一九世紀の覇権を握っていたヨーロッパを凌ぐことができると主張したのである。

マハンの提言に基づいて世界政策を作り上げたアメリカは、「第三の世界」の本格的な開発に乗り出すことになった。勿論、太平洋の先に、中国の巨大市場を見据えてのことである。アメリカは、カリブ海の西方に運河を掘り、石炭の補給基地になる太平洋上の島々を支配し、巨大なアジア市場につながる「第三の世界」のまるごとの支配を目指したのである。

一八九八年、ついにその時が来た。同年カリブ海でのスペインの最大の拠点のキューバで反スペイン蜂起が起こると、アメリカはアメリカ人の保護を口実に最新鋭艦メイン号をハバナ港に派遣する。そして一八九八年二月一五日、同号が謎の爆沈をとげ二六六人が犠牲になると、今度はそのことを理由にスペインに対して、キューバからの即時撤退要求を突き付けた。まんまとアメリカの術中にはまったスペインがアメリカに宣戦布告すると、待っていましたとばかり米西戦争を勃発させた。

後にこの時の国務長官ジョン・ヘイ（一八三八―一九〇五）が「素晴らしい小戦争」と呼んだことでも分かるように、わずか四カ月の戦争でアメリカはスペインを破り、たちまちカリブ海のキューバ、プエルトリコを勢力下に組み込み、さらには太平洋上のグアム、フィリピン群島までをも獲得することになった。アメリカのアジア艦隊は、マニラ湾に停泊していたスペイン艦隊を完膚なきまでに壊滅させたのである。また、戦争中の一八九八年、アメリカは海兵隊の支援の下にアメリカ人移民が共和国を建設したハワイを併合している。マハンが「ハワイ諸島は、サンフランシスコ、サモア、マルキーズ諸島（タヒチ島の北東）から等距離にある、まさに太平洋の一大基地であり、アメリカからオーストラリア、中国に至る交通路の拠点である」と指摘していた戦略上の要地であった。米西戦争の結果、アメリカの「第三の世界」の「海上の道路」のアウトラインができあがることになった。

一九〇七年になると、アメリカで太平洋艦隊が創設される。その結果、カリブ海―ハワイ―グアム―フィリピンという、東アジアとオーストラリアに向けての「海上の道路」が強化されることになった。商船と石炭貯蔵所を護る太平洋での海軍・海兵隊の拡充が、アメリカの最重要課題になったのである。

新たな海洋国家論を唱えたマハンの主張は、意外なことにヨーロッパのある新興国の元首にも影響を与えることになった。それはドイツ帝国の若き皇帝、ヴィルヘルム二世（位一八八八―一九一八）であった。ヴィルヘルム二世は、マハンの提言を積極的に取り入れて大海軍を作り上げ、インド洋支配を中心とするイギリスの覇権に挑戦し、「新航路政策」を国家戦略として掲げた。ヴィルヘルム二世はマハンの提言を受け入れ、「第一の世界」の海洋支配を巡ってイギリスと争う姿勢を見せたのである。やがてイギリスとドイツは、建艦競争で大艦の建造を競い合い、緊張を激化させた。その結果、第一次世界大戦が引き起こされたのである。第一次世界大戦は「総力戦」であった。そして、結果としてヨーロッパの大国イギリスとドイツは共倒れになってしまう。マハンの説いた世界戦略は、副次的にヨーロッパの没落とアメリカの覇権の道を拓いたのであった。

「第三の世界」への門戸・パナマ運河

「第三の世界」の支配を目指すアメリカにとって何としても成し遂げなければならない課題は、大西洋と太平洋を結ぶ運河の建設だった。それが完成すれば、「第二の世界」と「第三の世界」の「海上の道路」が直結する。

マハンは、カリブ海と太平洋をつなぐ運河の重要性について、「現在では単に通商路の終点にすぎず、局地的な貿易の場、あるいはせいぜいのところ断続的で不完全な航路でしかないカリブ海は、一変して世界の大通路の一つとなるであろう」と述べている。運河の建設により、カリブ海が「第二の世界」の終点であると同時に、「第三の世界」の起点にもなり得るというわけである。

マハンは、また「この運河の開通によって従来の貿易路の方向が一変し、カリブ海における通商活動や運輸業が大きく伸びるであろうことはきわめて明白である。そして、現在のところ船舶の往来も比較的まばらなこの大洋の一隅（カリブ海）が、たちまち紅海のような一大航路となり、われわれがいまだみたことのないような貿易の中心となり、海洋諸国の関心と野心をひきつけるようになることも同じく明白である。カリブ海上でわが国がどのような位置を占めるにせよ、それは通商上・軍事上きわめて重要な価値をもつであろうし、中米運河自体が最も重大な戦略上の焦点となるであろう」とも述べている。極めて具体的に「第三の世界」への玄関口、カリブ海の重要性を指摘していたのだ。

一八九九年、アメリカ議会は運河建設の候補地を選定する目的で「地峡運河委員会」を設置した。委員会は最初、ニカラグア（スペイン植民当初の族長ニカラオに由来）を運河の候補地とした。だが、実は同時期、フランスもカリブ海での運河建設を模索していた。先導役は、かってスエズ運河を開通させて名声を得ていたレセップス（一八〇五—九四）である。レセップスが目を付けたのはパナマだった。ところが、莫大な出費に耐え切れずにパナマ運河の開削事業は失敗に終わり、破産したレセップスは精神障害を起こして、痛ましい人生を終えることになった。当時、パナマ運河の建設に失敗したレセップスのフランス運河会社が四〇〇〇万ドルで資産の売却を申し出ていたことから、急遽、委員会の方針が変更されることになった。

こうしたいきさつもあってアメリカは、パナマ地峡の幅九・五キロの地域をコロンビアから租借して運河を建設することになった。アメリカ政府はコロンビア政府と交渉し、一時金一〇〇〇万ドル、毎年の支払い二五万ドルを内容とする条約を、一九〇三年に締結させようとした。しかし、コロンビア議会はアメリカ政府が提示した金額を不満として条約の批准を拒否してしまう。

そこで、何としてでもパナマ地峡が欲しいアメリカは、またも強硬手段にでることになる。同年一一月、コロンビアのパナマ州で大地主による反乱が起こると、アメリカはパナマ沖に軍艦を派遣してコロンビア政府軍の上陸を阻止し、パナマ共和国のコロンビアからの分離独立を助けたのである。その後、アメリカはパナマ共和国との間に条約を結び、パナマの独立を保障すると同時に、幅一六キロの運河地帯の永久租借権を、一時金一〇〇〇万ドル、一三年以降毎年二五万ドルを支払うという条件の下に獲得した。

「地峡運河委員会」は、一九〇五年に閘門式運河の建設を決定する。難工事の末、第一次世界大戦が開始された二週間後に、カリブ海のリモン湾のクリストバルからパナマ湾のバルボアに至る全長八二キロ、水深は約一三メートル、最小幅約九二メートルのパナマ運河を完成させた。推計一億三四〇〇万立方メートルの土の掘削がなされる大工事だった。パナマ運河が、スエズ運河とともに世界の海上交通に重要な役割を果たす運河であり、アメリカの太平洋、東アジア進出の玄関口にもなっていることは、今では誰でもが知るところである。

パナマ運河の開通により、アメリカの海洋戦略は勢いを増すことになった。第一次世界大戦後のワシントン会議で日英同盟が廃止されると、東アジアの既得権益の維持・拡大を図る日本と太平洋、中国への進出を目指すアメリカとの間で対立が激化した。こうした対立が、やがて太平洋戦争につながって行く。ちなみにパナマ運河建設の国庫負担は三億七五〇〇万ドルにものぼった。しかし、運河の開通で、東海岸のニューヨークから西海岸のロサンゼルスの距離はマゼラン海峡経由の約二・五分の一に短縮されたのである。

パナマ運河により、アメリカの工業生産の中心の東部海岸と太平洋が結び付けられ、マハンが説いた太平洋の海洋帝国建設の目標が急速に進むことになった。アメリカが海軍を先頭に推し進めた「第三の世界」の開発は、「距離の短縮」を追求する西部開発の延長線上にあり、いわばアメリカ文明が色濃く滲み出ていた。アメリカが最終的に目指していたのは、あくまで中国市場の自国の経済圏への組み込みだった。しかしこの時代、中国大陸では辛亥革命後の軍閥の混戦、国民党と共産党の対立があり、第二次世界大戦後も国共内戦・朝鮮戦争などがあってアメリカの思うようにはなかなか行かなかった。二〇世紀末になって冷戦が終わり、やっと目標が達成されることになる。

米中両国が協調関係に入ることで、ようやく西回りで「第三の世界」が「第一の世界」と結びついた。米中の関係には危ういものもあるが、それが、現在の地球時代のひとつの基盤になっている。

七、二つの世界大戦と海図共有の時代

海洋大国アメリカの誕生

二〇世紀前半に勃発した二つの世界大戦は、イギリスの覇権時代からアメリカの覇権時代への大転換をもたらした。二つの戦争で勝利国となり、戦後も安定した経済成長を遂げたアメリカは、大衆消費社会を築き上げた。そして、そうした大量生産・大量消費の流れは第二次世界大戦後に世界化し、大量の物資が世界の海を行き来する「大海運の時代」が訪れることとなった。

第一次世界大戦（一九一四―一八）以前においては、イギリスの船舶が全世界の海上貿易の約半分を担っており、イギリスの海運業が圧倒的だった。アメリカはイギリスに次ぐ第二位の海運国だったものの、輸送量は世界の海上輸送の僅か一〇パーセントにすぎず、イギリスに大きく水をあけられていた。また造船面でも同様で、アメリカの船舶の多くはイギリスの造船所で建造されていた。ところが第一次世界大戦でこうした海の世界の姿が激変する。第一次世界大戦に際して戦場にならなかったアメリカは、世界の兵器廠、食糧庫となり、驚異的な経済成長をとげたのである。海運の面でも、戦争の初期には物資輸送を輸入相手国の船舶に依存していたが、一九一六年に船舶法が制定されると、新たに設立された「船舶院」に五〇〇〇万ドルの資金を投じ、国をあげての造船所の建設に乗り出した。大戦前の一九一三年に、アメリカの造船所は二三万トンの外洋船を建造するに過ぎなかったが、一九一九年になると、三〇〇万トンに達している。第一次世界大戦中に世界で約一二〇〇万トンの船舶が失われたが、アメリカでは逆に新たに約九〇〇

万トンの商船が建造されたのである。一九二〇年になると、アメリカは一二四〇万トンの大商船隊を持つ海運国に変身していた。第一次世界大戦がアメリカを海洋大国に押し上げたといえる。

また、にわかづくりで大商船隊を作り上げたアメリカは、乗組員不足を補うために、石炭にかえて効率の高い石油を船舶の燃料とすることに踏み切った。石油は石炭と比べて二分の一の容積で同一火力を得られるという優位性を持っており、さらに重油を利用するディーゼル・エンジンの船舶は石炭船の約三分の一、石油を燃焼させる船の約半分の費用での航行が可能だった。やがて世界的にも、石炭に替わり石油が外洋船の燃料として使われるようになっていく。

また、第一次世界大戦後には、アメリカ大統領ウィルソンの「十四カ条の平和原則」に基づいて「公海の自由」が国際的に認められるようになった。一九一九年には国際水路会議が開催され、世界の海図の共通の単位としてメートルの採用が決議され、一九二一年になると各国の海図の表現を改良、統一して、航海の安全を確立する目的で国際水路機関（IHO: International Hydrographic Organization）が設立された。

第二次世界大戦とアメリカの海上覇権

一九二九年、世界恐慌により世界経済が深刻化するなかで、第二次世界大戦（一九三九―四五）が勃発した。第二次世界大戦は、「第一の世界」、「第三の世界」を主戦場とする世界史上最大規模の戦争になった。

第二次世界大戦は日本軍の真珠湾奇襲攻撃を口実にして、アメリカが日本とドイツ、イタリアに宣戦したことで、アジアの戦争とヨーロッパの戦争が結び付いた特異な戦争だった。アメリカ軍は戦争を広域化し、三つの「世界」の戦争の主導権を握ることになる。

日中戦争（一九三七―四五）で行き詰まっていた日本とアメリカが戦った太平洋戦争（一九四一―四五）は、大戦の一部とみなされたが、「第三の世界」での覇権と中国市場の支配権を争うまさにアメリカの国家政策とかかわる戦争だった。この戦争で物量に勝るアメリカは、太平洋の制海権、制空権を握り、東京大空襲などの一連の都市空襲で日本の都市に壊滅的な打撃を与えた。アメリカは、一九四五年四月から六月の沖縄戦で、渤海・黄海・東シナ海からなる東アジアの中心海域の入り口に位置する沖縄を「拠点」として軍事占領し、その後、広島、長崎への原爆投下を経て、日本を屈服させた。それにより「第三の世界」におけるアメリカの覇権が確立されたのである。アメリカの「海上の道路」が中国まで辿り着いたと言える。

第二次世界大戦が大規模な消耗戦だったにもかかわらず、戦争中に世界の総船舶量は増加するという奇妙な現象が起こった。一九三九年の総トン数、六一四三万トンから、一九四六年の七二九二万トンに増加しているのである。戦争により約三四七〇万トンの船舶が失われたにもかかわらず、アメリカでの大量の新船の建造が、それを上回ったということである。一九四二年から四五年の間に、アメリカはタンカー六五一隻を含む、五五九二隻の商船を建造し、世界各地に莫大な軍需物資と兵員を輸送した。アメリカ商船隊の実力は、大戦終了の三カ月以内に広大な戦線で戦っていた三五〇万人のアメリカ軍兵士を本国に帰還させたことでも明らかになる。

第二次世界大戦後、アメリカは、一九四六年に制定された商船売却法に基づいて戦時中に建造された、約五六〇〇隻の船舶を各国に売却し、自国の余剰船舶を整理するとともに、世界の海運を回復させた。

第二次世界大戦後、大量生産・大量消費の大衆消費文化が世界化したこともあって、世界貿易は飛躍的に拡大した。商船の船数は一九五〇年から二〇〇九年にかけて三・三倍、総トン数は一〇・四倍に増え、貨物船は船数で一九七〇年から二〇〇九年にかけて一・七倍、総トン数は四倍に増え、石油タンカーは一九五〇年から二〇〇九年にかけて船数で三・四倍、総トン数で一二・一倍に増えた。現在、客船、フェリーなどを除き、一〇万二〇〇〇隻以上の大型船が、海図を頼りに世界の海を航行している。

地球世界を支えるイギリス海図

第二次世界大戦後、経済のグローバル化が進む中で、世界規模での海図の共有が一層顕著になった。そうしたことから、一九六七年に国際水路機関条約が結ばれ、国際水路機関が国家間の条約機関になった。事務局がモナコに設けられ、五年に一度、国際水路会議が開かれて世界規模での海図の改良が図られるようになったのである。国際水路機関の加盟国は、二〇一一年現在で八〇カ国を数えている。

二つの大戦を経て海の覇権はイギリスからアメリカに移ったが、一九世紀から二〇世紀にかけて世界の海図を体系的な測量により作りあげ、供給してきたイギリスは、海洋での覇権を握っていた頃のままの海図供給体制を維持している。そして今日でもイギリス海図は、世界の「海上の道路」を航海するための有用なツールとして重きをなしている。

現在、イギリス海軍水路部は、標準海図約三三〇〇枚の発行を維持しており、その海図は今なお世界中の船乗りから「BA(British Admiralty)海図」として高い信頼を得ている。イギリスの海軍水路部は、今でも販売代理店に向けて、毎週三万枚から四万枚の海図を配送し続けているという。

海図は、日本、アメリカ、カナダなど世界各地で作られるようになったが、全世界の水域を網羅する「BA海図」は最もポピュラーな海図であり続けており、「BA海図」を補完するイギリス版水路誌七四分冊も発刊され、地球規模での船の航行に役立てられている。

「第三の世界」を狭くしたハイテク技術

第二次世界大戦後、海の覇権を握ったアメリカはハイテクを導入して、航海技術を根底から革新した。一九七〇年代以降、アメリカは、人工衛星、コンピューターなどのハイテク技術を船舶の航行に取り入れる道を拓き、「第三の世界」の長大な「海上の道路」を安定させることになる。海の世界も、一九七〇年代以降の情報技術革命により大きく姿を変えたのである。

アメリカ国防総省は、一九六七年に海軍航行衛星測位システム(NNSS)を民間に開放し、七〇年代から試験衛星の打ち上げを行って高度二万キロメートルに地球を周回する六つの衛星の軌道を設け、それぞれの軌道に四つずつ計二四のGPS衛星を打ち上げれば、地球上のいかなる海域でも船の位置がただちに特定できることを明らかにした。またアメリカ国防総省は約一二〇億ドルの巨費を投じて、一九八九年から九三年にかけて一年に六個ずつ計二四個のGPS衛星を打ち上げ、地球上のどの地域、海域でも四つの衛星の電波を傍受できるような体制を整えた。その結果、今日では船舶が位置する正確な緯度、経度が瞬時に測定できることになった。これは「プトレマイオスの世界図」が幅をきかせた時代の、曖昧な海図、測量器具しかなかった時代を考えると、まさに航法の革命的変化であった。また、気象衛星が送ってくる諸情報で、天候の変化までもが直ちに把握できるようになった。

他方で、デジタル技術の進歩により、海図の電子化へのチャレンジも続いている。イギリス、アメリカなどで多くの電子海図が発行され、一九九五年に日本の海上保安庁海洋情報部（水路部が二〇〇二年に改称）も国際水路機関の国際基準に基づいて、「航海用電子海図（ENC: Electronic Navigational Chart）」をCD-ROMで発行するようになった。一九九四年には、イギリスがデジタル大洋水深総図を完成させている。ただし、まだ紙を使ったアナログの海図を駆逐するには至っていない。

変わらない「海上の道路」と海図の関係

第二次世界大戦後のハイテク技術は、世界のイメージと海の往来をともに根底から覆してしまった。海図を除く全てが大きく変わったのである。俯瞰的な「世界図」に関していえば、人工衛星が送る諸情報がもはや想像の余地を残さない位リアルな地球の画像、映像を提供するようになった。人工衛星が送ってくる俯瞰写真、あるいは映像資料を集めて、精度の高い世界図を作ることが可能になったのである。今では誰でもが必要に応じて、インターネット上で簡単に俯瞰的な世界図・地域図を目にすることができる。

しかし、海図だけは未だにアナログであり、ロマンティックである。古来の海図の歴史が連綿として現在に生きているのである。「海上の道路」は、海図により航海の度に復元されるしかない。

最後に、これまで見てきた「海上の道路」のありかを示す海図の歩みを簡単に振り返ってみることにする。海図の歴史は、「海上の道路」の歴史でもある。海図は、ルネサンス期のポルトラーノの出現により、広域を視覚化できる見取り図となり「世界図」に接近した。大航海時代には古代の「プトレマイオスの世界図」が「第一の世界」と「第二の世界」、「第三の世界」を発見する際の手引き書の役割を担ったが、航海の結果はポルトラーノに書き留められていった。そのため、ポルトガルとスペインは新たに開拓した海域のポルトラーノを秘匿することで、交易の独占をある程度実現できたのである。

しかし、一六世紀の後半になると大洋の航海が一般化することになり、少ない誤差で広い海域での航路を指し示せる地図、海図の存在が必要不可欠になった。それに応えたのがフランドル派であり、メルカトル図法だった。この時代に、オランダは海洋の自由を掲げてポルトガル、スペインの「海の帝国」に挑み、印刷海図を大量に発行した。メルカトル図法は大洋の海図の作成に優れており、大洋での航路を示すメルカトル図法の海図と比較的狭い海域に便利なポルトラーノ海図を組み合わせることで、幹線と支線の航路が体系化されることになった。

一八世紀以降、世界の海を支配したイギリスは、自由貿易を実現するために積極的に地球規模の測量を推し進め、精密な海図の作成と安価な提供に乗り出した。体系的測量により整えられた膨大な量の海図が、世界の公路としての「海上の道路」の安定性を著しく向上させ、世界規模のヒトとモノの移動を可能にしたのである。

今でも航海の度ごとに波間に没してしまう「海上の道路（海路）」を確認する作業は、歴史的に作られてきた紙の海図に頼っている。たとえ人工衛星を使っても海路を俯瞰することはできず、海図が今も「海上の道路」の在りかを示し、グローバリゼーションを進める世界を地味に支えているのである。

二〇一二年一月一三日の夜、海図の意味を再確認させるような事件が起こった。ローマの外港チベタヴェキアを出た大型クルーズ船コスタ・コンコルディア号（乗客三〇〇〇人、乗員約一〇九〇人）が、イタリア中部トスカーナ州のジリオ島沖合の砂州で座礁、転覆し、三〇人余が死亡したという事件である。コスタ・コンコルディア号は全長二九〇・二メートル、総トン数一一万四一四七トンというとてつもなく巨大な豪華客船である。天候は良好であり、年間にクルーズ船が五二回も周遊するポピュラーな観光コースで起こった、信じられない事故だった。

座礁の原因は、海図上の航路を外れて船が沿岸部に接近し過ぎたことにあったとされている。大型クルーズ船のまさかの座礁は、船の運航と海図の関係を改めて思い起こさせる事件だった。ハイテク技術に支えられた計器を多数搭載する大型クルーズ船の良好な天候の下での転覆事故は、普段気にもとめない海図の力を再認識させてくれる出来事だったのである。

以上、"world"の拡大を担ってきた「海上の道路（海路）」のありかを示す海図の変遷を中心に、「第一の世界」、「第二の世界」、「第三の世界」の複合に至る世界の歩みをたどってきた。今までとは一味違った世界史が垣間見えたとすれば、本書の目的は一応達せられたことになる。

あとがき

世界史を考える時に、プトレマイオスの『地理学』に基づく最初の俯瞰的「世界図」はとても興味深い存在である。「世界図」の基礎となったのは人口一〇〇万人を数えたと言われるアレクサンドリアの地中海とエリュトラー海にまたがる古代の大商圏の海図と商業情報であった。

八世紀後半以降バグダードを中心に、アレクサンドリアのそれを一回りも大きくしたユーラシア規模の大商圏が成長すると「世界図」はイスラーム世界で蘇り、モンゴル帝国の時代には中国にも影響を及ぼした。明の鄭和艦隊の海図にも、影響の痕跡が見られる。

モンゴル帝国の時代にヨーロッパではアジアへの関心が強まり、羅針盤が地中海に伝えられて沖合航法が一般化すると、地球球体説に基づくプトレマイオスの「世界図」が蘇った。一四九〇年代には、コロンブス、カボート、ヴァスコ・ダ・ガマの航海が相次いで行われ、大西洋の広さ、風、海流などが一挙に明らかになる。次いで一五二〇年代にマゼランの航海で太平洋の概要が明らかにされたが、それらの航海は、いずれもプトレマイオスの「世界図」がベースになっていた。

陸と海を一体化し、地球空間を「第一の世界」・「第二の世界」・「第三の世界」に分けて考察すると、コロンブス、マゼランの航海の意義が一層明確になる。航海士による「海上の道路」の開拓が、三つの世界の輪郭を明らかにし、三つの世界を相互につないだのである。

考えてみるとプトレマイオスの「世界図」が描き出した空間は、世界のわずか二割強に過ぎない。五〇〇〇年前に文明が始まって以来の約四五〇〇年間は、世界史が極めて狭い空間で展開されていたことになる。一四九〇年代から一五二〇年代にかけて「海上の道路」が拓かれることで、世界史の舞台は飛躍的に拡大したといえる。

地球の表面は、「海が七、陸が三」の割合であり、「海上の道路」が圧倒的に重要なことが分かる。しかし、「海上の道路」は船が進むに伴って海中に没してしまい、装置としての形が残らない。そのためもあって、従来の世界史では「海上の道路」の重要性がほとんど見過ごされてきたように思われる。ところが、「海上の道路」を復元させるのに必要な水路誌、海図は着実に蓄積されており、更にはそれらの情報を総合することで書き換えられていった世界図がある。本書を執筆するなかで、海図と世界図の変化の過程を読み解けば、「海上の道路」の拡大という新しい視点から世界史が描けるということが明らかになった。

「海上の道路」の役割は、例えば「第二の世界」で産出された安価な銀が「海上の道路」を通ってヨーロッパと中国に運ばれ、経済のグローバル化の起点になっていること、スペイン人が持ち込んだ天然痘で人口が激減した南アメリカへの黒人奴隷、ヨーロッパ人の移住と混血、一九世紀以後のアメリカ合衆国への黒人奴隷と移民の大量流入が、人種・民族が混じり合う現代社会の原型を作っていること、一八世紀のカリブ海での砂糖の生産が世界資本主義を生み出し、大西洋の三角貿易の隆盛がイギリスでの綿布生産への機械、蒸気機関の導入を促して産業革命が始まったこと、などにより明らかになる。

ちなみに印刷された海図・地図を発行し、メルカトル図法に基づいて三つの「世界」を統合する世界図を製作したオランダ、世界規模での自由貿易を実現するために体系的な測量に基づく海図を安価に世界に提供したイギリス、広大な太平洋から中国、アジアへの進出を世界政策として掲げ、ＧＰＳ、気象衛星による天気予報で「海上の道路」を安定化させたアメリカは、いずれも「海上の道路」に依存する海洋覇権国家であった。

広範囲に及び、手探り状態で進められた本書の執筆の導きの糸になったのは、先学の諸研究であった。本書は、それらの総合ということになる。

最後に、根気のいる仕事を丹念に支えて下さった新潮選書編集部の今泉眞一氏の御助力に対し、心から感謝申しあげたい。

宮崎正勝

参考文献

本書の性格上多くの著作を参照させていただいたが、量が多く全てを列挙することはできない。そこで思い出せる範囲で参考文献をあげさせていただくことにした。

合田昌史『マゼラン：世界分割（デマルカシオン）を体現した航海者』京都大学学術出版会　2006年
青木康征『コロンブス―大航海時代の起業家』中公新書　1989年
　『海の道と東西の出会い』山川出版社　1998年
秋田茂編『パクス・ブリタニカとイギリス帝国』ミネルヴァ書房　2004年
麻田貞雄訳『アメリカ古典文庫8　アルフレッド・T・マハン』研究社　1977年
　『マハン海上権力論集』講談社学術文庫　2010年
浅田　実『商業革命と東インド貿易』法律文化社　1984年

アズララ、カダモスト　長南実、他訳『西アフリカ航海の記録』岩波書店　1967年
アブー・ザイド　藤本勝次訳註『シナ・インド物語』関西大学出版・広報部　1976年
アリステア・マクリーン　越智道雄訳『キャプテン・クックの航海』早川書房　1982年
R・A・スケルトン　増田義郎・信岡奈生訳『世界探検地図』原書房　1986年
飯島幸人『大航海時代の風雲児たち』成山堂書店　1995年
『航海技術の歴史物語』成山堂書店　2002年
生田　滋『ヴァスコ・ダ・ガマ　東洋の扉を開く』原書房　1992年
井沢　実『大航海時代夜話』岩波書店　1977年
石田幹之助『南海に関する支那史料』生活社　1945年
イブン・フルダーズベ　宋峴訳『道里邦国志（諸道路と諸国の書）』中華書局　1991年
ヴィンセント・ヴァーガ　アメリカ議会図書館　川成洋・太田直也・太田美智子訳『ビジュアル版　地図の歴史』東洋書林　2009年
H・C・フライエスレーベン　坂本賢三訳『航海術の歴史』岩波書店　1983年
エティエンヌ・タイユミット　増田義郎監修『太平洋探検史』創元社　1993年
M・N・ピアスン　生田滋訳『ポルトガルとインド』岩波現代選書　1984年
エリザベス・アボット　樋口幸子訳『砂糖の歴史』河出書房新社　2011年
エルナンド・コロン　吉井善作訳『コロンブス提督伝』朝日新聞社　1992年
L・パガーニ　竹内啓一訳『プトレマイオス世界図—大航海時代への序章』岩波書店　1978年
海野一隆『地図の文化史』八坂書房　1996年
応地利明『「世界地図」の誕生』日本経済新聞出版社　2007年
岡崎久彦『繁栄と衰退と—オランダ史に日本が見える』文春文庫　1999年
織田武雄『地図の歴史　世界篇』講談社現代新書　1974年
金七紀男『エンリケ航海王子—大航海時代の先駆者とその時代』刀水書房　2004年
黒田英雄『世界海運史』成山堂書店　1972年

ケネス・ネベンザール『シルクロードとその彼方への地図　東方探検2000年の記録』ファイドン社　2005年
神戸市立博物館『古地図セレクション』神戸市体育協会　1994年
小林頼子『フェルメール―謎めいた生涯と全作品』角川文庫　2008年
コロンブス　林屋永吉訳『コロンブス航海誌』岩波文庫　1977年
コロンブス・アメリゴ・ガマ・バルボア・マゼラン『航海の記録』岩波書店　1965年
佐藤圭四郎『イスラーム商業史の研究』同朋舎　1981年
色摩力夫『アメリゴ・ヴェスプッチ―謎の航海者の軌跡』中公新書　1993年
シェイクスピア　中野好夫訳『ヴェニスの商人』岩波文庫　1939年
C・クーマン　船越昭生監修　長谷川孝治訳『近代地図帳の誕生―アブラハム・オルテリウスと『世界の舞台』の歴史』臨川書店　1997年
J・クック　増田義郎訳『クック　太平洋探検1・2』岩波文庫　2004年
J・B・ヒューソン　杉崎昭生訳『交易と冒険を支えた航海術の歴史』海文堂　2007年
ジョン・ノーブル・ウィルフォード　鈴木主税訳『地図を作った人びと』河出書房新社　1988年
ジョン・バロウ　荒正人・植松みどり訳『キャプテン・クック―科学的太平洋探検』原書房　1992年
杉山正明『クビライの挑戦』朝日新聞社　1995年
『モンゴル帝国の興亡　上・下』講談社　1996年
外山卯三郎『南蛮船貿易史』東光出版社　1943年
フェリペ・フェルナンデス－アルメスト　関口篤訳『1492　コロンブス　逆転の世界史』青土社　2010年
関口篤訳『世界探検全史　上・下』青土社　2009年
デーヴァ・ソベル　藤井留美訳『経度への挑戦』翔泳社　1997年
デーヴィッド・マカルー　鈴木主税訳『海と海をつなぐ道―パナマ運河建設史』フジ出版社　1986年
田口一夫『ニシンが築いた国　オランダ』成山堂書店　2002年
デレク・ハウス　橋爪若子訳『グリニッジ・タイム』東洋書林　2007年
長澤和俊『海のシルクロード史　四千年の東西交易』中公新書　1989年

中澤勝三『アントウェルペン国際商業の世界』同文舘出版　1993年
永積　昭『オランダ東インド会社』講談社学術文庫　2000年
中村　拓『御朱印船航海図』日本学術振興会　1979年
ハウトマン、ファン・ネック　生田滋・渋沢元則訳『東インド諸島への航海』岩波書店　1981年
藤本勝次『海のシルクロード―絹・香料・陶磁器』大阪書籍　1982年
フィリップ・カーティン　山影進他訳『異文化間交易の世界史』NTT出版　2002年
プトレマイオス　中務哲郎訳『プトレマイオス地理学』東海大学出版会　1986年
ボイス・ペンローズ　荒尾克己訳『大航海時代　旅と発見の二世紀』筑摩書房　1985年
ミシェル・モラ・デュ・ジュルダン　深沢克己訳『ヨーロッパと海』平凡社　1996年
増田義郎『コロンブス』岩波新書　1979年
『黄金郷に憑かれた人々』NHKブックス　1989年
『マゼラン　地球をひとつにした男』原書房　1993年
マルコ・ポーロ　愛宕松男訳『東方見聞録1・2』平凡社東洋文庫　1970・71年
宮崎正勝『イスラム・ネットワーク』講談社選書メチエ　1994年
『鄭和の南海大遠征』中公新書　1997年
『ジパング伝説』中公新書　2000年
『海からの世界史』角川選書　2005年
『黄金の島ジパング伝説』吉川弘文館　2007年
『世界史の誕生とイスラーム』原書房　2009年
『風が変えた世界史：モンスーン・偏西風・砂漠』原書房　2011年
宮　紀子『モンゴル帝国が生んだ世界図』日本経済新聞出版社　2007年
村川堅太郎『エリュトゥラー海案内記』中公文庫　1993年
家島彦一『海域から見た歴史　インド洋と地中海を結ぶ交流史』名古屋大学出版会　2006年
山田篤美『黄金郷伝説―スペインとイギリスの探険帝国主義』中公新書　2008年

横井勝彦『アジアの海の大英帝国　19世紀海洋支配の構図』同文舘出版　１９８８年
リンスホーテン　岩生成一・渋沢元則・中村孝志訳『東方案内記』岩波書店　１９６８年
ワクセル　平林広人訳『ベーリングの大探検』石崎書店　１９５５年

新潮選書

海《かい》図《ず》の世《せ》界《かい》史《し》——「海上《かいじょう》の道《みち》」が歴史《れきし》を変《か》えた

著　者………………宮《みや》崎《ざき》正《まさ》勝《かつ》

発　行………………2012年9月30日

発行者………………佐藤隆信
発行所………………株式会社新潮社
〒162-8711 東京都新宿区矢来町71
電話　編集部 03-3266-5411
読者係 03-3266-5111
http://www.shinchosha.co.jp
印刷所………………株式会社三秀舎
製本所………………株式会社大進堂

乱丁・落丁本は、ご面倒ですが小社読者係宛お送り下さい。送料小社負担にてお取替えいたします。
価格はカバーに表示してあります。

ISBN978-4-10-603717-7 C0322

文明が衰亡するとき　高坂正堯

巨大帝国ローマ、通商国家ヴェネツィア、そして現代の超大国アメリカ。衰亡の歴史に隠された、驚くべき共通項とは……今こそ日本人必読の史的文明論。《新潮選書》

世界史の中から考える　高坂正堯

答えは歴史の中にあり――バブル崩壊も民族問題も宗教紛争も、人類はすでに体験済み。世界史を旅しつつ現代の難問解決の糸口を探る、著者独自の語り口。《新潮選書》

現代史の中で考える　高坂正堯

天安門事件、ソ連の崩壊と続いた20世紀末の激動に際し、日本のとるべき道を同時進行形で指し示した貴重な記録。「高坂節」に乗せて語る知的興奮の書。《新潮選書》

歴史のなかの未来　山内昌之

決断のとき、人は過去に学ぶものだ――。古典から現代小説まで、人生の糧となる書物の魅力と効用を縦横に語る、〝読み手〟の歴史学者による読書エッセイ。《新潮選書》

五〇〇〇年前の日常
シュメル人たちの物語　小林登志子

最古の文明にも教育パパや非行少年がいた！子守歌を作ったお妃、愚痴を言う王様、泣きつく将軍など、現代にも通じる古代人の喜怒哀楽を粘土板から読み解く。《新潮選書》

キプロス島歴史散歩　澁澤幸子

ヨーロッパ史を圧縮して詰め込んだような、東地中海の美しい島キプロス。九千年分の歴史の跡と今の姿を、懇切かつ生き生きと紹介した類のない案内書。《新潮選書》